"十二五"普通高等教育本科国家级规划教材　　首批国家级一流本科课程配套教材

中国电力教育协会高校电气类专业精品教材

U0743248

ENTERING THE ELECTRICITY WORLD

走进电世界

——电气工程与自动化（专业）概论

（第三版）

主编　樊亚东　唐　飞

编写　李　蕊　专祥涛

主审　潘　垣

第一（二）版

主编　孙元章　李裕能

编写　胡　钋　樊亚东

中国电力出版社
CHINA ELECTRIC POWER PRESS

内容提要

本书为"十二五"普通高等教育本科国家级规划教材，首批国家级一流本科课程配套教材，中国电力教育协会高校电气类专业精品教材。

全书共分 10 章，介绍了电气工程学科及其涵盖的内容、电气工程学科在高等教育中的地位、电气工程与自动化专业的本科培养方案、电磁理论的建立与通信技术的进步、电气工程技术与电工理论发展、电能利用和不同类型的发电方式、电力工业的发展和特点、电力系统的构成及智能电网技术、高电压与绝缘技术、电力电子技术与电能变换基础、电力信息技术及应用、自动化概念和自动控制技术等内容。

全书内容丰富、资料翔实，比较清晰地描述了专业的演化脉络，对专业领域进行了全景式的介绍，展示了电气工程与自动化专业的应用前景。

本书可作为高等院校电气工程与自动化专业的本科教材，也可作为高职高专和函授的教材，同时可作为对电气类相关专业知识感兴趣读者的参考用书。

图书在版编目（CIP）数据

走进电世界：电气工程与自动化(专业)概论／樊亚东，唐飞主编. -- 3 版.

北京：中国电力出版社，2025.6(2025.8 重印). -- ISBN 978-7-5198-9161-9

Ⅰ. TM；TP2

中国国家版本馆 CIP 数据核字第 2024LW0982 号

出版发行：中国电力出版社

地　　址：北京市东城区北京站西街 19 号（邮政编码 100005）

网　　址：http://www.cepp.sgcc.com.cn

责任编辑：乔　莉（010-63412535）

责任校对：黄　蓓　常燕昆

装帧设计：郝晓燕

责任印制：吴　迪

印　　刷：三河市万龙印装有限公司

版　　次：2009 年 8 月第一版　2015 年 8 月第二版　2025 年 6 月第三版

印　　次：2025 年 8 月北京第二次印刷

开　　本：787 毫米×1092 毫米　16 开本

印　　张：15.75

字　　数：355 千字

定　　价：68.00 元

序

电气工程专业是一门历史悠久的专业。19 世纪上半叶奥斯特发现电流的磁效应、法拉第发现电磁感应定律，19 世纪下半叶麦克斯韦创立的电磁理论为电气工程奠定了基础。19 世纪末到 20 世纪初，西方国家的大学陆续设置了电气工程专业来传播、应用、发展与电气工程相关的知识。1908 年，交通大学前身——南洋大学堂设置了电机专修科，这是我国大学最早的电气工程专业，至今已超过一个世纪。经过一百多年的不断发展，电气工程专业已逐步发展成为一个新兴的电气工程学科，学科覆盖面广、学科理论体系完善、工程实践成功、应用领域宽广。它给人类社会的许多方面带来了巨大而深刻的影响。近一百年来，电气工程专业在我国高等教育中一直占据着十分重要的地位，为国家培养了大批的科技、管理人才，他们为我国电气工程的建设及其他领域的工作作出了巨大的贡献。

从广义上讲，电气工程学科涵盖的主要内容是研究电磁现象的规律及应用有关的基础科学、技术科学及工程技术的综合。它包括电磁形式的能量及其相关信息的产生、传输、控制、处理、测量与相关的系统运行，设备制造等多方面的内容。电气工程学科所依据的基本原理大都是由物理学、数学等纯科学中提取出来的。依据其基本原理，结合技术、工艺、经济等各方面的条件，研究可供应用的电气工程技术，制造出适应各种需要的电气工程产品。与电气工程技术直接有关的部门已形成庞大的工业体系，有关的理论也有许多分支。在 19 世纪末，电工技术已形成了电力和电信两大分支；进入 20 世纪以后，电工技术的发展更为迅速，应用电磁现象的技术门类日益增多，已发展和形成了许多独立的学科，如无线电技术、电子技术、自动控制技术、计算机技术等，构成了一个庞大的电气信息学科群。

本书比较详尽地介绍了电气工程的基础知识及其在国民经济中的地位和作用，电力工业的特点，国内外电力工业发展，电力系统及其组成，高电压与绝缘技术的基本任务及特点，电力电子技术及其应用前景，我国电力通信系统的现状与未来，自动化控制系统的组成和类型等专业基本知识。

要培养知识广博、具有创新意识和实践能力的高素质人才，本科教育是关键，而其基础则是通识教育。在当今信息技术日益进步、高新科技迅猛发展的时代，通识教育的范畴也相应地得到了拓宽。因此，在教学过程中应避免专业划分过细、知识结构单一、素质教育薄弱等缺点，而需要更加注重通识教育的整合性、目的性和确定性，加强基础知识的学习和创新能力的提升。本书在这方面展示了非常鲜明的特点，例如，它知识涵盖面广，包含了众多专业的基本情况介绍，贯彻了"加强基础、注重实践、鼓励创新、培养复合型人才"的人才培养宗旨，因而非常适合刚入大学的新生阅读。

本书以科普的视角对相关专业概貌作了系统性的描述。因此我深信，通过浏览或学习本书，对电气类专业感兴趣的广大学生一定会对电气工程与自动化专业的人才培养目标、教学计划、课程体系和学习方法建立更加全面的认识，对拟从事专业的演变、现实状况以及发展趋势有更多的了解，有效地拓宽专业视野，全面提高综合素质，适应终身学习和职业发展趋势。通过对电气工程与自动化发展现状以及面临的一些机遇与挑战的了解，青年读者可以"因地制宜"，选择比较感兴趣或擅长的方向重点学习，这样十分有利于人才的脱颖而出和茁壮成长。

本书取材广泛，注重知识结构的系统性、完整性和内容的启发性，文字表述深入浅出，不涉及深入的专业知识和数学公式，简明易懂，图文并茂，讲述技术领域及其应用内容面较宽，考虑到了电气工程学科本身的科学性与系统性；本书编写体系合理，内容组织方法新颖，着力拓宽学生知识面。在写作手法上采用了历史与当代并举且以介绍现代科技进展为重点的方法，体现了人文精神和科学技术的有机交融，打破了一般这类教材在写作手法上的局限性，因而是一本难得的好书。

潘垣

前 言

为贯彻《普通高等学校教材管理办法》（教材〔2019〕3号）精神，认真落实《武汉大学教材建设与管理实施细则（试行）》（武大本字〔2021〕20号）规定，教材编写小组在第二版基础上，对教材进行全面修订，力求使教材满足思想性、科学性、先进性、适用性、规范性的要求。

作为电气工程与自动化专业概论课程的教材，内容理应反映近几年电气工程学科领域的新技术和新进展，也应反映最新的教学改革成果和培养方案，以满足加强教材建设、确保教材质量、适应学科发展和人才培养的需求。第三版主要修订内容如下：

本版教材每章增加了本章导读，这一设计有助于读者快速抓住重点，提高阅读效率。同时，每章适当增加了思考题的数量和难度，增加了一些开放性的论述题，旨在培养学生的思考和创新能力。

依据当前的发展现状和最新公开的权威数据，在尊重历史的基础上，对相关内容进行了全面更新。具体而言，依照日前教育部公布的学科门类划分，新增了相应的学科门类，内容进一步完善了电气工程学科的发展趋势的介绍。重新审视电气工程学科在我国高等教育中的地位，并依据新的培养方案，重新编写了电气工程与自动化专业本科课程模块和培养目标。此外，还更新了火电、水电、新能源装机容量和发电量等关键数据，以确保教材内容的时效性和准确性。

教材紧跟电工新技术、高电压新技术、电力电子技术、电力传动技术、电力通信技术、自动化及控制技术等领域的最新发展动态，对多处内容进行了更新。例如，在第3章中，加入了电气工程学科最新衍生出的二级学科——生物电磁技术的相关内容；在第5章中，增加了我国电力工业发展现状和改革情况的介绍；在第6章中，增加了新型电力系统的内容；在第8章中，更新了电力电子技术在智能电网中应用的最新知识，以全面反映各领域的最新进展。

为了增强教材内容的逻辑性、条理性和可读性，对全书结构进行了整合。具体而言，将第 4 章中发电供电和变电设备内容整合到第 6 章中，重新划分未来的新能源发电类型，以呈现较清晰的知识框架。在第 7 章中，增加了三级目录，对高电压与绝缘技术的研究内容进行了重新组织，并将高电压新技术的部分内容进行了整合，以确保各节内容的协调和均衡。此外，还对第 8～10 章的内容进行了优化，使内容更加紧凑和精炼。

参加本版教材编写工作的有樊亚东(负责第 1、2、7、8 章)、唐飞(负责第 5、6、9 章)、李蕊(负责第 3、4 章)，以及专祥涛(负责第 10 章)，樊亚东教授还对全书进行了统筹安排。本版教材继续得到潘垣院士的审阅和指导，我们对此表示由衷的感谢。同时，我们也要感谢本教材第一、二版作者孙元章、李裕能、胡钋、樊亚东教授，他们的辛勤工作和卓越贡献为本书的传承奠定了坚实的基础。

书中内容的不足与错误，恳请读者予以指正，以便改进。

编　者
2025 年 3 月

第一版前言

为贯彻落实教育部《关于进一步加强高等学校本科教学工作的若干意见》和《教育部关于以就业为导向深化高等职业教育改革的若干意见》的精神，加强教材建设，确保教材质量，中国电力教育协会组织制订了普通高等教育"十一五"教材规划。该规划强调适应不同层次、不同类型院校，满足学科发展和人才培养的需求，坚持专业基础课教材与教学急需的专业教材并重、新编与修订相结合。本书为新编教材。

电气工程专业大学新生在其入学后的初始学习阶段所遇到的主要问题，是对自己将要学习的专业知之甚少。在一、二年级基本上都是学习基础课程和专业基础课程，如高等数学、大学物理、电路理论、电磁场理论等，这些课程几乎都是理论分析与理论推导，学生在对专业毫无了解的情况下，学习起来感到十分盲目，缺乏兴趣。直到三、四年级学习专业课程时，才发现基础理论课程的重要性，但为时已晚。编者经过多年的教学改革研究后，认为有必要对一年级新生开设一门专业介绍课程《走进电世界——电气工程与自动化（专业）概论》。通过本课程的学习，学生会全面、系统地了解所要学习的专业，包括电气工程与自动化专业的人才培养目标及教学计划、电气工程与自动化专业的课程体系与学习方法等；其次是对自己将要从事的专业有全面的认识，特别是电气工程与自动化专业的历史发展沿革、电气工程与自动化专业的设置方向、电气工程与自动化专业的发展趋势等。这样非常有利于学生尽早了解与认识自己所学的专业，以便提前制定比较完善的大学学习规划。

开设本课程的另一目标，就是希望对刚入学的新生在他们的科学与工程技术研究及探索学习的处女航，即在他们入学后的第一门课程中，通过对电气科学技术艰难发展与复杂演化的漫长历程以及科学家在其中所经历的失败、突破与成功的介绍，着重引导学生深切感受前辈科学家们实事求是的科学态度，认真学习他们勇于探索的理性怀疑思想，大力弘扬他们无畏攀登的科学献身精神。这种教学内容与方法对于促进学生创新意识的早期建立会起到其他课程所无法替代的作用。

因此，本课程旨在培养大学生对科学的崇尚与追求精神、勇于创新的综合素质，特别是在市场经济的大潮中的正确价值观走向、科学与人文思维的交互方式，专业基本知识面的扩大等方面无疑都是大有好处的，它构成了现代大学工科多元创新与多层面教育中必不可少的头一个重要组成部分。

本书编写大纲由孙元章教授主持制定，内容共分 11 章。其中，第 5、6 章由孙元章教授编写；第 1~3 章由李裕能教授编写；第 4、8、9 章由胡钋教授编写；第 7、10、11 章由樊亚东副教授编写。

全书由潘垣院士精心审阅并提出了许多宝贵的建议，谨在此表示衷心感谢。

限于编者的水平，书中恐有所差错，敬请广大读者批评指正。

编　者
2009 年 7 月

第二版前言

本书自 2009 年 8 月出版以来，已历经 8 次印刷，可见其颇受读者的欢迎。当 2012 年 9 月本书入选教育部首批"十二五"普通高等教育本科国家级规划教材后，就开始筹备出第二版了。作为一部电气工程与自动化（专业）概论的教材，其内容理所当然应反映出近几年来电气学科领域的新发展。为此，在第一版的基础之上，第二版新增了近几年在电工理论中对记忆电阻器研究所取得的新成果；还新增了电气工程与自动化技术领域的无线电能传输、智能电网、现代电力电子技术在智能电网中的应用、电力系统通信等新技术。

在第 3 章中增加了记忆电阻器的研究内容。记忆电阻器是一种可以记忆自身历史的元件，即使在电源被关闭的情况下仍具备这一功能。记忆电阻器可以使电脑在电池电量耗尽后很长时间仍能保存信息。这项发现将有可能用来为制造非易失性存储设备、更高能效的计算机等铺平了道路，将对电子科学与信息技术的发展产生重大的影响。

第 4 章中补充了无线电能传输的内容。现在已经问世的无线电能传输有以下四种。第一种是电磁感应无线电能传输方式。该方式是利用电磁感应原理传输电能，它传输功率大，效率高，目前已应用在轨道交通方面。第二种是直接应用了电磁波能量可以通过天线发送和接收的原理。由于传输功率太小，其应用范围不大。第三种是谐振耦合电能无线传输方式。该方式利用了电路中的电感与电容产生谐振的原理来传输电能，理论上电能的传输功率、传输距离不受限制。第四种是电场式传输技术。该技术传输距离较远，功率较大，且能够克服电磁干扰和金属障碍物造成的能量传输阻断。

第 6 章中增加了智能电网的内容。所谓智能电网，就是以物理电网为基础，将现代先进的传感测量技术、通信技术、信息技术、计算机技术、电力电子技术、设备制造技术、控制技术等与物理电网高度集成而形成的新型电网。它以充分满足用户对电力的需求和优化资源配置、确保电力供应的安全性、可靠性和经济性；满足环保约束、保证电能质量、适应电力市场化发展为目的，实现对用户可靠、经济、清洁、互动的电力供应和增值服务。

在第8章中新增了智能电网中的电力电子技术内容。现代电力电子技术是以功率处理为对象，以实现高效率和高品质用电为目标，通过采用电力半导体器件，并综合自动控制、计算机技术和电磁技术，实现电能的获取、传输、变换和利用。在智能电网的设计框架中，电力电子技术无疑是一大关键支撑技术，它可以强化、优化电网，保障大电网安全稳定，促进可再生能源的有效利用，改善电网电能质量。

这次还对第一版教材的第9章第五节与第六节的内容，进行了重新修订。对于我国电力通信事业而言，它主要经历了五个发展阶段，即从同轴电缆到光纤传输、从纵横模式到程控模式的交换机制转变、从硬件到软件的技术转变、从定点通信到移动通信、从模拟网到数字通信网等。伴随着信息技术的发展，电力通信新技术也日新月异，它在一定程度上推动了电力事业的进步。经过多年实践，不管是发电设备的装机容量与发电量，还是电网的规模，我国电力通信都领先于世界。

参加本版修订工作的有孙元章、李裕能、胡钋和樊亚东等教授。这次的修订内容经潘垣院士仔细审阅，谨表示衷心感谢。

书中内容的不足与错误，恳请读者予以指正，以便改进。

联系地址：湖北省武汉市武汉大学电气工程学院。

编　者

2015 年 5 月

目录

1 电气工程与高等教育

本章导读

本章内容有电气工程学科及其发展趋势，电气工程学科在我国高等教育中的地位，电气工程与自动化专业本科培养方案，大学教学任务和特点等。

教育、科技、人才是全面建设社会主义现代化国家的基础性、战略性支撑。

——习近平

1.1 电气工程学科

1.1.1 术语简介

刚进入大学的学生，会遇到关于学科、专业等方面的一些新名词、新概念。为了便于学生更好地了解自己的学科、专业，以下简要地介绍一些相关的名词与术语。

（1）科学。科学（Science）是运用范畴、定理、定律等思维形式反映现实世界各种现象的本质和规律的知识体系，是社会意识形态之一。按研究对象的不同，科学可分为自然科学、社会科学和思维科学，以及总结和贯穿于三个领域的哲学和数学。

自然科学又分为基础科学和技术科学。基础科学包括数学、物理、化学、天文学、生物学等学科；技术科学包括电工学、电子学、机械学、固体力学、流体力学、建筑学、地质学等学科。社会科学包括哲学、法学、历史学、经济学等学科。电气工程学科属于自然科学。科学的目的是揭示事物发展的客观规律，探求真理，作为人们改造自然、改造社会的指南。

科学来源于社会实践，服务于社会实践。它是一种在历史上发挥推动作用的革命力量。在现代，科学技术是第一生产力。科学的发展和作用受社会条件的制约。现代科学正沿着学科高度分化和高度综合的方向蓬勃发展。

（2）技术。技术（Technology）是指人类运用自然科学原理和根据生产实践经验来改变或控制其环境的手段和行动，它是人类活动的一个专门领域。技术的任务是利用自然和改造自然，以其生产的产品为人类服务。技术按其种类可分为工程技术、农业技术、医疗技术等。

（3）工程。工程（Engineering）是指应用科学知识使自然资源最好地为人类服务的专门技术。但工程不等于技术，它还受到政治、经济、法律、美学、环境等非技术因素的影响。技术存在于工程之中。

科学与工程的差别反映在以下几方面：科学的目的是认识世界，发现一般真理；而工程的任务是改造世界，合理利用科学、技术、管理等知识来解决某一特定的实际问题。科学是一项个体活动；而工程则是一项集体活动，从事某一项工程的所有成员都要注意在集体中的协调与配合，才能使工程进展顺利。

20 世纪的前 50 年，基础科学中数学、物理、化学等学科迅速发展；而后 50 年，基础科学的相关知识才被工程技术专家应用到工业、农业、军事和现代生活中，可见由科学转换到工程的周期是相当长的；而在当今信息社会，由科学转换到工程的周期在不断缩短。

目前，信息科学、生命科学、材料科学迅速发展，把这些科学转换到工程技术应用领域的任务将由当代大学生来承担。

（4）系统。系统（System）是指由相互关联、相互制约、相互影响的一些部分组成的具有某种功能的有机整体。随着科学技术的发展，出现了许多复杂的大型系统。例如，电力系统是由许多各种类型的发电厂、输电网、配电网、负荷构成的一个庞大系统，其功能是发电、输电、配电和用电；互联网系统、交通系统、生态系统等也都是当今世界上的大型系统。某一大型系统内部，还可以包含多层子系统。

（5）信息。信息（Information）是指符号、信号或消息所包含的内容，用来消除人们对客观事物认识的不确定性。信息是人们与客观世界相互作用过程中与客观世界进行交换的内容的名称。信息普遍存在于自然界、人类社会和人的思维之中，它无处不在，无时不有。信息论的创始人香农把信息定义为信源的不定度。对接收信息的系统（信宿）而言，未收到消息前不知道产生消息的系统（信源）发出的是什么信息。而只有收到消息后，才能消除产信源的不定度。信息反映了社会发展的全貌，它不断地产生、发展和更替，形成一个巨大资源。

（6）控制。控制（Control）是指为了改善系统的性能或达到特定目的，通过信息采集、加工而施加到系统的作用。有些系统可以进行人工控制或干预，称为可控制系统；反之为不可控制系统。可控系统由控制部分和受控部分组成，两者间由双向信息流来联系。

（7）管理。管理（Management）是指为了充分利用各种资源来达到一定目标而对社会或其组成部分施加的一种控制。管理是一项专门学问，在信息社会，借助于计算机及其网络、数据库及其管理系统来实现管理自动化、办公自动化。在电力系统中，许多部门都使用管理信息系统来实现资源共享，达到管理、办公自动化的目的。

1.1.2　电气工程学科及其涵盖的内容

我国普通高等教育《研究生教育学科专业目录》分为学科门类、一级学科和专业学位类别，是国家进行学位授权审核与学科专业管理、学位授予单位开展学位授予与人才培养工作的基本依据，适用于硕士博士学位授予、招生培养、学科专业建设和教育统计、就业指导服务等工作。学科门类是对具有一定关联学科的归类，一级学科一般按学科属性进行设置，是具有共同理论基础或研究领域相对一致的学科集合。

1981 年，我国普通高等教育设置哲学（01）、经济学（02）、法学（03）、教育学（04）、文学（05）、历史学（06）、理学（07）、工学（08）、农学（09）、医学（10）等 10 个学科门类。1990 年增设军事学（11）门类，1997 年增设管理学（12）门类，2011 年艺术学成为第 13 个学科门类，2022 年增设交叉学科（14）门类。其中，工学包括力学（0801［可授工学、理学学位］）、机械工程（0802）、光学工程（0803）、仪器科学与技术（0804）、材料科学与工程（0805［可授工学、理学学位］）、冶金工程（0806）、动力工程及工程热物理（0807）、电气工程（0808）、电子科学与技术（0809［可授工学、理学学位］）、信息与通信工程（0810）、控制科学与工程（0811）、计算机科学与技术（0812［可授工学、理学学位］）、建筑学（0813）、土木工程（0814）、水利工程（0815）、测绘科学与技术（0816）等 39 个一级学科，以及建筑（0851）、电子信息（0854）、能源动力（0858）等 11 个专业学位类别。

普通高等学校按《普通高等学校本科专业目录》中的专业类别进行本科录取工作，例如，工学门类下有力学类、机械类、仪器类、材料类、能源动力类、电气类、电子信息类、自动化类、计算机类等 29 个专业类别，电气工程及其自动化专业（080601［专业代码］）属于电气类下属的一个专业，自动化专业（080801）属于自动化类下属的一个专业。

第二次技术革命所引发的产业革命使人类的生产力大大提高，其主要推动力就是以电力技术和电子技术为基础而形成的电气工程学科。经过 100 多年的发展，电气工程学科已经成为一门学科的覆盖面广、学科理论体系逐渐完善、工程实践成功、应用领域宽广的独立学科。它给人类社会的许多方面带来了巨大而深刻的影响。

传统的电气工程定义为"用于创造产生电气与电子系统的有关学科的总和"。这一定义本来已经十分宽广，但随着科学技术的飞速发展，21 世纪的电气工程概念已经远远超出了上述定义的范畴。由于电气工程领域知识宽度的巨大增长，要求重新检查甚至重新构造电气工程的学科方向、课程设置及其内容，以便使电气工程学科能有效地回应社会的需求和科技的进步。

从广义上讲，电气工程学科涵盖的主要内容是研究电磁现象的规律及应用有关的基础科学、技术科学及工程技术的综合。这包括电磁形式的能量、信息的产生、传输、控制、处理、测量及其相关的系统运行、设备制造技术等多方面的内容。19 世纪末，电工科学技术已形成了电力和电信两大分支。进入 20 世纪以后，电工科学技术的发展更为迅速，应用电磁现象的技术门类日益增多，发展和形成了许多独立的学科，如无线电技术、电子技术、自动控制技术等。电工科学技术通常主要是指电力工程及其设备制造的科学技术。

电工科学技术所依据的基本原理大都是由物理学、数学等纯科学中提出来的。依据基本原理，结合技术、工艺、经济等各方面的条件，研究可供应用的电工技术，制造出适应各种需要的电工产品，就是电工学科的主要领域。与电工技术直接有关的部门已形成庞大的工业体系，有关的理论也有许多分支。电力工业与社会生产、公众生活、文化教育等各方面有着十分密切的关系，是现代社会的重要支柱。

电气工程一级学科下属 5 个二级学科，分别是电机与电器（080801 ［二级学科编号］）、电力系统及其自动化（080802）、高电压与绝缘技术（080803）、电力电子与电力传动（080804）和电工理论与新技术（080805）。电气工程学科涵盖的主要内容有：电机与拖动技术；发电厂一、二次设备及主接线，电力网动态及稳定性，电力系统经济运行，电力系统实时控制，电能转换；高电压绝缘技术、高电压试验技术、过电压防护、高压电器；电力电子器件，电力电子装置，电力传动；电网络理论、电磁场理论及其应用，信号分析与处理，电力系统通信与网络，电力信息技术，计算机科学与工程等。随着科技的进步、社会需求的变化，以及学科交叉融合，电气工程学科的方向会不断发展而形成新的分支，如电工材料、智能电工装备、电能转换和生物电磁技术等。

1.1.3　电气工程学科的发展趋势

随着电气工程学科的基础理论的不断深化和扩展，电气工程学科发展趋势呈现出跨学科融合、数字化和模型化、智能化和自适应化等特点。科学技术的不断进步、全新设计理念和设计方法的提出，都会对电气工程学科的发展趋势产生较大的影响。

随着全球对环保和可持续发展的日益关注，新能源技术已成为电气工程学科的重要发展方向，包括太阳能、风能、地热能、海洋能等可再生能源的利用和开发，以及新能源并网技术和储能技术等。

智能电网可以实现电能的高效、安全、可靠、环保的传输和利用，提高电力系统的稳定性和可靠性，同时实现电力市场的优化运营和管理。智能电网是电气工程学科的另一个重要发展方向。

电动汽车已成为未来交通发展的重要方向。电气工程学科需要研究电动汽车的驱动技术、充电技术、电池管理技术等，为电动汽车的普及和发展提供技术支持。

人工智能和机器学习技术的发展为电气工程学科带来了新的机遇和挑战。这些技术可以应用于电力系统的优化调度、故障诊断、预测维护等方面，提高电力系统的智能化水平。

随着新型电力电子器件和电力电子技术的不断发展，电气工程学科需要研究这些新技术在电力系统中的应用，提高电力系统的效率和可靠性。

电气工程学科注重理论研究与工程实践相结合，加强理论基础，拓宽专业知识面。随着电气工程科技进步和自动化水平的提高，电气工程学科专业技术人才必须掌握电子信息技术、自动化技术和计算机技术等先进技术。

1.2 电气工程学科在我国高等教育中的地位

1.2.1 电气工程学科的地位

电气工程是现代科技领域中的核心学科之一，更是当今高新技术领域中不可缺少的关键学科。正如电子技术的巨大进步才推动了以计算机网络为基础的信息时代的到来一样，正是电工技术的进步才改变了人类的生产方式和生活方式。从某种意义上讲，电气工程的发展程度代表着国家的科技进步水平。正因为如此，电气工程的教育和科研一直在发达国家大学中占据十分重要的地位，相当数量的学校都设置有电气工程专业。我国知名的部属大学中，多数学校都设置有电气工程与自动化专业（或电气工程及其自动化专业）。

电气工程专业是一门历史悠久的专业。19世纪上半叶，奥斯特发现电流的磁效应，法拉第发现电磁感应定律。19世纪下半叶，麦克斯韦的电磁理论为电气工程奠定了基础。19世纪末到20世纪初，西方国家的大学陆续设置了电气工程专业。我国电气工程专业高等教育开始的时间并不晚，早在1908年南洋大学堂（交通大学前身）就设置了电机专修科，这是我国大学最早的电气工程专业，至今已有一个多世纪。1917年交通大学的电机专修科设置了电讯门，这是我国最早的无线电专业，后来逐步发展成如今的电子信息技术、计算机科学等技术专业群。1932年清华大学率先设置了电机系，其后，1934年武汉大学创建电机系。近100年来，电气工程专业在我国高等教育中一直占据着十分重要的地位，为国家培养了大批的科技、管理人才，他们为我国电气工程的建设及其他领域的工作作出了巨大的贡献。

解放初期，国家面临大规模的经济建设，急需大量的工程建设人才。1952年，我国在大学中学习苏联经验，进行了院系调整。此后，在国内形成了一大批以工科为主的大专院校，这些学校数量多、影响大，在我国高等教育中占据相当重要的地位。这些学校几乎都设置有电气工程专业。近几年来，我国在高等院校进行了大规模的合并、重组，使大学的格局发生了很大变化，但是在理、工科实力强大的大学中，无不将电气工程专业作为学校的支柱性专业。从传统意义上说，机械、电气、土木、化工、材料等专业是工科专业中的几个基本大类。其中，机械、电气又是所有工科专业中最具基础性的专业。全国设置电气工程类专业的大学数量在逐年增多：1994年有90所学校；时隔5年后的1999年变为123所学校；2001年增加到163所学校；到2006年更是猛增至276所学校；至2022年增至495所学校。我国设置电气工程类专业的大学数量迅速增加，一方面说明了我国对电气工程专业人才的需求相当旺盛，另一方面，说明电气工程专业在我国高等教育中占据十分重要的地位。

习惯上称电气工程专业为强电专业。强电专业是工科中历史最悠久的专业之一，后来，随着科学技术的不断进步，无线电、电子、计算机、信息等弱电专业开始出现并不断发展壮大，形成一个很大的专业群，并和传统强电专业共同组成电气信息类。可以说，所有的弱电专业都是强电专业派生和再派生出来的。同时，传统强电专业在专业设置、人才培养模式、教学内容、课程体系等方面都面临巨大的挑战。

1.2.2　近年来我国电气工程高等教育的改革

现代大学的使命是传播知识、发展知识、应用知识。所谓传播知识就是要把前人归纳出的本学科的基础理论，发明的相关技术及分析问题与解决问题的方法传授给青年学生，这就是教学工作；所谓发展知识就是要开展科学研究，可以对本学科的基础理论进行深入探讨，也可以对本学科已有的应用技术加以改进，提出新的技术发明或新的分析问题与解决问题的方法；所谓应用知识就是要把前人归纳出的本学科的基础理论，或借鉴其他学科的技术而进行本学科的技术转化，开发出新产品为社会、生产服务。大学的首要任务是传播知识——把教学放在首要地位。21世纪大学面临的挑战是教育全球化和以学生为中心的教学；而学生面临的挑战是终身学习。面对这样的形势，高等教育的改革是必然的趋势。当然，电气工程高等教育的改革也在所难免。

一、近年来电类专业设置的调整

在1993年教育部颁布的专业目录中，工学门类中与"电"有关的专业分为"电工类"（强电）与"电子信息类"（弱电）两个分支。其中，电工类包含5个专业，分别是电力系统及其自动化、电机电器及其控制、高电压与绝缘技术、电气技术、工业自动化；而电子信息类更是包含14个专业。这种专业划分方式的缺陷是专业划分太细，专业面太窄。按这样的模式培养出来的学生知识面狭窄，很难适应社会需求。

在1998年教育部颁布的专业目录中，与强电有关的专业有3个，即基本专业目录中的电气工程及其自动化专业、自动化专业和引导性专业目录中的电气工程与自动化专业。如果用强电、弱电来描述，这三个专业的定位应当是：电气工程及其自动化专业是以强电为主，强弱电相结合的专业；自动化专业是以弱电为主，强弱电相结合的专业；电气工程与自动化专业是强弱电相结合，两者并重的专业。由于引导性专业目录专业范围更宽，它大体上覆盖了1993年电工类中的5个专业，且更具有超前性。

2020年，教育部颁布的专业目录在《普通高等学校本科专业目录（2012年）》基础上，增补了批准增设的新专业。该版目录共包含703个专业，分布在12个学科门类中。其中，电气类的专业主要有电气工程及其自动化、智能电网信息工程、光源与照明、电气工程与智能控制、电机电器智能化、电缆工程、能源互联网工程等。此外，还有一些与电气类密切相关的专业，如能源与动力工程、能源与环境系统工程、新能源科学与工程、储能科学与工程等。这些专业虽然不直接属于电气类，但与电气工程学科有着紧密的联系，涉及能源的开发、转换、利用以及环境保护等方面。可见，本科专业目录不是一成不变的，它会随着社会的需求和学科的发展进行更新和调整。

二、近年来电气工程专业的教学改革

教学改革是高等教育永恒的话题，近些年，我国高等教育改革力度较大。电气工程与自动化专业的教学改革旨在适应快速变化的科技环境，提高学生的实践能力和创新意识，以培养出高素质、全面发展的专业人才。具体体现在以下几个方面：

（1）在教育思想方面，强调以人为本，注重素质教育。注重素质教育是教学改革的核心。素质包含思想素质和专业素质，素质教育包含品德、知识、能力三个要素。品德是指思想素质，是素质形成的保证；知识和能力是指专业素质，知识是素质形成的基础，能力是素质的外在表现。从重视传授知识、培养能力到重视传授知识、培养能力的同时，更加重视提高素质，是教学改革的一次突破。

（2）在课程设置方面，更新传统课程，强调跨学科融合，注重人文与专业基础知识相结合。如保留电路原理、信号与系统、自动控制等传统基础课程的核心地位，同时引入人工智能、智能化电网、数字孪生技术等前沿课程，以更好地适应新技术、新需求的变化。加强电气工程与其他学科的交叉和融合，如计算机科学、材料科学等，培养学生跨学科解决问题的能力。倡导科学精神与人文精神相结合。科学精神指实事求是，追求真理、独立思考和勇于创新的精神；人文精神指人对自然、对他人、对自己的基本态度。两者结合才能培养出高素质的人才。

（3）在教学手段方面，充分利用多媒体教学和在线学习平台。利用视频、图像等多媒体教学资源，使抽象的知识更直观易懂，提高学生的学习兴趣和效果。建设 MOOC 和示范课堂等学习平台，为学生提供灵活的学习时间和地点，提高学习的灵活性和效率。通过小组讨论、案例分析、翻转课堂等方式，鼓励学生积极参与课堂互动，提高教学效果。

（4）在实践教学方面，加强实验室建设和校企产学研用结合。完善实验室设施，提供先进的实验设备，为学生提供更多的实践操作机会。与企业合作开创产、学、研相结合的教学新模式，扩大校外实训基地，开展实习实训项目，使学生能够更好地了解专业知识与实际应用的结合，提高工程实践能力。

（5）在人才培养模式方面，注重创新人才培养和国际视野拓展。注重培养学生的创新思维和实践能力，引导学生进行科研与创新项目，提供更多机会培养工程实践能力。开展国际交流，提供跨文化交流的机会和平台，拓宽学生的国际视野。

（6）在师资队伍建设方面，加强师资培训，提升师资水平。定期举办教师培训和研讨会，分享教学改革经验和教学方法，提高教师的教学水平和能力。选派优秀教师参与教学改革和学术研究，引进有丰富实践经验的业界专家，提升师资队伍的教学水平和实践能力。

1.3 电气工程与自动化专业本科培养方案

1.3.1 社会对高级工程技术人才的要求

教育是人类社会能保持持续发展并不断进步提高的功能性重要措施，其教导、培养社会成员具有一定的知识、能力与素质，使他们能够致力于社会的发展，展现出各自的社会价值。教育在培养高级工程技术人才和推动社会进步中发挥着至关重要的作用。对社会发展而言，教育具有基础性、先导性和全局性的特点。当今社会国际竞争已经转变为经济实力、综合国力的较量，而核心则是科技水平、教育质量和人才素质之间的竞争。

高等学校是培养和造就高素质创造型人才的摇篮，是认识未知世界、探求客观真理、为人类解决面临的重大课题提供科学依据的前沿阵地，是知识创新、推动科学技术成果向现实生产力转化的重要力量，是民族优秀文化与世界先进文明成果交流借鉴的桥梁。人才培养目标是要能够胜任相应专业的有关技术、管理或服务工作。高等教育为社会培养人才的目的是为社会直接输送劳动生产力，增强社会的人力资源。

在工程技术领域，由项目或产品的研制生产过程可知，首先要将反映自然客观规律的理论知识转化为工程项目方案或产品设计方案；然后将方案转化为工程实施计划，即确定实现方案或生产产品的工艺流程、操作程序、方法手段及其管理模式等工程技术问题；最后完成项目或形成产品的技能操作和相应的服务。工程项目和产品生成过程中三个阶段的工程技术工作，需要不同类型的人才去承担，分别称为工程型、技术型和技能型人才。此外，在工程技术领域还存在一些需要发现和研究客观自然规律的学术型人才。

社会对高级工程技术人才的素质要求是多方面的综合，这些要求的目的是确保高级工程技术人才具备高度的专业素养和综合能力，能够适应和胜任日益复杂的工程项目和技术挑战。高级工程技术人才不仅应具备扎实的专业知识和解决复杂问题的能力，还拥有独立思考、创新实践的能力。不仅具备良好的团队合作精神以及沟通协调能力，还应具备良好的职业操守和道德品质，对工作认真负责，具有高度责任心和敬业精神。不仅具备强烈的求知欲、持续学习的自学能力以便能够适应快速变化的工作环境和技术要求，还应具备国际视野，能够推动国际合作和跨文化交流。

1.3.2　电气工程与自动化专业范围

电气工程与自动化专业（电气工程及其自动化专业）的专业范围主要包括电工基础理论、电气装备制造与应用、电力系统运行与控制三个部分。电工理论是电气工程的基础，主要包括电路理论和电磁场理论。这些理论是物理学中电学和磁学的发展和延伸。而电子技术、计算机硬件技术等是随着电工理论不断发展而诞生的，电工理论是它们的重要基础。电气装备制造主要包括发电机、电动机、变压器等电机设备的制造，开关、断路器、插座、照明灯等用电设备的制造，还包括整流器、逆变器、变频器等电力电子设备的制造，PLC（可编程逻辑控制器）、DCS（分布式控制系统）等各种电气控制装置的制造，以及电工材料、电气绝缘等内容。电气装备的应用则是指上述设备和装置在各个领域中的应用。电力系统运行与控制是指对电力系统中的各个环节，包括发电、输电、配电和用户侧，进行监测、控制、优化和管理。电力系统运行与控制涉及电力系统的稳定性、安全性、经济性以及环保性等多个方面。当然，制造和运行不可能截然分开，电气设备在制造时必须考虑其运行，如电力系统由各种电气设备组成，其良好的运行必然要依靠良好的设备。

1.3.3 电气工程与自动化专业人才培养目标

电气工程与自动化专业（电气工程及其自动化专业）是按教育部专业目录设置的宽口径专业，体现了电气工程与自动化相结合、强电与弱电相结合、电力与信息技术相结合、软件与硬件装置相结合、理论研究与工程应用相结合以及与电力行业发展紧密结合的特色。

电气工程及其自动化专业人才培养目标是：培养具有国际视野，强烈社会责任感和使命感，人格健全，具有创造、创新、创业意识，掌握电气工程与自动化等领域较为扎实的基础理论、专业知识及基本技能和创新能力，具有在电气工程与自动化等领域和行业从事教育、科研、工程设计与技术开发、系统运行、管理等工作的素质与能力，在国内外具有一流竞争力，能够胜任关键技术岗位、技术管理岗位和行政领导岗位的拔尖人才。

通过本专业的学习，要求电气工程及其自动化专业毕业生应获得以下几个方面的知识和能力：

（1）具有良好的心理素质及道德修养，具备良好的创新意识及自我更新能力。

（2）掌握较扎实的数学、物理学等自然科学的基础知识，具有较好的人文科学基础。

（3）系统地掌握本专业领域必需的基础理论知识，具有本专业领域的专业知识和技能，了解本学科的前沿和发展趋势。

（4）获得较好的系统分析、设计与开发方面的工程实践训练，在本专业领域内具备一定的科学研究、技术开发和组织管理能力，具有较强的工作适应能力和解决复杂电气工程问题的能力。

学生主要掌握电工理论、电子学、控制理论、电气工程基础、高电压技术、电力系统运行与控制、信息和通信技术以及计算机应用等方面较宽广的工程技术基础和一定的专业知识，掌握一定人文社会和经济管理知识。要求学生具备优秀电气工程技术分析、系统运行与控制技术的基本能力，具有较强的创新意识。

电气工程与自动化专业课程体系模块（以武汉大学 2023 年培养方案为例）如图 1-1 所示。电气工程与自动化专业教学培养计划包括通识教育课程、公共基础课程和专业教育课程，专业教育课程又分为工科大类课程、大类平台课程、专业核心课程和专业选修课程。

专业选修课较多，分为院内专业选修课，实践类选修课以及跨学院选修课等。院内选修课有电力系统自动装置、电力系统规划、电力系统运行与调度、配电网运行与控制、电力市场与需求侧管理、人工智能在电力系统中的应用、高电压绝缘技术、高电压试验技术、高压电器、过电压与接地技术、智能电气设备传感技术、嵌入式微处理器系统、新能源与分布式发电、智能配电网功率变换与调控、能源互联网与能源转换技术、电力储能计算及其应用、电子器件与材料模拟、模拟系统故障预测与可靠性设计、综合能源系统、脉冲功率基础、工业控制系统及装置、系统辨识与大数据等，实践类选修课有电工训练、机器人基础实践、储能工程创新与科研实践等，跨学院选修课有机器人学

		必修课程	人文社科经典导引 自然科学经典导引 中国精神导引
	通识教育课程	选修课程	中华文化与世界文明模块 科学精神与生命关怀模块 社会科学与现代社会模块 艺术体验与审美鉴赏模块
	公共基础课程	公共基础必修课程	马克思主义概论、毛泽东思想和中国特色社会主义理论体系概论 习近平新时代中国特色社会主义思想概论、中国近代史纲要 思想道德修养和法律基础 形势与政策、军事理论与技能 新时代中国特色社会主义劳动教育 国家安全教育、"四史"教育模块 大学生心理健康、体育、英语、高等数学线性代数 大学物理、大学物理实验 概率论与数理统计、工程制图
教学培养计划		跨学院必修课程	理论力学 工程项目管理 程序设计
		工科大类课程	专业导论 电路原理A1
		大类平台课程	走进电世界，信号与系统、信号与系统实验 自动控制原理、自动控制原理实验 电路原理A2、电路实验 毕业设计、科研训练、认识实习、毕业实习
	专业教育课程	专业核心课程	电子技术基础、电子综合实验 微机原理与接口技术 电磁场、工程电磁场实验 电机学、电机与电力拖动实验 电力电子技术 电力电子及新能源发电综合实验 电气工程基础 电气工程基础课程设计 高电压工程 高电压综合试验与实践 电力系统分析 电力系统分析综合实验 电力系统继电保护 继电保护实验、生产实习
		专业选修课程	电力系统自动化装置 电力系统规划 高电压绝缘技术 高电压试验技术 新能源与分布式发电 能源互联网与能源转换技术 电储能系统设计 机器人基础实践 数字图像处理 集成电路设计

图 1-1 电气工程及其自动化专业课程体系模块图

习及应用、人工智能概论、离散数学、数值计算方法、复变函数与积分变换、数字图像处理、图像处理与机器视觉、机器人运动与控制、嵌入式系统设计、电磁环境、电磁场仿真实验、半导体物理、氢能开发与利用等。

1.4 大学的教学

1.4.1 大学教学任务

大学，即高等学校，主要任务是教学和科研，而教学任务主要体现在以下几个方面。

一、传授科学文化知识

教学的首要任务是系统地向学生传授科学、文化知识。知识是人类对客观事物本质的认识，是人类在长期地征服自然、改造自然活动中实践经验的高度总结和概括。小学、中学教育是基础教育，学生接受的是一种不分专业的普通文化科学知识教育，只是为他们成为合格的劳动者打下基础。而高等教育是专业化教育，是在普通教育的基础上进一步实施的，按不同学科门类、专业设置所规定的公共基础理论教育、专业基础教育和专业教育，为国家现代化建设培养各种专门人才。大学教育不仅要向学生传授相关专业所必需的基础理论知识，而且还要向学生传授专业知识。

大学向受教育者传授科学、文化的理论知识，对于工科学生，还包括进行实践技能的训练。实践技能是在理论知识的指导下来完成某种实际任务的能力，比如按照工程设计的要求，准确、熟练地完成一项技术操作或完成一项测试实验。这些实践技能的训练不仅使学生获得正确使用仪器、仪表、设备的技能，还使他们获得一些读、写、算等方面数据处理的技巧。

理论知识和实践技能既有区别又相互联系。理论知识侧重懂不懂的问题、为什么要这样做的问题；实践技能侧重会不会的问题、如何做的问题。实践技能是在掌握理论知识的基础上培养起来的；而掌握了实践技能，反过来又可以加深对理论知识的理解和掌握。

二、提升学生综合素质

大学不仅要传授系统的科学、文化知识，还要开发学生的智力，培养学生的能力，提高学生的综合素质。第三次技术革命以来，科学技术高速发展，专业知识不断更新，要解决学习时间有限与知识无限之间的矛盾，为大学生面临的终身学习打下基础，最重要的办法是在大学期间培养学生的学习方法、学习能力。除了在大学期间对他们进行严格的基础理论训练外，还要把科学的思维方法、获取知识的本领教给学生。只有掌握了基础理论和科学的方法。才能根据实际工作的需要，在所从事的领域不断更新专业知识。为适应社会的要求创造条件。

大学的教学在传授科学知识的同时，还要进行科学思维训练，不断培养学生的自学能力、创造能力、创新能力和创业能力。

大学还应加强学生的思想品德教育，大力开展体育活动，文化艺术活动，关注学生的心理健康，增强学生的体质和体能，提升学生的文化素养和审美情趣，促进学生身心健康，全面提升综合素质。

三、引导学生树立正确的世界观、人生观和价值观

大学的教学过程是全方位的教育过程，它既是传授知识、培养能力的过程，也是传播思想、培养品德的过程。对于大学生而言，如果没有正确的人生观、世界观，就不可能对社会作出有益的贡献，也就不能算是合格的大学生，如何结合大学生实际，有目的地开设思想素质、文化素质、身心素质等方面的课程，在教学过程中融入思想政治教育和道德教育，引导学生树立正确的世界观、人生观和价值观，这是现代大学教学的一项重要任务。

以上各项教学任务，是相互联系、相互影响的。知识的传授是基础，价值观的塑造是方向，能力的培养和综合素质的提升是目标。

1.4.2　大学教学特点

一、教学进度快

在中学阶段的六年时间里，学生还处于少年向青年的过渡期，学生的理解能力和逻辑思维能力还处于逐步增长阶段。在教学过程中，老师总是围绕着课本，逐字逐句地对学生进行讲授；对所学内容，一般都要反复讲、反复练习；每堂课程学习的内容，都相当少。在中学阶段整整六年时间里，一般就只学习了十几门课程。

在大学本科阶段的四年时间里，学生已处于人生精力最旺盛的青春时期，学生的理解能力和逻辑思维能力有了很大程度的提高。大学教师的教学过程和中学相比，是完全不一样的。课堂上，老师主要是把一些基本原理提纲性、概括性地提出来，把问题的思路讲清、重点和难点讲透；教材中的内容，有的讲，有的也可能不讲；有时一次课就概括了书中几十页的内容，许多具体的内容要学生自己去研读。另外，教师讲的内容与教材的内容也往往并不完全吻合。特别是在高年级上专业课时，老师常常会引用一些参考资料或最新的理论、观点，有时会讲述自己科研过程中的经验与体会。

二、教学形式多

在大学，课堂讲授不再是唯一形式。除课堂教学外，还有课堂讨论、辅导课、习题课、答疑课等，授课手段上还会更多地采用在线教学、多媒体教学及其他计算机辅助教学方法。此外，还有大量的实践性教学环节，如课程实验、课程设计、毕业设计，还有金工实习、电工实训、生产实习、毕业实习、军事训练等。这些构成了大学教学的有机组合，缺少任何教学环节或不能通过任何教学环节的教学要求，都不能成为一名合格的大学生。

另外，学校、学院还定期组织部分学生参加全国性的竞赛活动，如数学建模比赛、电子设计大赛等。

三、教学内容系统性强

中学教学是向学生传授基础科学和普通文化知识，其目的是为广大学生将来继续深造或一般职业培训打好基础，基本不考虑学生将来所从事职业的具体要求。大学教育则完全不同，虽然大学教育仍然还有一部分基础教育，但它是一种与专业相关的定向基础

教育，具有明显的针对性。大学的教学活动是紧紧围绕培养现代化建设所需的专门人才而进行的，其教学内容除了所有大学生都应具备的思想素质、文化素质、身心素质等人文、社会科学内容外，专业知识的教学内容、知识结构具有系统性。为了把学生培养成为某一方向的专门人才，大学各个专业的教学计划都是精心制定的，其教学内容也是经过认真选择和组织的。这一方面是要让学生掌握坚实的理论基础知识，另一方面还要使他们具有较全面的专业知识，同时还要提高他们的实际动手能力。大学的课程设置与教学内容是一个有机的整体，就像一条环环相扣的知识链条，不可断裂。

大学学习知识的广度和深度比中学都有了很大的拓展。这就要求学生在学习过程中，除学好教材上的内容外，还要适当选择一些参考资料阅读，尽可能地扩大自己的知识面，并经常关注与本专业有关的各种信息，以便于更准确地把握本专业的发展方向。

四、教与学关系相对松散

在中学期间，由于学生的知识水平和心理水平的限制，他们的自我控制能力和自我管理能力较差。在教学过程中，学生在老师严格的管理和具体的指导下，以简单、机械、有序的方式来学习和掌握文化基础知识。在诸多因素的影响下，学生处于一种注入式的被动学习中。学生的课余时间几乎也都是在老师或家长的严格监督下度过的。

由于大学生的自我控制能力、自我管理能力已逐步增强，大学生的学习生活则完全不同。公共基础课和专业基础课一般都是大班上课，几个班的学生集中在一间大教室听课，老师与学生之间很少交流；在正常的教学活动结束后，老师和学生在一起的机会和时间也很少。大学学习是一种自主学习方式，教师更多地扮演着引导者和咨询者的角色。

五、学生拥有更多自由时间

中学生每天的课程总是排得满满的，几乎都没有什么空闲时间，听课、做作业、自习都是集中在教室来完成的，学习时间和学习内容有严格的规定和限制。

而在大学，一般工科专业新生每周排课为 25 学时左右，平均每天授课约 5 学时，这就意味着大学生拥有更多的自由时间和空间。课表上没有作安排的时间并不表示无事可做，许多练习都要利用课外时间来完成。为了适应这一教学特点，大学生必须学会有效地安排自己的课余时间，并根据教学进度、学习任务合理安排时间，来提高学习效率。另外，大学生还应学会利用图书馆查阅资料，利用实验室开展课外科技活动，丰富自己的学习生活，使自己增长知识、增长才干。学生可以通过参加学科竞赛、参与科研项目等方式，培养自己的专业素养和创新能力。

1.5 大学的学习

1.5.1 学习过程

学习过程是一个心理活动过程，是把认知活动与意向活动相结合，互相促进、协调发展的过程。在这个心理活动中，知识、技能、认知因素、意向因素结合在一起，简称为学习过程"四结合"。一个完整的学习过程可分为学习、保持和再现三个阶段，保持和再现的性质是由学习的性质决定的。若学习是机械的，保持和再现也必定是机械的。

一、知识学习过程

知与不知的矛盾贯穿于整个学习过程的始终。只有通过学习，才能使自己由不知转化为知，由知之不多转化为知之较多。积累知识是学习过程的首要任务，知识学习的过程是积累与贯通相结合的过程。人们的知识不是与生俱来的，而是后天通过学习的途径，从无到有，从少到多，一点一滴积累起来的。当积累到一定的程度后，便会经过综合概括，把零碎不全的知识融会贯通，使感性知识上升为理性知识。可以说，积累是贯通的基础，贯通是积累的归宿。人们的知识学习过程总是积累—贯通—再积累—再贯通，螺旋式上升，以至无穷。一般把学习划分为感知阶段、理解阶段、巩固阶段和应用阶段四个阶段。人的认知因素与意向因素自始至终都参与知识学习的全过程。在这个学习过程中，必须调动各种积极因素，通过各种手段来丰富学习者的感性知识，以提高学习效率。只有充分感知外界事物，获得丰富的感性知识，才能更好地理解、掌握和运用知识。

二、技能学习过程

学习者不仅要认识客观世界，还要改造客观世界。要改造客观世界，必须将知识转化为技能，才能掌握改造客观世界的本领。技能学习的目的就是为了提高改造客观世界的本领。技能学习的过程是尝试与熟练相结合的过程，在技能形成的初期，学习者在特定的目的与知识的指导下，总是试着去干，试着操作。而在这个阶段，还是一个一个动作去完成。当反复操作几次后，成功的动作便会连接起来，形成一连串的熟练动作，使初步技能转化为技巧。也就是说，熟练必须以试干为条件，试干必须以熟练为目标。试干—熟练—再试干—再熟练，人们的多种多样的技能，就是这样形成的。在技能学习过程中，现在一般也把它划分为定向阶段（讲解示范）、分解阶段（单个动作）、综合阶段（连锁动作）和自动化阶段（熟练动作）四个阶段。技能的形成，也要求学习者的认知因素与意向因素都积极参与其中，发挥应有的作用。

1.5.2　影响学习的因素

进入大学的一批学生原本都是中学时期的佼佼者，为什么在大学几年会急剧地拉大差距呢？是什么因素对大学生的学习效果产生影响？要回答这些问题，还是需要从心理学角度进行分析。学习是一项极其复杂的心理活动过程，众多学科的研究表明，在学习活动中，有多种因素参与这个过程。换句话说，任何知识和技能的学习过程都包含一系列复杂的心理活动。影响学习的因素有智力因素和意向因素两类。

一、智力因素

智力因素直接参与了知识和技能学习的全过程。智力因素是观察力、记忆力、想象力、思维力和注意力五种因素的有机结合。它是保证和强化人进行学习活动的重要心理因素。在学习过程中，智力因素的主要功能是对各种知识、技能进行接受（输入）和加工、处理与输出。对某一具体的学习活动而言，智力因素相当于学习系统中的执行者或操纵者。智力因素与先天和后天个人心理特征都有关系。

二、意向因素

意向因素间接参与学习活动，它是促使学习活动启动、维持的心理因素，一般是指学习需要、动机、理想、兴趣、好奇心、求知欲、追求、情感情绪、意志毅力等。意向因素虽然不直接参与对知识的输入、加工、处理等过程，但它是学习过程的启动者和调节、推动者。意向因素具有动力、定向、引导、维持、强化等一系列作用。

学习的目的性属于意向因素的范畴。有的学生具有明确的学习目的，即获取知识、增长才干，在为人民服务、为国家服务的同时，实现自我的人生价值。他们对待学习是一种积极、主动的态度，能根据实际情况制定出切实可行的学习计划，以极大的热情投身到知识的海洋汲取营养，掌握在未来激烈竞争的社会中生存与发展的本领。只有树立正确的人生观和世界观，确立为人民服务的理想，才能持之以恒地对待学习。

由于学习目的的不同，产生的学习动力也不同。学习目的不明确的人，学习过程中特别容易患忽冷忽热的毛病；而学习目的不正确的人往往表现为心胸狭隘，个人利益高于一切，严重影响与同学和老师的关系，或者容易受到社会上各种不良思潮和风气的影响。

学习方法在学习过程中具有引导作用。针对具有不同特点的课程而采用与之相应的正确学习方法，就可以取得好的效果；采用不正确的学习方法，不仅学习吃力，而且达不到好的效果。

环境因素直接影响到学习者的情感与情绪。大学不是与世隔绝的书斋，社会、家庭的任何变化都会影响学生的学习情绪。我国正在建立社会主义市场经济，这从整体上对于我国社会经济的进步有着十分重大的意义。但是，有些学生不能正确把握自己，急功近利，过早地希望到市场上一试身手，不能专心致力于课程学习，这样必然会影响自己的学习成绩。此外，大学生过多地将时间花在谈恋爱上或兴趣爱好上，也会影响到学习，要把握一定的度，统筹兼顾。

从中学步入大学的新生，开始了早已向往的人生最重要的历程。当短暂的新鲜感淡忘之后，面对全新的环境，许多学生会感到不适应：对新的集体生活、管理方式、远离父母不适应；对大学的授课方式、教学进度、学习方法不适应；对同学中高手云集、自我认识不适应。这些环境的变化会直接影响学生的情感、情绪，也会影响学习。

家庭经济条件也直接影响到学习者的情感、情绪，当然也是影响学习的一个因素。由于大学不再是义务教育的阶段，国家目前实行有限收费的制度，这对改善教学条件，发展我国的教育事业都有非常积极的作用。但是，这必然会对部分来自农村的学生和城市低收入家庭的学生产生影响。国家和学校已经采取了助学贷款等政策，在高校设立了各种各样的奖学金，这为解决部分学生的困难起到很大的作用。作为学生，务必要正确对待经济条件，不能因为家庭经济条件优越就乱花钱，也不能因为经济一时的困难就丧失学习的信心。正确的态度是积极争取优异成绩，为改善学习环境尽可能创造条件，尽量节约开支，同学间互相支持。同学之间不要攀比经济条件，而是应该比学习，比知识水平和工作能力。

1.5.3 大学生的学习方法

一、确立目标、激发动机

目标是行动的指南，学习和做其他的事情一样，都必须确定适当的目标。目标明确，能诱发人的学习动机，引导学习方向。没有目标或目标不明确，就会丧失动力，迷失方向。目标的确立，要根据社会的需要，个人的兴趣、条件和爱好来判定。但目标制定要科学合理，切合自己的实际。目标定得太高，期望值过大，高不可攀，终成泡影；目标定得太低，起不到激励作用。所以要把目标置于较高处，以召唤人们艰苦攀登，争取胜利。

学习动机是激励和推动人们进行学习活动、达到某种目标的动力，是影响学习的主要因素。人们的学习活动是由多种动力激励、维持和导向的，要完成艰苦的学习任务不仅要作出不懈的努力，还要具有坚忍不拔、顽强奋斗的精神，以及在遭受挫折和失败时的忍耐性，而这些都要靠动机来维持和推动。动机的产生要靠"需要"和"刺激"来诱发。"需要"能激发动机，动机又可以导向目标、引发行为，行为实现目标，满足"需要"，这是一个循环链，环环相扣，相互制约，相互促进。大学生要能客观地、全面地、一分为二地看待自己；经常分析影响自己学习动力的外因和内因；及时提醒、调整自己的行为；善于在逆水行舟时锻炼自己的意志和毅力，从多方面激发和培养学习动力。

二、调控心理、优化心境

学习是一个复杂的心理过程，包括认知、情感、意志、注意力等多种因素的综合作用。无数事实证明，学习时的心理状态不同，学习效果就不一样。由于各种因素的影响，人的心理过程是不断变化的，喜怒哀乐、平静、烦躁时有发生。但是人与动物的区别是自己可以能动地调控心理状态。调控心理状态的方法有饮食调控、习惯调控和意志调控。① 饮食调控：据医学资料，对一般人来说摄入较多的蛋白质会使人兴奋，碳水化合物则会使人平静，而高糖、低蛋白质饮食易使人精神不振。② 习惯调控：生理学认为，人的生活规律受生物钟影响，人的各种器官，人的情绪变化，一天中按一定的程序进行。在 24 小时内，有兴奋期、过渡期和抑制期，这三期因人而异。每个人根据自己的最佳期和最差期，科学安排学习、锻炼、娱乐和休息是大有益处的。③ 意志调控：意志是克服困难的一种心理状态，为一定的目标所支配并调节着一个人的行为。意志产生的力量是无法衡量的，大学生具备了坚强的意志，就能保持旺盛的学习动力，扫除学习上的各种障碍。

三、科学用脑、提高效率

大脑是学习的物质基础，是心理现象的发源地，也是人的生理活动的指挥枢纽。生理学家研究表明：当人的脑细胞工作时，它所需要的血液量比肌肉细胞多 15~20 倍，脑的耗氧量占全身耗氧能量的 1/4 左右。如果血液氧气供应不足，脑细胞就会疲劳和困倦。这时如果仍坚持看书学习，表面上珍惜时间，实际效率很差，久而久之，还会伤害身体，得不偿失。要让大脑休息有三种方法。一是保证充足的睡眠，这是必需的。二是体育锻炼。因为体育锻炼使人体器官的各种功能得到改善，不仅锻炼了肌肉，也锻炼了大脑，使大脑皮层下兴奋和抑制得到调节，神经疲劳得以缓解，同时神经系统的稳定性、灵活性和反应能力都得到提高。三是科学用脑。脑科学研究表明，大脑两半部是有分工的，右半脑主形象思维，左半脑主抽象思维，而丘脑主管运动。要提高学习效率，除发挥丘脑作用外，要使大脑的左右半部密切配合，交叉使用，大脑的总能量就能提高5~10倍。使两半部协调、配合的方法是抽象思维和形象思维交叉进行，如看了一段时间的抽象性强的读物后，再看形象性强的读物，这是大脑积极休息的好方法。

四、及时复习、增强记忆

心理学家研究了遗忘规律，认为人的记忆和遗忘同时发生，遗忘的速度是先快后慢，识记的内容在20min后几乎忘掉2/3，以后逐渐缓慢，所以课后要及时复习。根据记忆原理，复习要多次进行，因为当外界信息第一次刺激大脑皮层下的痕迹尚未消失时，重复刺激就会使痕迹印象进一步加深，反复循环刺激还有利于精确、牢固地记忆，也利于理解。在学习中要尽量做到当天功课当天复习完毕，最好每周对所学内容进行一次小结，每月进行一次总结，将每章每节的内容归纳整理，这样做不仅巩固了所学知识，还避免期末搞突击。

五、科学运筹、巧用时间

时间对每个人都绝对公平，但每个人对时间的运用所产生的效益却大相径庭。时间是学习的物质基础，要高效利用时间，就必须学会科学地运筹时间。每天什么时间干什么，要科学统筹，合理安排。可根据自身生物钟的规律和切身体验，巧妙利用时间。另外，运筹时间要考虑个人的心境和生理变化因素。同样的时间，由于心理状态不同，学习效果大不一样。还有灵活机动、见缝插针也是利用时间的好形式，如果把点滴时间利用起来，日积月累就相当可观了。

当然，每一个人也可以根据自己的实际情况，总结出一些实用的学习方法。

思考题

1.1 科学、技术和工程的含义是什么？相互之间有怎样的联系？

1.2 我国高等教育的学科门类有哪些？划分的依据是什么？

1.3 我国普通高等教育专业是如何划分的？电气工程及其自动化（电气工程与自动化）专业具有什么样的特点？

1.4 电气工程学科涵盖的主要内容是什么？电工技术的基本原理来源于哪里？如何理解电气工程学科和电工技术的关系？

1.5 电气工程学科包含哪些二级学科方向？每个方向的主要内容有哪些？

1.6 简述电气工程学科发展总体趋势。

1.7 简述电气工程学科在我国高等教育中的地位。

1.8 简述我国电类专业设置的历史沿革，从中看出哪些变化？简述近年来电气工程专业教学改革的核心要点。

1.9 简述电气工程与自动化专业的培养方案和培养目标。如何理解教学培养计划中各类课程设置的要求？

1.10 大学教学有哪些特点？大学生应如何适应这些特点？

1.11 通过本章学习，谈谈你对大学学习的初步规划。

2

电磁学理论的建立和通信技术的进步

本章导读

> 本章介绍电磁理论的建立和通信技术的进步，基本上按时间顺序分为五部分，即人类对电磁现象的早期研究、电流磁效应的研究、电磁感应的发现、电磁场理论的建立和通信技术的进步。

> 自从牛顿奠定理论物理学的基础以来，物理学的公理基础的最伟大变革，是由法拉第和麦克斯韦在电磁现象方面的工作所引起的。
>
> ——爱因斯坦

2.1 人类对电磁现象的早期研究

2.1.1 人类对电磁现象的早期观察

人类从自然界的电闪雷鸣和天然磁石开始注意到电磁现象。在我国古代，人们认为有雷公电母这些神仙用雷电作为惩罚坏人的武器；欧洲斯堪的那维亚半岛人相信雷电是雷神的锤子在敲打；希腊人则认为雷电是宙斯发怒时的吼声和射出的箭。早在公元3000多年前我国的殷商时期，甲骨文中就有了"雷"和"电"的形声字；西周初期，在青铜器上就已经出现了加雨字头的"電"字。

在希腊和我国的古代文献中，都有关于天然磁石吸铁和摩擦琥珀吸引细微物体的记载。公元2500年前，希腊学者泰勒斯（Thales）记录下毛皮与琥珀互相摩擦后，毛皮和琥珀吸引轻小物体的现象。我国东汉时期，王充（公元27—97）在《衡论》中记载"顿牟掇芥，磁石引针"。这里的"顿牟"指琥珀，"掇芥"是说经过摩擦的琥珀能吸取轻小的东西，这正是我国古人对静电现象的形象描述。王充在《论衡》中还写道："夫雷，火也。阴阳分事则相校轸，校轸则激射，激射为毒，中人则死，中木木折，中屋屋毁。"文中的意思是说，当两种因素分离的时候，有相互的作用力。这种作用是很激烈的，产生的火焰能使人死、树折、屋毁。东晋时期，郭璞在《山海经图赞》中解释："磁石吸铁，玑瑠取芥，气有潜通，数也亦会。"郭璞的话是说，磁石与铁、玑瑠与芥籽之间，由于都有潜通的"气"，因此能相互吸引。这里的"气"，也就是指的静电。

在汉墓中出土的司南是最早应用磁现象的实物。如图 2-1 所示，司南由一个用天然磁石磨成的勺和一个铜制的方盘组成，盘的中央光滑，四周有表示方向的刻度。使用时置勺底于盘中央，勺停止转动时，勺柄就指向南方。

图 2-1　司南的复制模型

2.1.2　人类对电磁现象的早期实验研究

近代电磁现象研究始于 16 世纪的欧洲。英国医生、电磁学研究的先驱吉尔伯特（William Gilbert，1544—1603，见图 2-2）发现天然磁石摩擦铁棒，能使铁棒磁化。吉尔伯特是第一位用科学实验证明电磁现象的科学家，用实验验证了大地磁场的存在。他把一块大的天然磁石磨制成一个大石球，用小铁丝制成小磁针放在磁石球上面，观察小磁针的取向。他发现，在天然磁石球的作用下，小磁针的偏转与地球上的指南针极为相似。由此吉尔伯特联想到地球可能是一块大磁体，它与磁针之间的同极相斥、异极相吸的作用引起了指南针的朝南、北方向的偏转。他还对磁倾角现象进行了解释，认为这是由于指南针在地球的不同纬度上受力的方向与该纬度的水平方向有一个夹角的缘故。1600 年他在《地磁论》一书中指出，磁针指南是由于地球本身是一个巨大磁体。他还由希腊文"琥珀"（ηλεκτρου）创造了英文的"电"（electricam）一词并沿用到 1646 年；其后，才由布朗根据英语语法将"electricam"改为"electricity"。

图 2-2　电磁学先驱吉尔伯特

1663 年，德国物理学家盖利克（Oho Von Guericke，1602—1686）研制出摩擦起电的简单机器。

1729 年，英国学者格雷（Stephen Gray，1670—1736）发现电可以沿金属导线传导。他在对电荷传递的研究中，发现电的传导性能并不取决于物体的颜色，而取决于构成物体的物质类别。同是一根细丝，金属丝能导电，而蚕丝就不导电。因而，他把物体划分为电性物体（导电体）与非电性物体（非导电体）两类。格雷还进行了第一个使人体带电的实验，证明人体是电性物体。

1733 年，法国化学家杜菲（Du Fay，1693—1739）通过实验发现电荷有两种，分别称为"正电"和"负电"。后来还通过实验总结出"同性相斥，异性相吸"的特性。

在实验过程中，人们都希望把产生的电荷保存起来。荷兰莱顿大学物理学教授马森布罗克（Pieter Von Musschenbrock，1692—1761）与德国卡明大教堂副主教冯·克莱斯特（Ewald Georg Von Kleist，1700—1748）分别于 1745 年和 1746 年独立研制出储电瓶，即莱顿瓶。它是一个金属衬里的玻璃瓶，由瓶口的软木塞插入一根金属棒，瓶内装有半瓶水。它能储存由起电机产生的大量静电，可供放电实验使用。

当时，莱顿瓶的发明不仅促进了静电学研究，使电获得了更大的名声，而且还具有实用价值。人们纷纷效仿莱顿瓶的放电实验，有人用莱顿瓶的火花放电杀死老鼠、鸟和其他动物，也有人用莱顿瓶的放电火花点燃酒精、火药。最为壮观的实验是在巴黎女修道院，卡尔特教团的修士们用铁丝把每两个人之间连接起来，形成一个长 900 英尺的长队，当莱顿瓶放电时，一瞬间整个队列的修士受电击几乎同时突然跳起来。电流的强大威力使在场的人无不目瞪口呆。一向神情严肃的修道士们竟能参与如此滑稽可笑的表演，可见人们对电产生了多大的好奇。用莱顿瓶放电来熔化金属丝、磁化钢针，也是当时盛行的一种娱乐方式。在欧洲，几乎每一个国家都有一大批人依赖与电有关的实验和表演而谋生，他们对日后电学知识的普及与发展产生了巨大的影响。

1747 年，美国人富兰克林（Benjamin Franklin，1706—1790，见图 2-3）通过实验提出了电荷守恒原理。1746 年，他在波士顿看到史宾斯博士利用莱顿瓶等做的静电实验后，对此产生了好奇和兴趣，开始自学与电相关的书刊并开展一系列实验，以探索电的奥秘。在一次放电实验中，他获得了一个重要发现。他让 A、B 两人单独站在蜡板上，用莱顿瓶分别使他们带上玻璃电和琥珀电，又让 A、B 向站在地上的第三人 C 放电，结果都有火花闪现。如果 A、B 带电后先互相接触，再向 C 放电，结果都没有火花闪现。富兰克林由此发现玻璃电和琥珀电可以互相抵消，因此总结出电荷有两类，他把玻璃电叫作正电（用"+"号表示），把琥珀电叫作负电（用"-"号表示），并提出了电的单流体学

图 2-3　科学家富兰克林

说。他认为：每个物体都有一定量的电，摩擦不能创造出电，只是使电从一个物体转移到另一个物体上，它们的总电量不变。

1749～1752 年间，富兰克林通过实验揭开了雷电现象的秘密，统一了"天电"和"地电"。他仔细观察和研究了雷、闪电和云的形成过程，提出了发生于云层中的闪电

和摩擦所产生的电具有相同性质的推测。1752 年夏天，他在费城进行了举世闻名的"风筝实验"。在雷电交加的雨天，他带着儿子把用细铁丝作引线的风筝放上高空，一阵闪电，风筝引线靠近手边的捻线用丝绸带缠上的细丝立刻向四周竖立起来，手指靠近引线末端的钥匙，就产生火花，他立即将"天电"收集到莱顿瓶中。他把收集到的"天电"进行放电实验，与摩擦起电机产生的"地电"实验结果一样，从而证明了"天电"和"地电"的性质完全相同。根据这一理论和对尖端接地导体放电现象的发现，他还提出了关于避雷针的建议。

而另外一位俄国科学家李赫曼（G. W. Richmann，1711—1753）则在相似的雷电试验中触电身亡，为科学献出了生命。

1785 年，法国工程师、物理学家库仑（Charles Augustin Coulomb，1736—1806，见图 2-4）用扭秤测量静电力和磁力，建立了著名的库仑定律。当时，法国科学院征求提高航海指南针中磁针指示的精确度方案。库仑认为磁针放置在轴上，它转动时必然会产生摩擦，要改良磁针的工作，必须从这一根本问题着手。他提出用头发丝或丝线悬挂磁针。他又发现丝线扭转时的扭力与磁针转过的角度成比例关系，并认为可利用这种装置来计算出静电力或磁力的大小，从而他发明扭秤。扭秤能以极高的精度测出非常小的力。

图 2-4 物理学家库仑

库仑善于设计精巧的实验装置来测定各个物理量之间的关系。库仑定律是库仑通过对扭秤实验的观测及牛顿万有引力定律的启发总结出来的。库仑定律是指两个电荷之间的作用力与它们间距离的平方成反比，而与它们所带电荷量的乘积成正比。库仑的扭秤实验在电学发展史上具有重要的地位，是人们对电磁现象的研究从定性阶段进入定量阶段的转折点。电荷的单位就是用"库仑"来命名的。

意大利生理学家伽伐尼（Luigi Galvani，1737—1798，见图 2-5）是研究生物电的先驱。他出生于波洛尼亚，22 岁毕业于波洛尼亚大学，25 岁以"骨质的形成与发展"论文获博士学位后，先后任该校解剖学讲师、美术和科学学院产科学教授；1772 年任波洛尼亚科学院院长，致力于神经对刺激的感受研究。

1780 年，伽伐尼的妻子身体欠佳，医生嘱咐多吃青蛙。伽伐尼把剥了皮的青蛙放置在靠近起电机旁的桌子上，当其妻偶然拿起电机旁的外科用小刀时，刀尖碰到蛙腿神经，出现了电火花，蛙腿发生剧烈痉挛，她随后把这一现象告诉了伽伐尼。伽伐尼 1791 年在《波洛尼亚科学院纪要》上发表了题为"论在肌肉运动中的电力"的论文，在论文中记载："在 1780 年的一天，我解剖了一只青蛙，并把它放在桌上，在不远的地方有一架起电机，当我

图 2-5 生理学家伽伐尼

的一个助手用一把解剖刀接触到青蛙腿内侧的神经时、青蛙四肢立即剧烈痉挛起来。"1792 年，伽伐尼利用两种不同金属组成的环和蛙腿接触而使蛙腿痉挛，这是第一个伽伐尼电池。其实，伽伐尼发现的是动物组织对电流刺激的反应，而不是动物组织带静电产生了电流。这种动物组织与两种不同金属接触所产生的反应现在称为"电疗法"。他宣称动物组织能产生电，虽然他的理论被证明是错的，但他的实验却促进了对电学的研究。

1798 年，意大利物理学家伏特（Count Alessandro Volta，1747—1827，见图 2-6）经过潜心研究后认为，伽伐尼电在本质上是两种不同金属和湿的动物体连在一起引起的，不是动物电而是金属电，伽伐尼的电流不是来源于动物，把任何潮湿物体放在两个不同金属之间都会产生电流。伏特的异议，促使伽伐尼进行更加严密的实验，很快修正了自己的解释，并从实验中获得了动物体内确实存在动物电的新证据，从而为一门全新的学科——电生理学的建立奠定了基础。

1799 年，伏特用铜币、银币和吸墨纸制成"电堆"（见图 2-7），发明了世界上第一个电池"伏特电池"。它可以提供较长时间的连续电流。从此使电学的研究由静电扩大到动电，开辟了电学研究的新领域。伽伐尼的一个偶然发现，直接导致伏特在一年后电池的发明和电生理学的建立，这在科学史上一直传为佳话。伏特真诚地赞扬说，伽伐尼的工作"在物理学和化学史上，足以称得上划时代的伟大发现之一。"为了纪念伽伐尼，伏特还把伏特电池叫作伽伐尼电池，引出的电流称为伽伐尼电流。

伏特还发明了起电盘、验电器和储电器等。这些发明对电学的发展作出了很大贡献。电动势、电位差、电压的单位"伏特"就是以他的姓氏命名的。

图 2-6　物理学家伏特

图 2-7　伏特发明的电堆

2.2　电流磁效应的研究

吉尔伯特断言过电与磁两者间没有关系，库仑也提出电和磁有本质上的区别，所以很少有人再去研究它们之间的联系。而丹麦哥本哈根大学物理学教授奥斯特（Hans

Christian Oersted，1777—1851，见图 2-8）一直相信电、磁、光、热等现象相互存在内在的联系，他深受康德的哲学思想影响，认为存在于自然界的一些基本力是可以相互转化的。尤其是富兰克林曾经发现莱顿瓶放电能使缝纫机的钢针磁化，更坚定了他深入研究的信心。当时也曾有一些人试图通过实验去发现电和磁之间的联系，结果都失败了。他也通过多次实验揭示了电流的热效应和光效应，但始终没有发现电流的磁效应。奥斯特分析这些实验后认为，在电流方向上去找磁效应，看来是不可能的，那么磁效应的作用会不会是和热效应、光效应一样向四周扩散呢？

图 2-8　物理学家奥斯特

2.2.1　奥斯特发现电流的磁效应

在 1820 年春天的一个夜晚，奥斯特主讲一场关于电与磁的讲座，在讲座中还安排演示一些相关的实验。在实验演示过程中，当把电池与铂丝连通时，靠近铂丝的小磁针产生了轻微的晃动。这一不显眼的现象并没有引起听众的注意，而奥斯特则兴奋不已。此后他连续三个月进行深入的实验研究，在当年夏天宣布了关于电流的磁效应研究结果：在通电导线的周围，发生一种"电流冲击"，这种冲击只能作用在磁性粒子上，对非磁性物体是可以穿过的；磁性物质或磁性粒子受到这些冲击时，阻碍它穿过，于是就被带动，发生了偏转；"电流冲击"是沿着以导线为轴线的螺旋线方向传播的。他对电流磁效应的解释虽然不完全准确，但他奠定了电磁学研究的基础，把电磁学研究带入了一个辉煌时期。

奥斯特出生于丹麦兰格兰的鲁德克乔宾，17 岁考入哥本哈根大学，22 岁获博士学位后，受聘该校医学院化学助教，1806 年任哥本哈根大学教授。磁单位中磁场强度单位"奥斯特"就是以他的姓氏命名的。

2.2.2　安培奠定电动力学的基础

奥斯特发现电流磁效应的消息，很快引起科学界的广泛重视，许多物理学家认识到它的重要意义，立即着手这方面的研究工作。法国数学家、物理学家安培（Andre Marie Ampe，1775—1836，见图 2-9）生于里昂一个富商家庭，年少时就显示出数学才能，据说 12 岁就学会了微积分。他的父亲给他买了大量图书，让其走自学成长的道路。他 27 岁就任布尔让布雷斯中央学校物理学和化学教授。1820 年 9 月 4 日，安培在法国科学院得知奥斯特发现电流磁效应的详细情况。奥斯特的发现引起了他的强烈关注，由于他过去一直相信库仑提出的观点——电和磁有本质上的区别、相互没有关系——而耽误了时机。于是他投

图 2-9　物理学家安培

入全部精力开展电磁理论的研究。他首先重复了奥斯特的实验，验证了它的正确性，然后进行更深入的研究，在两周后就提出了电流方向与磁针转动方向关系的右手定则。接着他又通过实验发现了两个载流导体相互作用力的规律：电流方向相同的两条平行载流导线互相吸引，电流方向相反的两条平行载流导线互相排斥。他还对两个线圈之间的吸引和排斥作了详细分析。

安培还提出分子电流假说。他根据磁是由运动的电荷产生的这一观点来说明地磁的成因和物质的磁性。他认为构成磁体的分子内部存在一种环形电流——分子电流。由于分子电流的存在，每个磁分子成为小磁体，两侧相当于两个磁极。通常情况下磁体分子的分子电流取向是杂乱无章的，它们产生的磁场互相抵消，对外不显磁性。当外界磁场作用后，分子电流的取向大致相同，分子间相邻的电流作用抵消，而表面部分未抵消，它们的效果显示出宏观磁性。

安培设计了关于电流相互作用的四个精巧的实验，并运用高度的数学技巧总结出电流元之间作用力的定律，描述两电流元之间的相互作用同两电流元的大小、距离以及相对取向之间的关系。他把研究动电的理论称为"电动力学"。1827 年，安培将他对电磁现象的研究综合在《电动力学现象的数学理论》一书中，从而奠定了电动力学的基础。电流强度的单位"安培"就是以他的姓氏命名的。

2.2.3 欧姆定律的发现

德国（世居英国的德国侨民）物理学家欧姆（Geory Simon ohm，1789—1854，见图 2-10）生于巴伐利亚州的埃尔兰根平民家庭，父亲以开锁店为生。欧姆 16 岁进入埃尔兰根大学读了三个学期，因家境困难而被迫退学，通过自学于 1811 年参加埃尔兰根大学毕业考试并取得学位，此后在该校任教。1813 年他到班伯格皇家高级中学任教时，发表了"高等教育中几何学的合理使用原理"论文。1817 年，他在故乡科伦理工学院任教学物理系主任，1826~1833 年开始在柏林军事学院教授数学。

图 2-10 物理学家欧姆

欧姆最大的贡献是在 1826 年发现了电学上的重大定律——欧姆定律。他在法国数学家傅里叶（Jean Baptiste Joseph Fourier，1768—1830）的热传导理论的启发下进行电学研究。傅里叶假设导热杆中任意两点之间的热流量与这两点间的温度差成正比，然后用数学方法建立了热传导定律。欧姆认为电流现象与此类似，猜想导线中两点间的电流也许正比于两点间的某种推动力之差。欧姆称这种动力之差为电张力。这实际上是电压。

欧姆选用温差电池作电源，而电流大小的测量遇到了难题。1820 年发现了电流的磁效应，第二年施魏格根据电流的磁效应制成了原始的电流计，当时称为"倍加器"，但是其准确性和灵敏度都很差。欧姆在这种电流计的启示下，设计制作了一种电流扭秤，把电流的磁效应和库仑扭秤结合在一起，电流的大小是通过挂在扭丝下的磁针偏转角度来确定的，它能准确测定电流大小，从而获得电流与电压成正比、与电阻成反比的定量关系，即欧姆定律。1826年他仿照傅里叶的热传导理论分别发表了题为"论金属传导接触的定律及伏特仪器"和"施魏格倍加器的理论"等两篇论文。第二年他在出版的《动电电路的数学研究》一书中，从理论上严格推导出了欧姆定律。电阻的单位定为"欧姆"就是为了纪念他。

欧姆定律的建立在电学中具有重要的意义。但当时并没有得到科学界的重视，甚至还遭到一些人的攻击。直到15年后，英国皇家学会才肯定了欧姆的功绩，授予欧姆英国皇家学会"科普利奖"。

2.2.4 高斯对地磁的研究

德国数学家和物理学家高斯（Carl Friedrich Gauss，1777—1855，见图2-11）出生于德国不伦瑞克的一个贫苦农民家庭，年幼时家境贫苦，受一贵族资助才进入学校受教育。他聪敏异常，11岁发现了二项式定理，15岁已掌握牛顿的微积分理论，19岁用圆规和直尺画出了正17边形，解决了2000多年悬而未决的几何难题，20岁时建立了最小二乘法。他18岁进入哥廷根大学学习，22岁获得博士学位。

高斯对超几何级数、复变函数论、统计数学、椭圆函数论作出了重大贡献。

高斯在天文学方面，研究了月球的运转规律，创造了可以计算星球椭圆轨道的方法，利用这种方法和最小二乘法计算出谷神星的轨道。他于1802年发现了智神星的位置，1809年出版了《天体运动论》，1820年潜心研究测地

图2-11　物理学家高斯

学，发明了日光反射仪，还撰写了近20篇有关大地测量学的论文。

高斯对电磁学的研究，开始于1830年。1832年，他改进和推广了库仑定律的公式，并且提出了测量磁强度的实验方法。他和韦伯合作，建立了电磁学中的高斯单位制，发明了电磁铁电报机，绘制出世界第一张地球磁场图。

1833年高斯与物理学家韦伯共同建立地磁观测台，组织磁学学会以联系全世界的地磁台站网。高斯分别提出电静力学和电动力学定律的公式，其中包括"高斯定律"。所有这些工作直到1867年才发表。电磁单位中磁感应强度"高斯"就是以他的姓氏命名的。

2.3 电磁感应的发现

电流的磁效应揭示了电能生磁。反过来，磁能够生电吗？这成了许多科学家关心的问题。人们设计了各种各样的试验，试图发现磁能生电的现象，但最终都没有达到目的。

2.3.1 法拉第发现电磁感应

法拉第（Michael Faraday，1791—1867，见图 2-12）出身英国一个铁匠家庭，从小生长在贫苦的环境中。迫于生计，他 9 岁时便辍学到文具店当学徒，后来到一家印书铺当装订工，这使他有机会接触到各类书籍。每当他接触到有趣的书籍时就不知疲倦地读起来，尤其是《大英百科全书》《关于化学的谈话》以及有关电的书籍。繁重的体力劳动，无知和贫穷，都不能阻挡他对科学的向往。

当时在伦敦经常举办各种科学报告会。英国皇家学会会员丹斯是该印书铺的常客，他看到法拉第勤奋好学，便给了他一张英国化学家戴维（Humphry Davy，1778—1829）演讲会的入场券。法拉第去听著名科学家戴维的讲座，他

图 2-12　物理学家法拉第

认真地记笔记，并把他先后听过的四次讲座的笔记精心整理，装成精美的书册，然后把笔记册和一封自荐信一起寄给戴维。在戴维的推荐下，法拉第终于进入皇家学院实验室并当了戴维的助手。法拉第在实验室工作半年后，随戴维去欧洲旅行。对法拉第来说，这次旅行让他大开眼界，他结识了许多科学家，还学到许多科学知识。回到英国后，他发挥出惊人的才干，不断取得成果。法拉第和奥斯特一样，他坚信自然力的统一性、不可破灭性和可转化性，不断寻找"磁生电"的现象。1824～1830 年间，他做过多次电磁学实验，一直没有获得满意的结果，但他的信念依然坚定。

法拉第的实验室如图 2-13 所示。

图 2-13　法拉第的实验室

1831 年 8 月 29 日，法拉第终于取得了突破性的进展。他在一个软铁圆环上绕有两个相互绝缘的线圈 A 和线圈 B，线圈 A 的两端通过一个开关与电池连接成一个闭合回路，线圈 B 的两端用一条导线连通，导线下面平行放置一根小磁针，用来检验导线是否有感应电流流过。在实验过程中法拉第发现，当开关闭合后、电流通过线圈 A 的瞬间，

线圈 B 附近的小磁针发生偏转；当开关断开、电流被切断后的瞬间，线圈 B 附近的小磁针也发生偏转。这是法拉第的第一个成功的"磁生电"试验。他为了弄清楚能产生"磁生电"的种类，后来又继续开展一系列的实验。当年 11 月 24 日，法拉第在递交给英国皇家学会的报告中，归纳出能产生感应电流的五种情况：① 变化着的电流；② 变化着的磁；③ 运动的恒稳电流；④ 运动的磁铁；⑤ 在磁场中运动的导线。他把在实验中观察到的现象定名为"电磁感应"。这是一次重大的突破，由电磁感应提供了生产电能的这种方式，沿用至今。发电机、电动机和变压器都是利用电磁感应原理而工作的。

法拉第的另一个重要研究成果，是提出了"电场"和"磁场"的概念，并描述了电力线与磁力线的作用。他从大量的实验研究中产生了这样一个构想，认为带电体、磁体或电流周围空间存在一种物质，这种物质是从电或磁激发出来的。这种物质在带电体与磁体的周围空间无所不在，起到传递电力、磁力的媒介作用。他把这些物质称作电场、磁场。法拉第还认为电场和磁场是由电力线和磁力线组成的，这些力线把不同的电荷（或磁体）连接在一起，就好像是从电荷（或磁极）出发、又落到电荷（或磁极）的一根根橡皮筋一样。1852 年，他还用铁粉显示出磁棒周围磁力线的形状。电容量的单位"法拉"就是以他的姓氏命名的。

2.3.2　亨利、楞次对电磁感应的研究

在法拉第发现电磁感应后不久，又有两项与之相关的研究成果发表。其中一项是美国物理学家亨利发现了自感现象，另一项是俄国物理学家楞次提出了确定感生电流方向的判据。

物理学家亨利（Joseph Henry，1797—1878，见图 2-14）是美国自富兰克林之后，第一位从事创造性电磁学研究的伟大科学家。亨利与法拉第的身世有许多惊人的相似。他们都出身于普通家庭，因生活所迫，少年时期都去做学徒工，只不过亨利是在一家钟表店工作。1827 年，他用纱包铜线在铁芯上绕了两层，制成 7 磅重的电磁铁，通电后能吸住 650 磅重的物体。1829 年他在设计上进行改进，能吸住 2088 磅重的铁块，获得当时创纪录的成就。亨利在 1829 年 8 月开展电磁铁研究中，发现了载流线圈在断电时产生了强烈的电火花，这就是所谓的自感现象。他把这一项研究结果总结在 1832 年发表的《螺旋状长导线内的电自感》论文中。

据史料记载，实际上最早发现"磁生电"现象的是亨利。1830 年 8 月，在纽约奥尔巴尼学院任教授的亨利利用学校休假时间，设计了图 2-15 所示的实验电路进行"磁生电"测试。当他闭合电源开关 K 时，发现检流计 P 的指针摆动；断开电源开关 K 时，又发现检流计 P 的指针向相反方向摆动。亨利还发现，改变线圈 A 和线圈 B 的匝数，可以改变两个线圈电流的大小。这个实验是电磁感应的直观表现。但是，亨利没有急于发表他的实验成果，他还想再做一些实验。由于假期已过，他只得将这件事搁置一旁。后来他又进行了多次实验，直到 1832 年才将实验论文发表在《美国科学和艺术杂志》第 7 期上。电感的单位"亨利"就是以他的姓氏命名的。

俄国物理学家楞次（Heinrich Friedrich Emil Lenz，1804—1865）早年研究神学，1832 年获悉法拉第研究电磁感应获得成功后，开始转向物理学研究。他进行了一系列

电磁实验后，于1833年把研究成果发表在"论动电感应引起的电流的方向"论文中。他提出磁场的变化不能突变的观点，并说明这是由于受感应电动势的反抗作用而引起的。感应电流的方向是它所产生的磁场方向，与引起感应的原磁场的变化方向相反。这就是描述电磁感应现象的楞次定律，这一定律说明电磁现象也是符合能量守恒定律的。

图 2-14　物理学家亨利

图 2-15　亨利的实验电路

2.4　电磁场理论的建立

在17世纪之前，人们对电磁现象的认识只是一些定性的观察，留下的是一些零星的记载。自17世纪开始，人类才对电磁现象留下了比较系统的观测记录。到18世纪初，人类对电磁现象开展实验研究，获得了一些定性的结论。直至18世纪晚期，通过大量的实验观测记录和归纳总结，终于获得公式化的成果，即静电力的平方反比定律，从而使电磁现象的研究由定性描述转变为定量分析。

19世纪上半叶是电磁学研究的高峰时期。伏特电堆的发明，为实验研究提供了可以连续使用的电源，促使一批研究成果相继问世。1820年奥斯特发现电流的磁效应，1820~1827年安培发现电流之间相互作用力定律，1826年欧姆提出欧姆定律，1831年法拉第发现电磁感应现象，1832年亨利发现自感，1834年楞次建立楞次定律，1843年法拉第用实验证明电荷守恒定律。而这些成果都是各自对电或磁现象的单独分析与描述，还不能建立起电与磁的内在联系。

2.4.1　麦克斯韦建立电磁场理论

英国数学家、物理学家麦克斯韦（James Clerk Maxwell，1831—1879，见图2-16）生于英国爱丁堡，10岁进入爱丁堡中学学习，中学期间就在《爱丁堡皇家学会学报》上发表论文"论椭圆曲线的机械画法"，16岁进入

图 2-16　物理学家麦克斯韦

爱丁堡大学学习物理，19 岁转入剑桥大学研习数学。他 1854 年以优异成绩毕业于剑桥大学三一学院数学系并留校任职，1856 年到阿伯丁的马里沙耳学院任自然哲学教授，1860 年到伦敦任皇家学院自然哲学及天文学教授，1871 年受聘为剑桥大学实验物理学教授。麦克斯韦是继法拉第之后，集电磁学大成的伟大科学家。他依据库仑、高斯、欧姆、安培、法拉第等前人的一系列发现和实验成果，以惊人的数学才能，严密的逻辑推导，对电磁场的概念作出了数学方程表示，建立了完整的电磁理论体系。他不仅科学地预言了电磁波的存在，而且还揭示了光、电、磁现象的本质的统一性，完成了物理学的又一次大综合。这一自然科学的理论成果，奠定了现代电气技术、电子技术和通信技术的基础。

在科学领域，任何一个重要理论的建立都要靠许许多多人的艰苦努力，才能获得最终的成功。电磁场理论的建立也是如此。在剑桥大学学习时麦克斯韦打下了扎实的数学基础，为他以后把数学分析与实验研究有机结合创造了条件。1854 年麦克斯韦开始阅读汤姆生的科学著作和法拉第的《电气的实验研究》，他信服法拉第的物理思想，试图为法拉第的电场、磁场及电力线、磁力线的概念提供数学方法的支撑。

1856 年，麦克斯韦以法拉第的力线概念为指导，透过前人许多似乎杂乱无章的实验记录，看出了它们之间实际上贯穿着一些简单的规律。年仅 25 岁的麦克斯韦在剑桥大学的《哲学杂志》上发表了第一篇电磁学论文"论法拉第的力线"。论文中，他利用数学推理和类比方法将电磁学先辈们所描述的部分电磁现象用数学语言加以表达，采用时间—空间关系的严密公式来表述。麦克斯韦除把库仑定律、安培定律及法拉第定律综合起来外，还提出了所谓"位移电流"的概念。当时已经 66 岁的法拉第看到这篇论文后，高度赞扬了他对电磁现象的真知灼见。但这篇文章还没有引导出新的结果。

5 年之后，麦克斯韦又发表了第二篇论文"论物理的力线"，论文比较长，共有 4 部分内容，分别载于 1861 年和 1862 年的《哲学杂志》上。这时，他已经突破了数学上的类比研究方法，转向运用模型来建立假说，创造性地提出了"涡旋电场"假说，构造了"分子涡旋模型"。他还提出了"位移电流"假说，认为位移电流与传导电流相似，同样可以产生磁场。这表明在电磁感应作用下磁场的变化产生电场，而变化的电场引起的位移电流又能产生磁场。这是电磁学发展史上一个光辉的里程碑。他还预言了电磁波的存在，并推论这种波的速度等于光速，揭示了光的电磁本质。

1865 年，麦克斯韦的第三篇论文"电磁场的动力学理论"从几个基本实验事实出发，运用场论的观点，以演绎法建立了系统的电磁理论，提出了电磁场的基本方程组，有 20 个方程、20 个变量。后经德国物理学家赫兹和英国电气工程师亥维赛德的整理与简化，才成为描述电磁场的麦克斯韦方程组，共 4 个方程。麦克斯韦方程表达了宏观电磁现象的基本规律，电磁场的计算都可以归结为求麦克斯韦方程的解。静电场、恒定电场和恒定磁场的方程不过是某种特殊形式下的麦克斯韦方程。麦克斯韦方程显示了场量之间相互制约与相互联系的关系，表明了电磁场中电、磁两方面变化的主要特征。

1873 年，麦克斯韦出版了电磁场理论的经典著作《电磁学通论》。该书全面地总结了 19 世纪中叶以前对电磁现象的研究成果，对电磁场理论作了系统、严密的论述，从数学的角度证明了电磁场基本方程组解的唯一性，从而建立了完整的电磁学理论体系。这是一部可以同牛顿的《自然哲学的数学原理》、达尔文的《物种起源》和赖尔的《地质学原理》相媲美的里程碑式的自然科学理论巨著。

麦克斯韦的电磁场理论使物理学的理论基础产生了根本性变革，它把原先相互独立的电学、磁学和光学结合起来，使 19 世纪的物理学完成了一次重大综合。

在麦克斯韦去世后的 20 多年，著名物理学家爱因斯坦（Albert Einstein，1879—1955）几乎推翻了整个经典物理学，而麦克斯韦方程组仍然保持不变。爱因斯坦在自传中说："在我求学的时代，最着迷的课题是麦克斯韦理论"，"特殊的相对论起源于麦克斯韦的电磁场方程"。1931 年爱因斯坦在麦克斯韦诞辰一百周年纪念大会上指出："自从牛顿奠定理论物理学的基础以来，物理学的公理基础的最伟大变革，是由法拉第和麦克斯韦在电磁现象方面的工作所引起的。"他评价麦克斯韦的工作"是自牛顿以来，物理学最深刻和最富有成果的工作"。

2.4.2 赫兹发现电磁波

然而在当时，对麦克斯韦的理论许多人都难以理解，特别是他关于电磁波的预言，不少人表示怀疑。直到 1887 年，才由德国物理学家赫兹（Heinrich Rudolf Hertz，1857—1894，见图 2-17）通过实验证实了电磁波的存在。赫兹生于汉堡一个律师家庭，父亲是犹太人。由于他对自然科学的浓厚兴趣而建有私人实验室。1875 年他毕业于约翰纽姆工科学校，1877 年进慕尼黑工学院，1878 年来到柏林大学，在著名物理学家亥尔姆霍兹（Hermann Ludwig Ferdinand von Helmholtz，1821—1894）的指导下开展研究工作，于 1880 年获博士学位后便成为亥尔姆霍兹的助手。1885 年他担任卡尔斯鲁高等工业学院物理学教授，1889 年接替克劳休斯任波恩大学物理学教授。

图 2-17 物理学家赫兹

赫兹于 1883 年开始研究电磁理论。1886 年秋季的一天，他在实验室内做火花放电实验，一个奇异的现象引起了他的注意：每当放电线圈放电时，在附近几米以外的绝缘开口导线中就会冒出一束小火花，这立即使他想起了麦克斯韦的电磁场理论，这跳跃的小火花是不是意味着有电磁波在天空传播呢？为了验证这一个想法，他精心设计了一个实验。在一个漆黑的实验室里，将检波器放在离自制的电磁波发生器大约 10m 远的地方。当发生器通电后，适当调整检波器的方向，检波器的两个小铜球之间就会迸发出一束很小的蓝色火花，这说明发生器发射出来的电磁波确实被检波器接收到了。赫兹于 1887 年发表了"电磁波的发生和接收"论文，论文中用实验结果证明了电磁波是以与光波相同的速度直线传播，电磁波本质上与光波相同，具有反射、折射、衍射和偏振等性质。

他证实了麦克斯韦关于光是一种电磁波的理论，为通信技术的发展开辟了新途径。

同年，他还发现了"光电效应"现象，即物质在光的照射下释放出电子的现象，这种现象后来由爱因斯坦引入光子概念。1889 年赫兹在一次自然科学大会上作了"光和电的关系"的报告，获得来自世界各地著名学者的一致好评。1960 年第 11 届国际计量大会确定把频率的单位定为"赫兹"。

2.5 通信技术的进步

电磁学的大量实验成果和理论成果为通信技术的发展提供了丰富的实践经验和全面的理论基础。特别是麦克斯韦的电磁场基本方程的问世以及赫兹在实验室对电磁波传播的实现，对于无线电通信技术给予了有力的支持。而商业利润和社会需求也为通信技术的发展起到了助推作用。在 19 世纪通信技术所取得的成果——有线电报、有线电话和无线通信，再一次体现了人类的智慧。

2.5.1 有线电报的发明

信息是人们在社会生活中的基本需求，特别是在战争年代，准确的信息传递显得尤为重要。早期利用烽火、狼烟传递信号有许多缺点：信息量少、中间环节多、受气象条件影响大、传送距离短、传送速度慢。在通信领域中利用电信号来传递信息，电报是人们最早的尝试。电报由最初尝试到实用性推广，大概经历了静电电报、电化学电报和电磁电报三个阶段。早在 18 世纪中叶就有人尝试利用电进行信号传递。1753 年摩立逊（Morrison）和 1774 年勒沙格（Lesage）都曾试图利用 26 根导线分别代表 26 个英文字母，在导线一端用静电起电机供电，当导线另一端带静电吸动纸片或小球来传递信息。不过由于静电传送的距离太短、信息传送的效率低而无法推广使用。

当伏特电堆发明以后，1804 年，西班牙工程师沙尔瓦（Don Fransisco Salva，1751—1828）又尝试用导线传送电流到另一端使水分解，以电源负极端产生氢气泡为信号，制成了电化学电报机。1809 年德国人索莫林（Thomas Sommering，1755—1830）也进行了类似的实验，但仍需用 26 条导线来表示 26 个英文字母，使得线路复杂且速度太慢，并不具有使用价值。

1820 年，在奥斯特发现电流的磁效应之后，安培首先提出了可以利用电流使磁针偏转来传递信息，人们开始研究电磁式电报机。1829 年俄国外交家斯契林（1786—1837）制成了用磁针显示的电报机，使用 6 根导线传送信号，还有一根供电流返回的公共导线，6 个磁针指示的组合表达不同的信息。他还发明了一套电报电码。其间，还有不少著名的科学家也都研究过电报通信。比如德国的数学家、物理学家高斯与德国物理学家韦伯在哥廷根建立了一个电报系统，但是他们的电报机都难以推广到社会实际应用。

真正使电报投入实际应用的，是英国青年科克（William Cooke，1806—1879）和物理学家惠司通（Charles Wheat stone，1802—1875，见图 2-18）于 1837 年制成的双针电报机，当年申请了发明专利，第二年成功铺设了 13km 电报线，使电报服务于利物浦的铁路线上。1846 年英国成立了电报公司后，其电报业务量迅速增长，几年后就建成了数千英里的电报线路。但这种电报机也有一个致命弱点，即都只能传送电流的"有"或"无"两个信息，而且线路的成本也高。

莫尔斯（Samuel Finley Breese Morse，1791—1872，见图 2-19）是一位美国画家，懂得一些化学和电的知识。1832 年 10 月，他到欧洲绘画后在从法国回到美国的旅途中，在"萨丽"号邮船上，听了杰克逊医生向旅伴们介绍奥斯特的"电生磁"和安培关于电报的设想讲演，对电报产生了很大兴趣。在旁听过程中脑海里突然闪过一个念头，他立即写在了笔记本里。

图 2-18　物理学家惠司通

图 2-19　电报发明者莫尔斯

"电流是神速的，如果它能够不中断地传送 10 英里，我就能让它传遍全球。可以突然切断电流，使之产生电火花，电火花是一种信号，没有电火花又是一种信号，没有火花的时间长度又是一种信号。这三种信号组合起来可以代表各种数字和字母。数字和字母按顺序编排可以构成文字。这样文字就可以通过导线传送了。远处的仪器就把信号记录下来。"

正是由于这样一次旅途中的偶然旁观，使他停下了画笔而致力于电报的研究。莫尔斯发明的精华是他的电码。他运用电流的"通""断"和"长断"来代替人类的文字进行传送，这就是著名的莫尔斯电码。发报机传送出的电流使收报机的电磁铁受到吸引力，并带动记录笔在纸带上自动记录。

1837 年，莫尔斯把电报传送到 10 英里远的地方。1843 年在美国政府的资助下，在华盛顿与巴尔的摩之间架设了最早的电报线路。1844 年 5 月 24 日，在华盛顿的国会大厦联邦最高法院会议厅里，莫尔斯用有线电报机进行了首次公开通信演示。电文内容取自《圣经》："上帝创造了何等奇迹！"，从而实现了人类进行长途电报通信的梦想。莫尔斯电报机如图 2-20 所示。

当时欧洲和美国的经济正在走向一体化，美国的农作物收成会直接影响到欧洲的市场物价，谁先得到消息就会成为商战中的胜者。市场的需求为莫尔斯发明的电报机带来

图 2-20　莫尔斯电报机

商机，它以其实用性陆续被欧洲各国采用，各地的电报线路也不断增加和扩建。1850 年建成连接英国和法国的多弗尔海峡的海底电缆，1852 年伦敦和巴黎之间实现直接通报。1855 年建成了地中海到黑海的海底电缆，完成了英、法、意直到土耳其的电报通信线路。大西洋海底电缆的铺设工作最为艰辛，自 1856 年开始，经过多次失败，历时 10 年终于成功，实现了从英国到美国之间的越洋通报。到 1869 年，连通了包括跨越太平洋、印度洋在内的全球范围的海底电缆网。

2.5.2　有线电话的发明

有线电报的推广使用，使人们的信息交流进入了一个崭新的时代。然而，电报传送的是符号。发送一份电报，得先将报文译成电码，再用电报机发送出去；在收报一方，要经过相反的过程，即将收到的电码译成报文，然后送到收报人的手里。这不仅手续麻烦，而且也不能进行及时双向信息交流。因此，人们开始探索一种能直接传送人类声音的通信方式，这就是现在无人不晓的"电话"。

早在 1796 年，欧洲就开始了远距离传送声音的研究。休斯提出了利用话筒接力传送语音信息的方法。虽然这种方法不能在实际中推广应用，但他给这种通信方式的命名——Telephone（电话），一直沿用至今。1861 年，一名德国教师发明了原始的电话机，利用声波原理可在短距离互相通话，但还是无法真正投入实际使用。

世界上第一台电话机的发明者，是美籍苏格兰人贝尔（Alexander Graham Bell，1847－1922，见图 2-21）和他的助手华森。贝尔出生于英国爱丁堡市的一个聋哑教师的家庭，他的祖父和父亲都是语言学家，自己也选择语言学为专业。他系统地学习、研究了人的语音规律、发声机理和声波振动原理等专门知识。开初，他致力研究一种为聋哑人使用的"可视语言"，他试图在一种薄膜上复制人的语音震动波，让聋哑人通过波形曲线"看"出语音来。这种试验未能获得成功。但是，在实验过程中他意外发现了一个现象，即当切断或接通电路时，电路中的螺线管线圈会发出轻微的噪声，这就像莫尔斯电码"滴答"的声音一样。于是，一个大胆的设想在他的脑海里浮现出来了：先将声音引起的空气振动强弱变化转换成电流的大小变化，再用电流的大小变化还原成声音的变化，人的声音不就可

图 2-21　电话发明者贝尔

以凭借电流而传送出去了吗？这就是他设计电话的基本原理。

然而，如何通过技术手段来实现"从声音变化到电流变化"，又"从电流变化到声音变化"呢？贝尔决心从学习电学开始，并虚心向专家求教。他专程赶到华盛顿就自己的设想向声望极高的物理学家亨利请教。亨利肯定了他的思路并满腔热情地鼓励他学习和掌握更多的电学知识，鼓励他继续研究下去。从此，他便刻苦攻读电学并继续他的实验。为了全身心投入发明工作，1873 年贝尔辞去了在波士顿大学的语音学教授任职。一次偶然的机会，贝尔与 18 岁的电气技师华森相识。由于有共同的志向，他们开始了长期合作。在两年多时间里，他们对设计方案和样机进行过多次改进，但一直没有取得满意的结果。

1876 年 3 月 10 日，贝尔和华森又对样机作了一些改进。在最后测试过程中，华森在紧闭了门窗的另一房间把耳朵贴近音箱准备接听。贝尔在最后时刻因操作不慎把电池中的硫酸溅到自己身上，于是叫了起来："华森先生，快来帮我啊！"没有想到，在受话器另一端的华森听到了通过电线传来的呼叫声。这句极普通的话，也就成为人类第一句通过电线传送的语音而记入史册。

此后，贝尔获得电话发明专利权，并于 1878 年成立了贝尔电话公司［美国电报电话公司（AT&T）前身］，其架设在相距 300 多千米的波士顿与纽约之间的第一条电话线路开通，标志着人类进入了电话通信的时代。

1881 年电话传入我国。英籍电气技师在上海十六铺码头附近架起一条电话线路，开办公用电话收费业务。1882 年，丹麦大北电报公司在上海外滩设立了第一个电话局。

电话的发明者究竟是谁？这个问题是有争议的。贝尔在向美国专利局申请电话专利权不久，另一位名叫格雷的人也向专利局提出了电话专利权申请。他们发明电话的受话器原理没有多大差异，只是送话器里用以控制电流大小的可变电阻设计方法不同，因而没有授予格雷专利权。1877 年，发明家爱迪生研究了贝尔与格雷的送话器原理后，设计出更为灵敏的碳精送话器，提高了通话质量并获得专利。早期的电话机如图 2-22 所示。

据报道，美国国会众议院于 2002 年 6 月通过了一项决议，认定电话的发明者并非贝尔而是安东尼奥·梅乌奇。梅乌奇 1808 年生于意大利，1850 年移民美国，并于 1860 年在纽约公开演示了他的发明——"能讲话的通信器"。但是由于他不会讲英语，无法融入美国的主流社会，得不到应有的认可与支持；更因穷困潦倒而付不起当时规定的 250 美元的永久性专利注册费，致使自己的发明得不到应有的保护。贝尔曾和梅乌奇共同使用一间实验室，靠着剽窃后者的成果于

图 2-22　早期的电话机

1876 年获得了电话发明的专利，因而名利双收。梅乌奇曾提起诉讼，就在案子有希望获胜时，他却于 1889 年溘然长逝，诉讼随之中止。

2.5.3　无线电通信的发明

莫尔斯发明的有线电报与贝尔发明的电话，开创了通信的新纪元。然而人们并没有因此而满足，因为有线通信还存在着许多的缺陷。首先，它只限于定点之间的通信，无法进行移动目标之间的通信；其次，通信线路要消耗大量的金属材料，投入资金大；再者，架设通信线路工程量大，特别是山区、林区、海洋等地区施工相当困难。人们都希望能把有线简化成无线，省去电线、电缆，使通信信号能飞过高山，跨越大海。

图 2-23　无线电通信的
开创者马可尼

1886 年赫兹证明了电磁波的存在，并断言电磁波"没有什么用处"。可是，有两位年轻人却从赫兹实验的火花中看到了它广阔的应用前景。这两位年轻人就是俄国的波波夫（1859－1906）和意大利的马可尼（1874－1937，见图 2-23）。

1889 年春天，在一所军事学校任教师的波波夫在一个学术会议上看到了赫兹的电磁波实验表演，他决心要为电磁波的应用开展深入研究。经过几年的不懈工作，终于研制出一台电磁波接收机，那时他 36 岁。在对电磁波接收机进行多次修改后，又成功研制出了电磁波发射机。

1896 年 3 月，波波夫在相距 250m 之间发射了世界上第一份无线电报，并由接收机的记录器记录下来，电文是"海因利茨·赫兹"。波波夫是一位爱国主义者，他拒绝了美国投资商关于有偿转让技术的要求，而沙皇俄国政府对新兴科技的漠不关心的态度，使波波夫的发明并没有得到推广应用。几年之后，在 1904 年的日俄战争中，沙皇政府不得不花巨资向德国购买电台来装备海军。

意大利青年工程师马可尼几乎是与波波夫同时对赫兹的实验结果产生了兴趣，想探索无线通信的道路。

马可尼家境富裕，他虽然没有上过大学，但曾把意大利有名的学者请到家里来指导他的物理学学习。马可尼设想，通过加强电磁波的发射能力，也许能增大它的发射距离，于是就在自家的庄园里开展了一系列试验。在 1894 年冬，他终于获得初步成功，能把电磁波信号传送到大约 9m 远的距离；他又通过改变发射天线的结构来提高电磁波发射能力，在一年多后，能将发射距离增加到 2000m 以上。为了尽快将他的无线通信技术转入社会实际应用，他向意大利政府提出资助申请，但政府当局对于技术发明不感兴趣。于是，马可尼不得不求助于比较重视技术发明的英国。英国海军部对他的发明十分重视，认为无线通信技术一旦试验成功，可以解决海军舰队的调度指挥难题，决定大力资助他的研究。移居英国后，马可尼继续进行研究实验，不断扩大无线电的有效通信距离。1897 年马可尼的收发报距离已达到 16km，他为英国沿海的灯塔船装备了无线电发报机，以保证海上航行的安全。1899 年他又出色完成了英法海岸间相距 45km 的通信任务。当一艘安装无线发报机的灯船被一艘拖船撞翻后，幸亏使用发报机发出了求救信号，船员才被及时赶来的救生船救起。这一事件使人们意识到了无线电通信的实用价值。1901 年实现了横跨大西洋的无线电通信。马可尼虽然在无线电通信试验起步稍晚于波波夫，但他在提高无线通信距离方面作出了杰出贡献。马可尼与另一位阴极射线管发明者德国人布劳恩分享了 1909 年诺贝尔物理学奖，此时他才 35 岁。

思考题

2.1　在人类对电磁现象的早期观察中，发现了哪些电和磁的现象？

2.2　为什么说吉尔伯特是第一位用科学实验证明电磁现象的科学家？他还有哪些贡献？

2.3　莱顿瓶的结构是什么样的？为什么可以储存电荷？

2.4　电磁现象的第一个定量定律是如何得到的？如何评价它在电磁理论建立中的地位？

2.5　从安培开展电流磁效应和欧姆发现欧姆定律的研究过程中，我们可以总结出哪些研究方法？谈谈这些方法对目前的科学研究有何作用？

2.6　从法拉第的电磁感应现象研究经历中，你可以得到哪些启示？

2.7　以法拉第和麦克斯韦的研究为例，试说明实验和数学在科学研究中的作用。

2.8　从电磁学理论的建立到通信技术的进步，有哪些科学家分别作出了什么贡献？

2.9　学习完通信技术的进步内容后，对你有何启示？

2.10　一项新技术的发明过程有哪两个主要阶段？

电气工程技术与理论的发展

本章导读

本章梳理了人类近代技术革命、电工技术的初期发展历程，展示了电路理论、电磁场理论和电网络理论的建立中重要的节点，介绍与电工技术密切相关的理论和技术。

电工技术革命……实际上是一次巨大的革命。蒸汽机教我们把热变成机械运动，而电的利用将为我们开辟一条道路，使一切形式的能——热、机械运动、电、磁、光——互相转化，并在工业中加以应用，循环完成了。

——恩格斯

3.1 电工技术的初期发展

3.1.1 人类近代的技术革命

技术革命也称为工业革命或产业革命，它是人类近代文明发展的基础，决定了人类社会工业化发展和生活水平提高的趋向。人们普遍认为，技术革命的历程已经经历了三个阶段：第一阶段从18世纪中叶到19世纪中叶，以工业生产机械化为特征；第二阶段从19世纪后半期到20世纪中叶，以工业生产电气化为主要标志；第三阶段从20世纪四五十年代到21世纪初，以计算机为代表的信息技术是其主要标志。

第一阶段技术革命的中心在英国。其主要的理论基础是牛顿力学，解决动力问题的标志性成果是瓦特发明和改良的蒸汽机，主要应用于纺织业、交通运输业、冶金采矿业、机器制造业等领域。这是一场生产力的全面革命，引起了社会生产力的巨大飞跃，改变了英国的经济地理面貌，使工厂制度在英国首先得到确立，增强了英国的国际地位，并对世界工业革命产生了巨大影响。

第二阶段技术革命的中心在美国和德国，以电气技术为支撑，主要表现在新能源的利用、新机器与新产品的制造、远距离信息传递技术的应用。其主要成果是电力、钢铁、化工"三大技术"和汽车、飞机、无线电通信"三大文明"的取得，极大地改变了人类社会的面貌。第二阶段技术革命的主要标志是电气化、内燃机的应用与化学工业的兴起，重工业、动力工业、能源工业、化学工业等领域崛起并迅速发展，所引起的工业化浪潮使没有传统技术负担的美国和德国因电工技术的广泛应用超过了英国，成为世界工业强国。

第三阶段技术革命仍然起源于 21 世纪中期工业基础较强的欧美国家，以原子能、电子计算机、空间技术和生物工程的发明和应用为主要标志，涉及信息技术、新能源技术、新材料技术、生物技术、空间技术和海洋技术等诸多领域。第三阶段技术革命极大地提高劳动生产率，促进生产力的迅速发展；产生一大批新型产业，第三产业迅速发展起来；推动了社会生活的现代化，改变着人们的生活方式和思维方式；给各国经济的发展带来了机遇、竞争和挑战，也改变了世界经济的格局。

而自 21 世纪初，可以认为人类正在经历以互联网技术和人工智能技术为代表的第四次技术革命，这是包括以互联网产业化、工业智能化和一体化，以人工智能、清洁能源、智能制造及量子信息技术为主的全新技术革命。我国在这一轮技术浪潮中，没有再次错过历史的契机，正在全方位地追赶人类技术进步的步伐。

3.1.2 电工技术的初期发展历程

第二阶段技术革命是从电气技术及其应用开始的。1831 年，英国物理学家法拉第发现电磁感应原理，奠定了发电机的理论基础。1857 年，英国企业家荷尔姆斯在法拉第的帮助下，研制成功了蒸汽动力永磁发电机。

1866 年，德国工程师、实业家维纳·西门子（Ernst Werner Von Siemens，1816—1892，见图 3-1）发明了自激式励磁直流发电机，用电磁铁代替永久磁铁，利用发电机自身产生的一部分电流向电磁铁提供励磁电流，使发电机的功率提高。他还预言，电力技术很有发展前途，它将会开创一个新纪元。

西门子设计并制作了最早的标准电阻。他于 1860 年设计、制作了长度为 1m、截面积为 $1mm^2$ 的水银电阻器，并在国际电工会议上提交了以此为标准器的提案。为了纪念他的杰出贡献，国际电工会议将电导单位定名为"西门子"。

图 3-1 工程师、实业家
维纳·西门子

法国籍比利时电气工程师格拉姆（Zenobe Theophile Grammme，1826—1901）1853 年在巴黎学习物理学；1856 年进巴黎一家工厂工作，该厂刚开始设计、制造电气工程设备。1870 年，格拉姆发明了实用自激直流发电机。格拉姆对意大利物理学家帕奇诺蒂在 1859 年研制的环形电枢发电机模型作了改进，用叠片式环形电枢在上、下两个磁极间旋转，并采用金属换向器。由于他设计的发电机具有输出功率大、电压高、输出电流稳定等特点，从而取得了专利，曾先后在巴黎和维也纳展出，受到人们的重视。这种发电机虽然效率还不高，但能提供较高的输出电压并发出较大的功率（最大达100kW），具有实用价值。至此，电流的产生不再依赖实验装置，而由结构可靠、电流稳定的发电机提供。

1873 年，安装在英国威斯敏斯特钟塔上的信号灯电源，就是由格拉姆制造的直流发电机提供的。他还在维也纳展览会上演示了发电机能反过来作为电动机使用，从而使电动机的设计、制造技术发生了很大进步。1875 年，由于改进后的格拉姆发电机输出功率大、运行稳定、经济性能好，安装在世界第一座小型火电站——巴黎北火车站发电站，为车站附近的弧光灯提供电源。当时，格拉姆电机被各国广泛采用，他为电气技术的发展作出了重要的贡献。

1879 年 10 月，美国发明家爱迪生（Thomas Alva Edison，1847—1931，见图 3-2）发明了电灯。由于灯丝是用碳化了的棉线做成，其使用寿命比较短，当时并未引起社会的广泛注意，后来经过多次改进，才提高了电灯的使用寿命。

1882 年，爱迪生建成美国第一个商业直流发电厂——纽约珍珠街火电厂，装有 6 台直流发电机组，总功率 660kW，通过 110V 电缆供电，最大送电距离 1.6km，供 6200 盏白炽灯照明用；其后，又建立了威斯康星州亚普尔顿水电站，完成了初步的电力工业技术体系。1889 年，金融大亨摩根加入了爱迪生的电气公司，使美国的电气化步伐加快。

图 3-2　发明家爱迪生

爱迪生生于俄亥俄州的迈兰，父亲是小木材场场主。他 8 岁时仅上了几个月小学，被老师训斥为"糊涂虫"而退学，从此仅受家庭教育。12 岁时读完了帕克的《自然与实验哲学》，随后又研读了牛顿的《自然哲学的数学原理》，并深受启发：重视实践而不是理论。他 12 岁开始在铁路上当报童，16 岁时成为车站电报员，22 岁创办技术顾问公司，29 岁在新泽西州建立了世界上第一所工业实验室。爱迪生的实验室如图 3-3 所示。爱迪生一生完成 2000 多项发明，他刻苦努力，充分发挥了自己的发明才能。他曾说："天才是 99% 的汗水，加上 1% 的灵感。"爱迪生象征着美国由穷变富的理想，爱迪生的一生，是美国从落后农业国向工业国过渡、从全盘照搬欧洲技术到建立美国自己的技术体系的时代。图 3-4 所示为爱迪生发明的灯泡。

1882 年，英国商人在上海开办了上海电光公司，并建了一座功率为 12kW 的发电厂。1888 年，华侨黄秉常在广州两广总督衙门近旁建成发电厂，供给总督衙门及附近部分居民照明用电。随着对电能需求的显著增加和用电区域的扩大，直流发电、供电系统显示出电能生产成本高、供电可靠性低、输电距离短等缺陷。自 19 世纪 80 年代起，人们又投入了对交流发电、供电系统的研究，它与直流发电、供电系统比较，具有许多的优越性。

图 3-3　爱迪生的实验室

图 3-4　爱迪生发明的灯泡

美国发明家、工业家威斯汀豪斯（George Wistinghouse，1846—1914，见图 3-5）生于纽约州的一个农业机械制造商家庭。他在龙宁学院学习后，参加南北战争的北军，在陆军和海军服役。1865 年发明旋转式蒸汽机而首次获专利。1869 年设立威斯汀豪斯空气制动器公司，在匹兹堡建设工厂，生产铁路制动器和铁路信号装置，其产品畅销欧美。

威斯汀豪斯自 19 世纪 70 年代就开始研究电机。1885 年，他购置了法国高拉德（1850—1888）和英国吉布斯于 1881 年的发明的"供电交流系统"专利权。在他领导下，与研制变压器和配电设备的斯坦利、发明多项交流发电机和感应电动机技术的特斯拉、研制测量设备的沙伦伯格等，共同完成了交流发电、供电系统，并在匹兹堡创建了

图 3-5　发明家、工业家
威斯汀豪斯

交流配电网。在完成这一巨大工程中，显示了他重用优秀技术专家的领导艺术和组织才能。他于 1886 年成立威斯汀豪斯电气公司（西屋电气公司）；1889 年，威斯汀豪斯电气公司更名为威斯汀豪斯电气和制造公司。威斯汀豪斯一生获专利 100 多项。

美籍南斯拉夫发明家、电气工程师特斯拉（Nikola Tesla，1856—1943，见图 3-6）1883 年发明了世界上第一台感应电动机。1888 年发明了两相异步特斯拉电动机和交流电力传输系统。美国采用 60Hz 作为工业用电的标准频率与他有很大关系。

特斯拉出生于奥匈帝国的一个牧师家庭，具有难以置信的记忆力和对数学的理解能力。特斯拉于 1884 年移居美国，先是受雇于爱迪生；当时正值"电流争论"时期，一方面发明家爱迪生坚持继续使用直流电；另一方面，发明家威斯汀豪斯则主张改用交流

图 3-6　发明家、电气
工程师特斯拉

电。由于特斯拉对交流电感兴趣，便离开了爱迪生而加入了威斯汀豪斯的企业。通过在威斯汀豪斯企业中所作出的贡献，特斯拉获得了声誉，1887 年在西方联合电报公司资助下，建立了特斯拉电气公司。1888 年他发明了两相异步特斯拉电动机和交流电力传输系统，他的多相交流发电、输电、配电技术也被社会接受。1890 年发明高频发电机；1891 年发明特斯拉线圈（变压器），后来被广泛应用于无线电、电视机和其他电子设备中；1893 年发明了无线电信号传输系统。特斯拉一生中拥有 700 多项专利。为了纪念他，1960 年第 11 届国际计量大会确定采用"特斯拉"作为磁感应强度的单位。

1888 年，俄国工程师德布罗夫斯基和德尔伏发明了三相交流制。次年，三相交流电由试验到应用取得成功。不久三相发电机与电动机相继问世，这就为三相交流电在世界上的普遍应用奠定了基础。1891 年，在德国劳芬电厂安装了世界第一台三相交流发电机，并建成第一条三相交流输电线路。自从三柱式铁芯变压器研制成功后，三相异步电动机就得到广泛的应用，工业动力很快便被它所代替。这就使得电能在工业生产上的应用获得了迅速发展，且逐步取代了蒸汽等动力源。三相交流电的出现克服了原来直流供电容量小、距离短的缺点，开创了长距离供电方式。电力除照明外，还用于电力传动等各种新用途。用电动机带动的各种机床、电车、电梯、起重机、压缩机、电力机车等在工业生产和公共交通等领域发挥着巨大作用。

19 世纪 80 年代曾发生过关于采用直流发供电系统，还是采用交流发供电系统的激烈争论。美国发明家爱迪生、英国物理学家汤姆逊等都极力主张沿用直流电，而美国发明家威斯汀豪斯、美籍南斯拉夫发明家特斯拉和英国物理学家费朗蒂等人则主张改用交流电。经过长达 10 年的激烈争论与竞争，最终后者取得了成功。

为许多分散的电力用户提供大量经济、可靠的电能，促进了电力工业的蓬勃发展和技术进步。电气工程的发展趋势是采用高效率、大功率的蒸汽推动的原动机，不断加大发电机的单机容量，提高输电电压等级，延长输电距离。这就促进了高电压、大容量、远距离电力系统的形成。

美国在 1882 年仅有 3 座直流发电厂，1886 年美国开始建设交流发电厂，功率为 6kW，采用单相制。此后电厂建设蓬勃发展，到 1902 年便增至 3621 座。欧洲各国在这一时期也建起了大批电厂。到 20 世纪初，人类便结束了自 1796 年由英国瓦特发明蒸汽机起所开创的蒸汽时代，跨入了面貌全新、更为先进的电气时代。从创造、试验到应用的不到两百年间。电能的开发和利用，引起了人类社会生产、生活翻天覆地的变化，独立的电力工业体系也逐步形成和壮大。

3.2 电工理论的建立

理论来源于实践。电工理论是在对许许多多电磁现象的大量实验结果的分析、归纳总结的过程中而逐步形成的；同时，它又对实践起指导作用。电工理论起源于物理的电磁学，从 18 世纪后半期开始的漫长的岁月中，人们对电磁现象的本质及其规律的认识，为电工技术的发展提供了理论基础。但是在电工技术的实际应用中，还需要兼顾工程设计、制造工艺、经济效益、使用可靠性、维护方便等一系列问题。也就是说，在工程计算中，要尽量使用简捷的方法，来获得所需要的结果。在分析问题时，将实际电路元器件进行理想化处理，获得理想化的元器件模型。在此过程中，允许有一些近似，抓住主要问题，忽略某些次要因素；而且也不必重新研究发生的物理过程和细节，从而逐步形成了分析电工设备中发生的电磁过程及其定量计算方法的电工理论。

3.2.1 电路理论的建立

电路理论作为一门独立的学科登上人类科学技术的舞台已有 200 多年了，在这纷纭变化的 200 多年里，电路理论已经从用莱顿瓶和变阻器描述问题的原始概念和分析方法逐渐演变成为一门严谨抽象的基础理论科学，其间的发展和变化贯穿于整个电气科学技术的萌发、不断进步与成熟过程之中。如今它不仅成为整个电气科学技术中不可或缺的支柱性理论基础，同时也在开拓、发展和完善自身以及新的电气理论中发挥着十分重要的作用。

在电路理论领域内，数学、物理学、电信和电气工程与自动控制工程等学科找到了一个和谐完美的结合点，其深厚的理论基础和广泛的实际应用，使其具有强盛持久的生命力。因而，对于许多与之相关的学科来说，电路理论是一门非常重要的基础理论课。

早在 1778 年，伏特就提出电容的概念，导体上储存电荷 $Q = CU$，而不必从整个静电场去计算。

在 1826 年欧姆发表欧姆定律和 1831 年法拉第发表电磁感应定律之后，1832 年亨利提出了表征线圈中自感应作用的自感系数 L，即磁通 $\Phi = Li$，俄国楞次提出，导体中由电磁感应产生的电流，也遵守欧姆定律。

1844 年 5 月 24 日，在华盛顿的国会大厦联邦最高法院会议厅里，莫尔斯用有线电报机进行了首次公开通信演示。由于电报的出现，就需要对有线电报机组成的电路进行分析和计算。为电路理论奠定基础的是伟大的德国物理学家基尔霍夫（Gustav Robert Kirchhoff，1824—1887，见图 3-7）。他在深入研究了欧姆的工作成果之后，在 1845 年作为刚满 21 岁的大学生就提出了关于任意电路中电流、

图 3-7 物理学家基尔霍夫

43

电压关系的两条基本定律。即电流定律（KCL）：任何时刻电路中任意一个节点的各条支路电流的代数和为零；电压定律（KVL）：任何时刻电路中任意一个闭合回路的各元件电压的代数和为零。后来在1847年他发表的题为"关于研究点线性分布所得到的方程的解"的论文中，证明了在复杂电路中，根据前述两条定律所列出的独立方程个数，正好等于电路的支路电流个数，恰好满足对给定电路方程的求解要求。基尔霍夫所总结出的两个电路定律，发展了欧姆定律，奠定了电路系统分析方法的基础。

1847年基尔霍夫首先使用了"树"，即后来的拓扑分析法，来研究电路，只是由于他们当时的论点太深奥或者说超越了时代，致使这种方法在电路分析中的实际应用停滞了近百年。直到20世纪50年代以后，拓扑分析法才广泛应用于电路学科。

基尔霍夫生于东普鲁士葛尼希堡的一个律师家庭，1847年毕业于葛尼希堡大学，同年就任柏林大学讲师；1850年任布雷斯劳大学物理学教授；1854年任海德尔堡大学物理学教授；1875年回柏林大学任数理学讲座教授。

图3-8　物理学家汤姆逊

1853年，英国物理学家汤姆逊（William Thomson，1824—1907，亦名开尔文，见图3-8）采用电阻、电感和电容的串联电路模型来分析莱顿瓶的放电过程，并发表了"莱顿瓶的振荡放电"论文。论文中推导出了电路振荡方程，通过求解方程得出了莱顿瓶放电过程中电流有反复振荡并逐渐衰减的结论，由此找到了海底电缆信号衰减的原因；他还计算出振荡频率与 R、L、C 参数之间的关系，从而解决了海底电缆信号衰减这一难题。由此建立了动态电路分析的基础。

汤姆逊生于爱尔兰，自1846年起在格拉斯哥大学物理学任教授。由于成功装设第一条大西洋海底电缆，英国政府于1866年封他为爵士，并于1892年晋升为开尔文勋爵。1877年被选为法国科学院院士，1890~1895年任伦敦皇家学会会长，1904年任格拉斯哥大学校长。汤姆逊研究范围广泛，在热学、电磁学、流体力学、光学、地球物理、数学、工程应用等方面都作出了杰出贡献。

由于国际通信需求的增加，1850~1855年欧洲建成了英国、法国、意大利、土耳其之间的海底电报电缆。电报信号经过远距离的电缆传送，产生了信号的衰减、延迟、失真等现象。1855年汤姆逊发表了"电缆传输理论"论文，他采用电容、电阻组成的梯形电路构建长距离电缆的等效电路模型，并分析了电报信号经过长距离传送而产生衰减、延迟、失真的原因。

1853年，亥尔姆霍兹提出电路中的等效发电机原理。即任意一个线性含有电源的一端口网络，对外电路而言，可以简化为一个电压源和一个电阻的串联电路来等效替代。

1857年，基尔霍夫对长距离架空线路建立了分布参数电路模型。他认为架空线路与电报电缆不同，架空线上的自感元件不能忽略，从而改进了电路模型，并推导出了完整的传输线的电压及电流方程，人们称之为电报方程或基尔霍夫方程。

19 世纪后半叶，对电机的研制及其理论分析不断取得进展。1880 年，英国霍普金森提出了形式上与电路欧姆定律相似的计算磁路用的欧姆定律，还提出了磁阻、磁动势等概念；他又引用铁磁材料的磁化曲线，并考虑磁滞现象影响来设计电机。

19 世纪末，交流发电、输电技术的迅速发展，促进交流电路理论的建立。交流电路与直流电路有很大差别：首先，电路中的电压、电流的实际方向是随时间而交替变化的；其次，电路中不仅有电阻的作用，还必须考虑电感和电容的影响。

1891 年，多布罗夫斯基在法兰克福举行的国际电工会议上提出了关于交流电理论的报告："磁通是取决于所加电压的大小，而不是取决于磁阻。而磁阻的变化只影响磁化电流的大小。如果磁通的变化是正弦函数形式的，则电动势或电压也是正弦函数形式的，但两者相位差 90°。"他还将磁化电流分成两个分量，即"有功分量"与"磁化分量"。他提出交流电的基本波形为正弦函数形式。

德国出生的美籍电气工程师施泰因梅茨（C. P. Steinmetz，1865—1923，见图 3-9）对交流电路理论的发展作出了巨大贡献。他出生即带有残疾，自幼受人嘲侮，但他意志坚强，刻苦学习。1892 年 1 月，在美国电机工程师学会的一次会议上，他提交的两篇论文中提出了计算交流电机的磁滞损耗的公式，成为当时在交流电研究方面的一流成果。随后，他又于 1893 年创立了计算交流电路的实用方法——"相量法"，并向国际电工会议报告，受到了广泛欢迎并迅速推广。由于受到瑞士数学家阿根德（JeanRobert Argand，1768—1813）在 1806 年所提出的用矢量表示复数方法的启示，他用复数平面上的矢量来代表正弦交流电的效值（或最大值）和初相位，即用相量来表

图 3-9　电气工程师
施泰因梅茨

示正弦量。相同频率下的正弦量加、减运算，可以转化为复数的加、减运算，这就简化了正弦量的计算过程；其计算还可以使用图解法来完成。由于相量这一概念直观、易懂，相量法就成为分析正弦交流电路的重要工具，一直沿用至今。

同年，他加入美国通用电气公司工作，负责为尼亚加拉瀑布电站建造发电机。之后，他又设计了能产生 10kA 电流、100kV 高电压的发电机；研制成避雷器、高压电容器；晚年，研发了人工雷电装置。他一生获近 200 项专利，涉及发电、输电、配电、电照明、电机、电化学等领域。施泰因梅茨 1901~1902 年任美国电机工程师学会主席。

进入 20 世纪之后，电工技术以更快的速度发展，与之相关的理论不断建立。1911年英国自学成才的物理学家、电气工程师亥维赛德（Oliver Heaviside，1850—1925，见图 3-10）提出正弦交流电路中阻抗的概念，用相量法分析正弦交流电路时，阻抗也是一个复数，其实部是电阻，虚部是电抗。

亥维赛德还提出了求解电路暂态过程的"运算法"。早期，求解动态电路是用时域

图 3-10　物理学家亥维赛德

分析法，也称为"经典法"。在用经典法求解多个储能元件的动态电路时，由于电路微分方程的阶数较高，求解过程的计算量大；又由于高阶电路待定的积分常数较多，必须用多个初始条件才能确定，这就相当麻烦。周折近 30 年后，当人们在数学家拉普拉斯 1780 年的遗嘱中找到运算微积分与复平面上的积分之间的关系时，发现了可以将描述动态电路的时域函数微分方程，变换成为相应的复频域函数的代数方程，然后求解代数方程，最后由代数方程的解对应找出原微分方程的解。随后亥维赛德的"运算法"就被"拉普拉斯变换"所取代，因此后人将用于动态电路分析的"运算法"称为"拉普拉斯变换"。这一方法也称为"积分变换法"，一直沿用至今。

数学中求解微分方程的"积分变换法"是由法国著名的数学家、力学家和天文学家拉普拉斯（Pierre Simon Laplace，1749—1827，见图 3-11）于 1779 年首先提出来的，人们习惯称之为拉普拉斯变换。拉普拉斯变换是将时域函数的微分方程变换成为复频域函数的代数方程，求得代数方程的解后，通过拉普拉斯反变换就可求出微分方程的解。这种求解微分方程的方法在物理学和工程学中应用广泛。电路的暂态过程分析也使用这种方法。

图 3-11　数学家拉普拉斯

拉普拉斯出生于法国诺曼底的一个平民家庭，在 20 岁时就成为一位数学教授。他是天体力学的主要奠基人，是天体演化学的创立者之一，是分析概率论的创始人，是应用数学的先驱。他的著作《天体力学》广为人知，发表的天文学、数学和物理学的论文有 270 多篇，专著合计有 4000 多页。

1882 年法国数学家傅里叶（Jean Baptiste Joseph Fourier，1768—1830，见图 3-12）

图 3-12　数学家傅里叶

在一本专著中提出的用他的姓氏命名的级数和变换分别在非正弦电路分析、信号处理中用到。实际上，早在 1807 年他就在一篇论文中，推导出著名的热传导方程，并提出了任一满足狄里赫利条件的非正弦周期函数都可以展开成三角函数的无穷级数。但当时的数学界对于他的研究成果未给予认可，甚至不能发表其论文。1822 年他在代表作《热的分析理论》中，解决了热在非均匀加热的固体中分布传播的问题，用数学方法建立了热传导定律，成为分析学在物理中应用的最早例证之一，对 19 世数学和理论物理学的发展产生了深远影响。傅里叶级数（即三角级数）、傅里叶分析等理论都由此创立。

1918 年福台克提出了对称分量法，用对称分量法可将不对称三相电路化为对称三相电路进行分析。这一方法至今仍为分析三相交流电机、电力系统不对称运行的常用方法。

1952 年荷兰菲利普研究实验室学者特勒根（Bernard D. H. Tellegen）提出了集总参数电路中很普遍、很有用的定理，人们称之为特勒根定理。其普遍性与基尔霍夫定律相当。

3.2.2　电网络理论的建立

20 世纪初，通信技术的兴起，促进了电网络理论的研究。1920 年，坎贝尔与瓦格纳研究了梯形结构的滤波电路。1923 年，坎贝尔提出了滤波器的设计方法。

1924 年，福斯特提出了电感、电容二端网络的电抗定理。此后便建立了由给定频率特性而设计电路的电网络综合理论。

在电子管问世以后，电子电路分析的理论迅速发展。1932 年瑞典科学家奈奎斯特提出了由反馈电路的开环传递函数的频率特性作为判断闭环系统稳定性的判据。

1945 年，美国伯德出版了《网络分析和反馈放大器》一书，书中总结了负反馈放大器的原理，由此形成了分析线性电路、控制系统的频域分析方法，并获得了广泛应用。

自从梅森（S. J. Mason）于 1953 年采用信号流图分析复杂回馈系统以来，图论一直是网络理论研究中的一个重要方面。如今，电路的拓扑（或图论）分析和综合法已成为电路理论中的一个专门课题。另外，图论还是设计印刷电路、集成电路布线、布局及版图设计等不可缺少的理论基础，特别是针对超大规模集成电路（VLSI）的设计问题，图论的应用更是日趋广泛。

有源网络的分析和综合是电网络理论的一个热门领域。自从 1948 发明了晶体管以后，各种半导体器件纷纷问世。1952 年美国雷达研究所的科学家达默（G. W. A. Dummer）首先提出了集成电路的设想，并于 20 世纪 50 年代末制成了第一批集成电路（IC），由此对含源器件的电路分析和综合就成为电路理论中的一个重要内容。另外，特勒根于 1948 年提出了回转器的概念，1964 年 B. A. Shenoi 用晶体管实现了回转器后，有源装置可以很方便地用包含回转器与电阻器的等效电路来表示，而任何电器组件包括各种特性的负阻器目前都可以用有源器件综合出来，这使得有源网络的分析和综合具有非常重要的实际意义。

多端器件和集成电路器件的出现为电路提供了许多新"组件"，为这些新组件建模及仿真成为一个急需解决的突出问题。器件建模理论自 20 世纪 70 年代起逐步走向完善。如今，各种多端和集成化器件仍在不断地涌现，这将不断地对器件建模问题提出更新更高的要求。

为了进一步使模拟电路大规模集成化，开关电容网络和开关电容滤波器已经进入了电路理论的研究领域。在大规模集成电路器件中，困难最大的是对大 RC 时间常数电路的控制，而这个问题使用开关电容网络就比较容易解决。但由于集成电路的规模在不断扩大，所以这方面的研究也随之需要不断深入。

被称为电路理论中第三类问题（第一类是分析，第二类是综合设计）的模拟电路故障诊断是 20 世纪 80 年代开始兴起的一个研究领域。这个问题是在 1962 年首先由 R. S. Berkowitz 提出的，但直到 20 世纪 70 年代末才开始引起人们的注意。目前解决模拟电路故障诊断的方法从理论到实际应用之间还存在着很多尚未突破的问题。另外，故障诊断中还存在故障可测性的问题，这实际上就是故障可诊断的设计问题。目前关于故障可诊断性的问题还研究得不多，这主要是因为要建立起一种满意的诊断方法较为困难。

电路理论研究的数字化发展已经是一个必然趋势。由于集成电路和微处理器的发展，大多数用模拟系统执行的功能都可以使用数字系统实时完成，因而当前数字滤波是研究得最多的。数字滤波的理论基础是电路理论中的滤波器理论与离散系统理论的结合。目前已有很多种类的数字滤波器问世，实现了信号滤波处理的数字系统，且发展非常迅速。

20 世纪中期以后电子计算机的出现，为电工理论的应用提供了强有力的工具。电网络的计算机辅助分析、计算机辅助设计应运而生。首先，计算机的出现和发展也对电路理论产生了巨大的冲击。过去为方便手算而发展起来的许多电路分析技巧和方法，在计算机面前，有的实用价值大大减小，有的则已失去原有意义，有的则得到了新的发展。比如，回路法在电路的计算机分析中的价值已大大降低，而节点法则被发展为通用性较好的改进节点法等。另外，在稀疏矩阵技术得到发展后，支路法又开始受到重视。另外，借助计算机可以较容易地求得非线性电路的数值解，这大大促进了非线性电路与系统理论的研究过程。这一切变化是由于现代电路理论研究工作者已将计算机作为电路分析及设计中必备的基本手段而产生的。

电工理论与其他学科的理论相互借鉴，继续在新的技术进步中共同发展。

3.2.3 电磁场理论的建立

物理中对电磁学的研究，到 19 世纪中期已经有了关于静电现象的库仑定律、关于电流和磁场关系的安培环路定律和法拉第电磁感应定律。

法拉第提出的关于电磁场的概念是尤为光辉的思想。他认为电磁场是真实的物理存在，并可用电力线和磁力线来表示。他还认为空间各处的电磁场不能突然发生，而是从电荷及电流所在之处逐渐向周围传播的。1846 年他发表了一篇论文，设想光是力线振动的表现。但令人遗憾的是，由于法拉第不精通数学，因而未能从他的发现中再前进一步去建立电磁场理论。但自此开始，电与磁的研究就分别在"路"与"场"这两大密切相关的阵地上展开了。他的这些论断，由英国科学家麦克斯韦继承。

电磁场科学理论体系的创立要归功于伟大的物理学家同时也是数学教授的麦克斯韦（J. C. Maxwell）。麦克斯韦在 1856 年发表"论法拉第力线"一文，对力线进行了严格的数学描述；在 1861 年发表的"论物理力线"的重要论文中提出了电位移的概念，并称电位移矢量的时间导数为"位移电流"密度。这种电流与传导电流相似，同样可以产生磁场。这表明在电磁感应作用下磁场的变化产生电场，而变化的电场引起的位移电流又能产生磁场。1865 年麦克斯韦发表了"电磁场的动力学理论"论文，采用法国数学家拉格朗日和爱尔兰数学家哈密顿在力学中所用的方法，描述电磁场的空间分布和时间变化规律，提出了电磁场的基本方程组，有 20 个方程、20 个变量。后经德国物理学家赫兹和英国电气工程师亥维赛德的整理与简化，才成为描述电磁场的麦克斯韦方程组，共 4 个方程。麦克斯韦由这组方程导出了电磁场的波动方程，并由此预言电磁波的传播速度正是光速，从而断定光也是电磁波。

1886 年赫兹用实验证明了电磁波的存在，使麦克斯韦的预言得到证实。他的电磁场理论具有相当普遍的意义，成为电工技术（包括无线电技术）的基本依据。

进入 20 世纪，随着电能应用越来越广，各种交流、直流电机和变压器等设备以规模日益扩大的趋势得到应用。研制各种电工设备，往往需要分析其中的电磁场分布，结合工艺、材料等方面的要求来设计和改进产品。而电磁场的分析，虽然有电磁场的方程提供了作这类分析的依据，但由于实际问题往往非常复杂，能用解析方法作出分析的问题是很有限的，因此在电工技术中常采用物理模型实验以及 20 世纪 40 年代提出的模拟方法来分析解决这些问题。

20 世纪 50 年代以来，由于电子计算机的发展，有了求数值解的有力手段，扩大了可以进行计算的问题的范围，电路仿真技术、电磁场仿真技术也逐步推广使用。电工理论随着科学技术的进步而不断地发展。

3.3 电与新技术革命

在第二次世界大战期间，出于战争的需要，各大国加强了科学技术的研究，促成了以核能、电子计算机、宇航为代表的三大新技术革命的兴起，推动了 20 世纪中叶以后的第三次技术革命。第三次技术革命也称为新技术革命，它是由开发"人脑"的教育产业和制造"电脑"的科研产业共同作用的成果。它使社会的产业结构发生了根本性的变革：先进的农业生产技术取代了传统农业，技术密集型工业取代了传统劳动密集型工业，全新的产业不断涌现。

3.3.1 新理论的创立

一、信息理论

信息论的创始人香农（Claude Elwood Shannon, 1916—2001，见图 3-13）年生于美国，1936 年毕业于密执安大学，获数学和电子工程学士学位；1940 年获得麻省理工学院数学博士学位和电子工程硕士学位。从 1941 年起，他加入了贝尔实验室数学部，与当时贝尔实验室的许多著名

图 3-13 信息论的创始人香农

科学家一起工作。他受到前辈工作的启示，创造性地继承了他们的事业。在信息领域中钻研了 8 年之后，于 1948 年在《贝尔系统技术杂志》上发表了他的长篇论著《通信的数学理论》。第二年，他又在同一杂志上发表了另一名著《噪声下的通信》。

在这两篇论著中，他解决了过去许多悬而未决的问题，经典地阐明了通信的基本理论，提出了通信系统的模型，给出了信息量的数学表达式，解决了信道容量、信源统计特性、信源编码、信道编码等有关精确地传送通信符号的基本技术问题。两篇文章成了现代信息论的奠基著作。而香农也一鸣惊人，成为这门新兴学科的创始人。

信息论是一门用数理统计方法来研究信息的度量、传递和变换规律的科学。他建立的信息理论框架和术语已经成为技术标准。他的理论在通信工程应用中立即获得成功，并推动了当今信息时代的技术发展。

二、系统理论

图 3-14　系统理论创始人贝塔朗菲

贝塔朗菲（Ludeig von Bertalanffy，1901—1972，见图 3-14）是现代著名的理论生物学家、一般系统论的创始人。他生于奥地利首都维也纳附近的阿茨格斯多夫。1926 年获维也纳大学哲学博士学位，毕业后在该校任教；1948 年任加拿大渥太华大学医疗系系主任、教授；1969 年任纽约州立大学理论生物学研究中心教授。

20 世纪 20 年代，贝塔朗菲在研究理论生物学时，用机体论生物学批判并取代了当时的机械论和活力论生物学，建立了有机体系统的概念，提出了系统理论的思想。从 20 世纪 30 年代末起，贝塔朗菲就开始从有机体生物学转向建立具有普遍意义和世界观意义的一般系统理论。1948 年他发表了《关于一般系统论》的论文，可以看作是他创立一般系统论的宣言。

一般系统论是研究系统中整体和部分、结构和功能、系统和环境等之间的相互联系、相互作用问题。贝塔朗菲研究了机体系统、开放系统和动态系统的理论，试图以机体系统理论解释生命的本质。他还把开放系统作为系统的一般情形，全面考虑了开放系统的输入、输出和状态等基本因素，科学地解释了与开放系统有关的稳态、等终极以及有序性的增加等问题。关于动态系统，他用数学的方法描述了系统的各种性质，如整体性、加和性、竞争性、机械性、集中性、终极性等。所有这些工作，为他的一般系统论奠定了理论基础。

三、控制理论

控制理论的创始人维纳（Norbert Wiener，1894—1964，见图 3-15）出生在美国密苏里州哥伦比亚市的一个犹太家庭，父亲是哈佛大学的语言教授。维纳自幼聪慧过人，12 岁考入大学学习，15 岁获数学学士学位，其后进哈佛

图 3-15　控制理论的创始人维纳

大学作了一年的动物学研究生，因觉察自己不适合在实验室工作而改修哲学，19 岁时以"关于数理逻辑"的论文获得了哈佛大学数学和哲学两个博士学位。

1933 年，维纳由于有关陶伯定理的工作与莫尔斯分享了美国数学学会五年一次的博赫尔奖。同时，他当选为美国科学院院士。1935~1936 年，他在我国清华大学作访问教授期间与电机工程系教授李郁荣合作研究傅里叶变换滤波器。

维纳对科学发展所作出的最大贡献，是创立控制论。这是一门以数学为纽带，基于研究自动调节、通信工程、计算机科学、计算技术、神经生理学和病理学等学科的共性问题而形成的边缘学科。1947 年 10 月，维纳写出划时代的著作《控制论》，1948 年出版后，立即风行世界。维纳的深刻思想引起了人们的极大重视。它揭示了机器中的通信和控制机能与人的神经、感觉机能的共同规律，为现代科学技术研究提供了崭新的科学方法；它从多方面突破了传统思想的束缚，有力地促进了现代科学思维方式和当代哲学观念的一系列变革。

3.3.2　电子计算机技术

电工技术和无线电技术的发展是电子计算机诞生的前提。20 世纪初，为了提高供电系统的安全性，在电工技术中已普遍使用继电器等器件对电气设备进行保护控制；20 世纪 30 年代，无线电广播已遍布全球，这就要求电子电路、元器件生产技术提高到新水平。而第二次世界大战期间，出于战争需要快速计算炮弹弹道轨迹，则是促使计算机诞生的直接原因。

1938 年，一位在柏林飞机公司担任统计工作的德国人楚泽出于"想偷懒"的动机，设计制造了一台名为"Z1"的由程序控制的计算机，代替人工完成部分统计工作；经过 3 年的试用和改进，于 1941 年设计并制造出一台由电子管与机械继电器控制的计算机，命名为"Z3"，使计算速度有所提高。随后，在欧洲陆续设计出一些机械计算机，代替人工计算。

电子数字积分计算机（Electronic Numerical Integrator and Computer，ENIAC）是世界上第一台电子计算机，它于 1946 年 2 月 15 日在美国宣告诞生，如图3-16 所示。

第二次世界大战期间，宾夕法尼亚大学莫尔电机工程学院的莫希利（John Mauchly，见图 3-17）于 1942 年提出了试制第一台电子计算机的初始设想"高速电子管计算装置的使用"，希望用电子管代替部分继电器以提高机器的计算速度。

美国陆军军械部在马里兰州的阿伯丁设立了"弹道研究实验室"。美国军方要求该实验室每天为陆军炮弹部队提供 6 张火力表以便对导弹的研制进行技术鉴定。每张火力表都要计算许多条弹道，而每条弹道的数学模型是一组复杂的非线性方程。这些方程组没有办法求出准确解，只能用数值方法近似地进行计算。按当时的计算工具，实验室即使雇用多名计算员加班加点工作，也要很长时间才能算完一张火力表。在战争年代，这么慢的速度怎么能行呢？

美国军方得知这一设想，马上拨专款大力支持，成立了一个以莫希利、埃克特（Eckert）为首的研制小组开始研制工作。时任弹道研究所顾问、正在参加美国第一颗

图 3-16 世界上第一台电子计算机 ENIAC

图 3-17 莫希利博士

图 3-18 冯·诺依曼

原子弹研制工作的数学家美籍匈牙利人冯·诺依曼（J. Von Neumann，1903—1957，见图 3-18）带着原子弹研制过程中遇到的大量计算问题，在研制过程中期加入了研制小组，他对计算机的许多关键性问题的解决作出了重要贡献，从而保证了计算机的顺利问世。

ENIAC 体积庞大，耗电惊人。它使用了 18 800 多个电子管和 1500 多个继电器等元件，占地 $170m^2$，重达 30t，耗电 140kW，运算速度不过每秒 5000 次加、减法运算，但它比当时已有的计算装置要快 1000 倍，而且还有按事先编好的程序自动执行算术运算、逻辑运算和存储数据的功能。ENIAC 宣告了一个新时代的开始。从此计算机科学的大门也被打开。

冯·诺依曼是出生于匈牙利的犹太人，是 20 世纪最伟大的科学家之一。在 17 岁那年，他发表了第一篇数学论文，又在最新数学分支——集合论、泛函分析等理论研究中取得突破性进展。22 岁，他从瑞士苏黎世联邦工业大学化学专业毕业，一年后，摘取布达佩斯大学的数学博士学位。转而研究物理，为量子力学研究数学模型，又使他在理论物理学领域占据了突出的地位。1933 年，他与爱因斯坦一起被聘为普林斯顿大学高等研究院的第一批终身教授。

"电子计算机之父"的桂冠，被戴在数学家冯·诺依曼头上，而不是 ENIAC 的两位实际研究者，这是因为冯·诺依曼提出了现代电脑的体系结构。在 ENIAC 尚未投入运行前，冯·诺依曼就看出这台机器致命的缺陷，主要弊端是程序与计算机两者分离。程序指令存放在机器的外部电路里，需要计算某个题目，必须首先用人工接通数百条线路，需要几十人干好几天之后，才可进行几分钟运算。

1945 年 6 月，冯·诺依曼与戈德斯坦、勃克斯等人，联名发表了一篇长达 101 页纸的报告，即计算机史上著名的"101 页报告"，报告明确规定出计算机的五大部件：计算器、逻辑控制装置、存储器、输入装置和输出装置，并用二进制替代十进制运算。1946 年 6 月，冯·诺依曼和戈德斯坦、勃克斯完成了一台 ISA 电子计算机（ISA 是高级研究院的英文缩写），使普林斯顿大学成为电子计算机的研究中心。1951 年，在极端保密的情况下，冯·诺依曼主持的 EDVAC 计算机宣告完成，它不仅可应用于科学计算，而且可用于信息检索等领域，主要缘于"存储程序"的威力。

英国数学家阿兰·图灵（Alan Turing，1912－1954，见图 3-19）生于伦敦，他是计算机科学的先驱者、破译纳粹密码的关键人物。1936 年他的研究成果——数理逻辑和计算理论为计算机的诞生奠定了基础；许多人工智能的重要方法也源自这位伟大的科学家。他对计算机的另一重要贡献在于他提出的有限状态自动机，也就是图灵机的概念；对于人工智能，它提出了重要的衡量标准"图灵测试"，如果有机器能够通过图灵测试，那它就是一个完全意义上的智能机，和人没有区别了。他的杰出贡献使他成为计算机界的第一人，现在人们为了纪念这位伟大的科学家将计算机界的最高奖定名为"图灵奖"。

图 3-19　阿兰·图灵

1952 年底，美国国际商用机器公司（IBM）的第一台 IBM701 在纽约问世。1946~1958 年生产的第一代计算机使用真空电子管，其体积庞大，耗电量惊人。

1959~1963 年生产的第二代计算机使用了晶体管。1959 年美国菲尔克公司研制的第一台晶体管计算机体积小、质量轻、耗电省，而运算速度提高到每秒几十万次。

第一、二代计算机主要使用在军事、科研、政府机关等机构，用于火箭、卫星、飞船等设计与发射、气象预报、飞机制造、航空业务管理等领域。

1964~1970 年生产的第三代计算机使用了集成电路代替分立元件晶体管。1964 年美国 IBM 公司研制的第一台通用集成电路 3690 计算机，其运算速度达到每秒千万次，成本大规模降低，计算机开始进入普及阶段。

1971 年至现在生产的第四代计算机使用了大规模与超大规模集成电路元件。1980 年全球拥有的微型计算机超过 1 亿台。计算机开始进入社会化、个人化阶段。机关、学校、企业及个人开始购买并使用计算机。

当前计算机的发展趋势是微型化、巨型化、网络化和智能化；未来计算机的发展趋势有高速超导计算机、光计算机、生物计算机、DNA 计算机等更快速、智能化程度更高的计算机。

到底是谁发明了世界上"第一台电子计算机"也存在争议。据报道，美国爱荷华州立大学约翰·文森特·阿塔纳索夫（John Vincent Atanasoff，见图 3-20）教授和他指导的研究生克利福特·贝瑞（Clifford Berry，见图 3-21）在 1937~1941 年间开发的"阿塔纳索夫-贝瑞计算机（Atanasoff-Berry Computer，ABC）"才是世界上第一台电子计算机。20 世纪 30 年代，保加利亚裔的阿塔纳索夫在爱荷华州立大学物理系任副教授，为学生讲授物理和数学物理方法等课程。在求解线性偏微分方程组时，他的学生不得不面对繁杂的计算，那是一项要消耗大量时间的枯燥工作。阿塔纳索夫于是开拓新的思路，尝试运用模拟和数字的方法来帮助他的学生们处理那些繁杂的计算问题。两人经过了无数次挫折与失败后，终于在 1939 年造出来了一台完整的样机，证明了他们的设想是正确而可行的。人们把这台样机称为 ABC，代表的是包含他们两人名字的计算机。这台计算机是电子与电器的结合，电路系统中装有 300 个电子真空管执行数字计算与逻辑运算，机器使用电容器来进行数值存储，数据输入采用打孔读卡方法，还采用了二进位制。因此，ABC 的设计中已经包含了现代计算机中四个最重要的基本概念，它是一台真正现代意义上的电子计算机，这是不容置疑的。到 1973 年，经美国法院最终裁决阿塔纳索夫被认为是这个世界上电子计算机的真正发明人。阿塔纳索夫-贝瑞计算机原机（见图 3-22）及其复原机（见图 3-23）至今还存列在爱荷华州立大学的展览馆里。

图 3-20　阿塔纳索夫

图 3-21　克利福特·贝瑞

图 3-22　阿塔纳索夫-贝瑞计算机原机

图 3-23　阿塔纳索夫-贝瑞计算机复原机

3.3.3 自动控制技术

自动控制是指在没有人直接参与的情况下，利用控制装置，对生产过程、工艺参数、目标要求等进行自动调节与控制，使之按照预定的程序执行各项任务并达到要求的指标。自动控制技术属于信息科学和信息技术范畴，它是信息处理的一项新技术。控制系统主要由控制器和控制对象两大部分构成。控制系统的数学模型由两部分组成：一部分是目标函数，由一个关于状态变量 $X(t)$、控制变量 $U(t)$ 和时间 t 的函数的积分来表示；另一部分是约束条件，这些约束条件包括被控对象状态方程、状态的初始条件等。

生产自动控制技术早在 19 世纪初就已出现。1946 年美国的福特提出"自动化"概念。1948 年，美国麻省理工学院教授维纳博士发表《控制论》后，自动控制研究兴起热潮。1952 年美国麻省理工学院运用电子计算机和自动控制技术研制出三坐标数控机床，能按最佳控制要求在无人操作情况下加工复杂的曲面零件。机床工业从此进入数控新时代。

接着，全自动化生产又经历了从生产线、生产车间到工厂的进步。在这一过程中，发电厂、炼油厂、化工厂、钢铁厂等企业很快实现了生产线与计算机的结合，极大提高了生产效率，也提高了产品质量，并且十分安全可靠。自动化还开始应用到办公室和家庭，使管理工作更加科学化，日常生活更加方便舒适。

3.3.4 能源新技术

能源是经济和社会发展的重要的物质基础，是提高我国人民生活水平的先决条件。现代社会生产的不断发展，随着机械化、电气化、自动化程度的不断提高，生产上对能源的需求量也就越来越大。能源和人民的衣、食、住、行等密切相关；能源与国防的关系甚为密切，不仅在武器生产上需用大量能源，而且在武器使用时也离不开能源。能源问题直接关系到国民经济的发展、社会的进步和人民生活水平的提高。

新技术革命中，能源问题受到特别重视。能源新技术包括各种能源资源从开采到最终使用各个环节的先进技术。例如：洁净煤技术，包括先进燃烧和污染处理技术、煤的气化与液化技术；新能源技术，包括太阳能新技术、风能技术、波浪能、氢能利用技术；节能新技术，包括余热回收利用技术、高效电动机、远红外线加热技术和电热膜加热技术；等等。自 20 世纪中期以来，世界上许多国家都在新能源的开发和高效利用方面取得了可喜的成果。

原子能的开发和利用是人类所完成的最伟大的能源革命。1941 年 12 月，意大利物理学家恩里科·费米领导了美国第一个原子反应堆的建造。到 1942 年底，反应堆建成正式运转，第一次实现了输出能大于输入能的核反应，宣告了人类利用原子能时代的开始。在第二次世界大战结束后，一些国家先后建立了原子反应堆，为和平利用原子能开辟了道路。

1954 年 6 月，苏联在奥布宁斯克建成世界上第一座核电站（装机容量只有 5MW）。

1956 年 10 月和 1957 年，英国和美国也相继建成核电站（装机容量分别为 10 万 kW 和 23.6 万 kW）。

1991 年 12 月，在美丽富饶的杭州湾畔，我国第一座依靠自己的力量设计、建造的秦山核电站（见图 3-24）首次并网发电，装机容量 30 万 kW。1985 年 3 月开工建设，1994 年 4 月投入商业运行，1995 年 7 月通过国家验收。它的建成投产结束了祖国大陆无核电的历史，是我国和平利用核能的光辉典范，同时也使我国成为继美、英、法、苏联、加拿大、瑞典之后世界上第七个能够自行设计、建造核电站的国家。

图 3-24 我国第一座依靠自己的力量设计、建造的秦山核电站

3.3.5 航空航天技术

航空航天技术是 20 世纪 50 年代后期蓬勃发展起来的一门综合性的高新技术。它主要是利用空间飞行器作为手段来研究发生在空间的物理、化学和生命等自然现象，它综合应用了几百年来人类在数学、天文学、物理学、生物学和医学等方面的研究成果，又和当代许多科学：控制理论、系统理论、信息理论、计算机科学与技术、材料科学、电子科学与技术等的发展密切相关，是衡量一个国家科技水平、综合国力和发展程度的主要标志之一。

第二次世界大战极大地促进了航空事业。战前的飞机主要是用内燃机作动力的螺旋桨式，速度一般都低于音速。1939 年 8 月，德国首先研制成喷气式飞机。1949 年，英国研制出第一架喷气式客机，时速超过 800km。1951 年，苏联研制成功米格战斗机。1957 年 1 月，苏联研制成功第一代喷气客机。美国波音 707 喷气式客机也于 1958 年开始交付使用。

空间技术的形成以 1957 年 10 月 4 日苏联成功地将世界上第一颗人造地球卫星——"斯普特尼克 1 号"送上太空为标志。从此，人造天体的诞生开创了空间时代的新纪元。空间技术的发展经历了三个阶段。

第一阶段（1957~1964 年）为基础技术与应用技术试验阶段。向地球周围及太阳系发射无人探测卫星或探测器，其目的是探测空间温度、宇宙射线强度等环境条件并检验电子仪器、设备工作性能。这一阶段的工作由美、苏两国来完成。1958 年 2 月 1 日，

美国"探险者1号"人造卫星发射成功；1959年1月2日，苏联发射第一颗人造行星；同年10月4日，苏联发射第3号宇宙火箭，它拍摄的月球背面照片向全世界播发；1961年4月12日，苏联宇航员加加林首次乘飞船"东方1号"绕地球一周，在太空飞行108min后安全返回地面，实现了人类遨游太空的梦想。

第二阶段（1964~1979年）为实际应用发展阶段。发展各种应用卫星技术：通信卫星、地球资源探测卫星、导航卫星等。主要的成就有美、苏两大国在太空布置各种卫星网、各种探测器飞向太阳系各大行星。1964年8月19日，美国发射第一颗地球同步静止轨道通信卫星，火箭-卫星技术达到了一个新的水平。从此，全球卫星通信事业发展迅速；1969年7月21日，美国"阿波罗11号"宇宙飞船登月成功，宇航员阿姆斯特朗和奥尔德林在月球上留下了人类的第一个脚印，如图3-25、图3-26所示。1975年7月15日，美国的"阿波罗"飞船与苏联的"联盟9号"飞船在太空实现对接并进行联合飞行。

图3-25　人类在月球上留下的脚印

图3-26　宇航员在月球上行走

1970年4月24日，我国发射第一颗人造地球卫星"东方红1号"，成为继苏、美、法、日后第五个发射人造卫星的国家。

第三阶段（1979年至今）为航空航天技术的商业化与军事化发展阶段。一系列的商用卫星，如通信卫星、气象卫星、地球资源探测卫星、导航卫星等；军事卫星，如侦察卫星、环球定位系统卫星等投入使用。发展各种应用卫星技术，如通信卫星、地球资源探测卫星、导航卫星等。2003年10月15日，我国杨利伟乘由长征二号火箭运载的神舟五号首次进入太空，见图3-27。几十年过去了，我国航天科技已经走在世界前列。

航空航天技术是许多科学技术的综合，它具有巨大的科学价值和经济意义。航空航天技术的发展，需要大量先进的电子仪器、设备，它对新材料技术、电子信息技术、精密加工技术等也提出了极高的要求。航空航天技术对整个科学技术领域、国民经济与社会发展都产生了巨大影响，它代表着一个国家的科技、工业发展的水平，并带动许多工业技术的发展。我国天宫空间站见图3-28。

图 3-27 我国第一位太空人杨利伟

3.3.6 电子信息技术

电子信息技术是以电子技术为基础的计算机技术和电信技术相结合而形成的技术手段，对声音、图像、文字、数字等各种信号的获取、加工、处理、存储、传播和使用的先进技术。

20 世纪是通信技术迅速发展的时期。1920 年，自人们发现电离层对无线电短波的反射作用后，短波通信成为国际通信的主要传输手段，通信距离也有了极大增加。1935 年，雷达研制成功并迅速应用于军事及民用通信领域，促进了微波通信技

图 3-28 我国天宫空间站

术的发展。第二次世界大战后兴起微波多路通信技术，在一条微波通信信道上能同时开通数千路甚至数万路电话。微波因其波长短的特点，具有直线传播的局限性，在地面传播时容易被障碍物反射，因此它的传播只在视距范围内有效。要实现远距离传送信号，必须每隔一段距离建立一个中继站用以安装收、发设备来转发信号。

20 世纪 60 年代以后，无线电通信进入卫星时代。卫星通信克服了微波中继通信的缺点，而且利用波长短、穿透力强的特性，可以突破大气层特别是电离层对一般无线电波的屏蔽作用，使通信范围延伸到宇宙空间。1964 年 8 月 19 日，美国发射第一颗地球同步静止轨道通信卫星，可以将电视信号从美国传送到欧洲，打破了中继时代大西洋对信号的隔离。1980 年发射的"国际通信卫星 5 号"由美、法、西德、意、日共同研制，共耗资 7500 万美元。在太空中工作的通信卫星如图 3-29 所示。

由于计算机在信息的传输、接收和处理过程方面具有高效能和通用性，其发展和应用成为信息技术革命的中心。自 20 世纪 70 年代以来，随着计算机的日益普及，计算机网络系统建立起来，并出现集电话、计算机、电视机、录像机、打字机、报纸等功能于一身的信息器。人们开始用互联网获取信息。网络教育、网络医疗、网络电子商务等越

来越普及。

移动通信是指高频无线电波在移动物体之间或移动物体与固定物体之间进行信息传输交流的通信方式。通信行业已成为世界上发展最快的新兴行业之一，引起整个社会生活的巨大变革。我国已成为名副其实的世界无线通信大国。

人类文明的发展历史告诉我们，科学技术的每一次重大突破，都会引起生产力的深刻变革与人类社会的巨大进步。科学技术已成为推动生产力

图 3-29   在太空中工作的通信卫星（概念图）

发展的最活跃因素和促进社会进步的决定性力量。电子信息技术的不断发展必将给人类社会带来美好未来。

3.3.7　新材料技术

新技术革命造成材料科学的巨大变革，具有优异特性、特殊功能的新型材料层出不穷。它们主要包括合成化学材料、半导体材料和超导材料。

现代高分子聚合物主要是由石油或天然气作原料的合成纤维、合成橡胶与塑料"三大合成材料"。它们日益取代天然纤维、天然橡胶和木材等大部分天然材料，在解决人们的穿着、建筑和交通等方面作出了巨大贡献。

毫不夸张地说，20 世纪 70～90 年代的大多数技术成就，主要依赖于微电子技术的发展。1947 年 12 月，美国贝尔实验室的肖克莱、巴丁和布拉顿组成的研究小组，研制出一种点接触型的锗晶体管。晶体管的问世，是 20 世纪的一项重大发明，是微电子革命的先声。晶体管出现后，人们就能用一个小巧的、消耗功率低的电子器件，来代替体积大、功率消耗大的电子管了。晶体管的发明又为后来集成电路的诞生吹响了号角。

集成电路是美国人杰克·基尔比于 1958 年在德州仪器公司工作期间发明的。因此，他除了诺贝尔奖之外，还获得了美国政府最高级别的技术奖——国家科学勋章和国家技术勋章，见图 3-30。

晶体管、集成电路的发明引起了电子工业革命并产生半导体电子学。硅生产技术的进步，使大功率晶体管、整流器、太阳能电池以及集成电路的生产得以迅速发展，半导体工业崛起。

科技界正在探索新的半导体材料，如化合物半导体材料、有机半导体材料等。

图 3-30   美国总统为基尔比颁奖

超导现象最早是由荷兰物理学家昂尼斯于 1911 年发现的。他利用液态氦的低温环境，测定电阻随温度的变化关系，观察到汞在 4.2K 附近时，它的电阻突然减少到零，变成了超导体。在低温物理作出的杰出贡献，使昂尼斯获得 1913 年诺贝尔物理学奖。

迄今为止，已发现地球常态下的 28 种金属元素以及合金和化合物具有超导电性，还有一些元素只在高压下具有超导电性。1958 年，美国伊利诺伊大学的巴丁、库柏和斯里弗提出超导电量子理论（简称巴库斯理论），使超导电研究进入微观领域。超电材料具有零电阻和抗磁性两大特点，在科学技术领域显示出巨大的应用价值，特别是电工技术领域。例如：超导电缆在理论上可以无损耗地传送电能；利用超导材料制造变压器，可以大幅度降低励磁损耗、缩小体积、减轻质量、提高效率；利用超导材料制造发电机，可以使单机功率极限由常规材料的 200 万 kW 提高 5~10 倍。提高超导临界温度是推广应用的关键之一。

目前，电工材料与电介质作为电力、电子与能源装备制造业的基础和关键技术，也发挥着举足轻重的作用，其不仅是各种电力、电子设备的核心组成部分，更是现代社会能源系统的重要组成部分。目前，大致可以分为三个主要的研究方向，电工材料与电介质的物理和化学基础理论、制备理论与技术、工程应用理论与技术等。

电工材料与电介质的物理和化学基础理论，主要是指用于制造各种电气设备的材料，如电线、电缆、变压器、开关等。这些设备在运行过程中，需要承受各种电、热、机械应力的综合作用，因此电工材料必须具备优良的导电性、机械强度、耐腐蚀等特性。电介质在电场中的表现，与其结构、分子间作用力、极性等特性密切相关，在电气设备中起着绝缘、支撑、屏蔽等作用，因此对于开发高效、安全的电工材料具有重要意义。

电工材料与电介质的制备方法主要包括化学合成法、物理合成法、掺杂改性法等。随着科技的发展，新的制备方法也不断涌现，如纳米技术、生物技术等在电工材料与电介质制备中的应用，为提高材料的性能提供了新的可能。制备过程中的控制理论和技术也是研究的重点，包括温度、压力、时间等工艺参数对材料性能的影响，并考虑材料的合成、加工、处理等多个环节。通过优化制备工艺，可以提高材料的性能，降低成本，提高生产效率。

电工材料与电介质的应用，涉及电力、电子、能源等多个领域。在实际工程中，需要根据不同应用场景选择合适的电工材料与电介质。例如，在电力系统中，根据电压等级选择合适的绝缘材料；在电子设备中，根据工作频率选择合适的电介质材料。同时，还需要考虑材料的可加工性、可回收性等问题，以实现材料的可持续发展。如何根据不同领域的需求，根据设备的工作环境、工作条件等因素，选择合适的电工材料与电介质，以及如何优化其工程应用，是工程应用理论与技术的研究重点。

电工材料与电介质的研究涉及多个领域的知识，只有深入理解电工材料与电介质的物理和化学基础理论，掌握其制备理论与技术，熟悉其工程应用理论与技术，才能更好地发挥电工材料与电介质在电力、电子、能源装备制造业的发展。

3.3.8 生物电磁技术

生物电磁学作为一门交叉学科，将生物学、物理学、电气科学、医学和信息科学等多方面知识相结合，运用电工学科的原理和方法研究生命体活动自身产生的电磁现象、特征及规律，外加电磁场和其他物理场对生物体作用效应与机制，以及医疗仪器、生命科学仪器中的电气科学基础问题。

生物电磁学研究的理论基础是生物体内的生物电现象。生物体内存在一系列电位差，例如神经元之间的电化学传递、细胞内外电位差的变化等。这些电活动产生的电磁场是生物电磁学研究的重要对象。生物电磁学涉及电离辐射、电磁波、静电场等方面的理论，这些理论对于研究电磁场与生物体相互作用的机理和影响具有重要意义。生物电磁学的研究内容主要包括电磁场的生物学效应、生物学效应机理、生物电磁剂量学、生物组织的电磁特性、生物学效应的作用等。

生物电磁学的应用领域很广泛。例如，在医学诊疗中，可以应用于人工心脏起搏，在心肌细胞中有一类细胞在未受到外界刺激下，也能产生周期性动作电位，这种自动起搏的特性称为心脏的自律性。当这种自律性受到破坏或心肌细胞的功能出现障碍时，将会导致泵血功能失调，甚至危及人体生命。人工心脏用电起搏，用电流来刺激心脏，使心脏按一定频率收缩和舒张，达到心脏起搏的目的。在医疗保健领域，磁疗在我国古代的《神农本草经》《名医别录》等大量医学书上都有记载。目前市场上的医疗保健器械包括磁片、磁块、磁疗项链、磁腰带、磁疗护膝、磁鞋垫等，将它们放在病变组织处对如腰肌劳损、扭挫伤、高血压疾病，有一定的疗效。中医认为，当磁场作用于穴位上时，经络自身能接收、传递磁信号，调整经络平衡、疏通经络、调整气血、促进血液循环，能起到一定的保健作用。在农业生产中，采用高压电磁场处理过的种子在植株生长质量和最终产量都得到了改善和提高。还有研究表明，电磁场能够改善水生生物所处环境，降低水中的氨氮含量，提高水的含氧量，使水生物生命力加强，生长速度加快。

未来，随着人们对生物电磁场与生物体相互作用机理认知的深入，电磁场监测、计算以及处理方法和技术的不断进步和突破，将为生物电磁学领域的各项研究带来新的突破和发展的机遇。

总之，在新技术革命中，科学的地位更加突出。以生命科学为例，其研究经历了从群体、个体、细胞，发展到分子水平的进步，从而提出用基因工程来改造生物，并被广泛用于生产、生活领域。在农业方面，可以培育抗病新品种；在医学方面，可以有效地预防和治疗许多疾病；在环保方面，可以改善人类的生活环境。

思考题

3.1 在电工技术的初期发展过程中，有哪些科学家，各作出了什么贡献？

3.2 人类近代经历的三次技术革命各指什么时期？主要标志是什么？对人类社会产生了哪些影响？

3.3 从交直流之争中，可以得到哪些启示？

3.4 电工理论包含哪几个方面？它对电工技术的发展有何作用？

3.5 人类在对电磁现象的研究过程中，发现了哪些主要定律？

3.6 电路理论、电网络理论和电磁场理论各包含哪些主要内容？

3.7 新技术革命的主要理论基础有哪些？试列举出代表性成果。

3.8 在新技术革命过程中取得了哪些主要成果？

3.9 具体介绍一项新技术，谈谈这项技术对电气工程的影响。

4

电能利用与发电类型

本章导读

本章在介绍能源的分类，电能利用、产生方式和发展历程的基础上，对传统发电类型、新型发电方式，以及新能源发电的发展趋势展开详细介绍。

社会从来都不会准备接受任何发明，每一个新生事物都会受阻，发明者的声音也只有经过很多年以后才会为世人所听取，新生事物本身则需要更长的时间才会被接纳。

——爱迪生

4.1 电 能 利 用

4.1.1 能源的分类

能源为人类提供各种形式能量的自然资源及其转化物，是国民经济发展和人民生活所必需的重要物质基础。一般来说，一个国家的国民生产总值和它的能源消费量大致是成正比的，能源的消费量越大，产品的产量就越多，整个社会也就越富裕。

按照国际能源组织对能源的分类，按其产生方式可分为一次能源和二次能源。一次能源是指各种以现成形式存在于自然界而未经人们加工转换的能源，如水、石油、天然气、煤炭以及太阳能、风能、地热能、海洋能、生物能等；一次能源在未被开发而处于自然形态时，称作能源资源。世界各国的能源产量和消费量，一般均对一次能源而言。为了便于比较和计算，惯常将各种一次能源均折合为"标准煤"或"油当量"，作为各种能源的统一计量单位。二次能源则是指直接或间接由一次能源转化或加工制造而产生的其他形式的能源，如电能、煤气、汽油、柴油、焦炭、酒精、氢能、洁净煤、激光和沼气等。一次能源除了在少数情况下能够以原始状态使用外，更多的则是根据所需的目的进行加工，转换成便于使用的二次能源。随着科技水平和社会现代化要求的逐步提高，二次能源在整个能源消费系统中所占的份额将会日益扩大。

一次能源还可进一步细分。凡是可以不断得到补充或能在较短周期内再产生，即具有自然恢复能力的能源称为可再生能源，根据联合国的定义，可再生能源又可分为传统可再生能源和新的可再生能源。传统可再生能源主要包括大水电和利用传统技术的生物能源；新的可再生能源主要指利用现代技术的小水电、太阳能、风能、生物质能、地热能、海洋能等。随着人类的利用而逐渐减少的能源称为不可再生能源，如煤炭、原油、天然气、油页岩、核能等，它们经过亿万年形成而在短期内无法恢复再生，用掉一点，便少一点。

如果按照其来源的不同，一次能源又可分为三类，即来自地球以外天体的能源、来自地球内部的能源和地球与其他天体相互作用时所产生的能源。来自地球以外天体的能源，主要是指太阳辐射能。各种植物通过光合作用把太阳能转变为化学能，在植物体内储存下来。这部分能量为动物和人类的生存提供了能源，地球上的煤炭、石油、天然气等化石燃料，是由古代埋藏在地下的动植物经过漫长的地质年代而形成的，所以化石燃料实质上是储存下来的太阳能。太阳能、风能、水能、海水温差能、海洋波浪能以及生物质能等，也都直接或间接来自太阳；来自地球内部的能源，主要是指地下热水、地下蒸汽、岩浆等地热能和铀、钍等核燃料所具有的核能；地球与其他天体相互作用产生的能源，主要是指由于地球和月亮以及太阳之间的引力作用造成的海水有规律的涨落而形成的潮汐能。

根据其使用的广泛程度，能源又可分为常规能源和新能源。在现有经济技术条件下已经大规模生产并得到广泛使用的能源即为常规能源，如水能、煤炭、石油、天然气和核裂变能等，目前这五类能源几乎支撑着全世界的能源消费；所谓新能源就是尚未被人类大规模利用，并有待进一步研究实验的能源，如太阳能、风能、地热能、海洋能、核能、生物能等。新能源大部分是天然、可再生的，它们构成了未来世界持久能源系统的基础。显然，常规能源和新能源有一个时间上相对的概念。

根据上述各种能源的分类情况，列成表4-1。

表4-1　　　　　　　　　　　　　　能 源 分 类 表

类别	来自地球内部的能源		来自地球以外的能源							地球与其他天体相互作用产生的能源	
一次能源	可再生能源	地热能	太阳能	风能	水能	生物质能	海水盐差能	海水波浪能	海（湖）流能	潮汐能	
	非再生能源	核能	煤炭　石油　天然气　油页岩							…	
二次能源	焦炭	煤气	电力	氢	蒸汽	酒精	汽油	柴油	重油	液化气	电石

从环境保护的角度出发，能源还可分为污染型的和清洁型的。清洁能源还可分为狭义的和广义的两大类。狭义的清洁能源仅指可再生能源，包括水能、生物质能、太阳能、风能、地热能和海洋能等，它们消耗之后可以得到恢复补充，不产生或者很少产生污染物。所以可再生能源被认为是未来能源结构的基础。广义的清洁能源是指在能源生产、产品化及其消费过程中，对生态环境造成的污染较低或无污染的能源，包括低污染的天然气等化石能源、利用洁净能源技术处理的洁净煤和洁净油等化石能源、可再生能源和核能等。显然，在未来人类社会科学技术高度发达并具备了强大经济能力的情况下，狭义的清洁能源是最为理想的环境友好型能源。图4-1所示展示了人类近代文明随着化石能源从固体、液体到气体的利用技术的发展飞速进步。

图4-1 人类近代文明随着化石能源形态的发展飞速进步

4.1.2 电能的利用及产生方式

电能是迄今为止人类文明史上最优质的能源。正是依赖于对电能的开发和利用，人类才得以进入如此发达的工业化和信息化社会。人类在电能的产生、传输和利用方面已经取得了十分辉煌的成就。电力与人们的生产和生活息息相关。电气化成为一个国家现代化水平的重要标志，因而发电形式的开发情况也就能从一个侧面反映这个国家的先进程度。

由于电能易于转化成机械能、热能、光能以及价格低廉、容易控制，还便于大规模

65

生产、远距离输送和分配，又是信息的重要载体，所以由最初用于照明、电报、电话，迅速扩展进入到人类生产活动和日常生活的方方面面。

电能在现代工业生产中占有重要地位。从技术上来说，现代工业生产有三项不可缺少的物质条件，一是原料或材料，二是电能，三是机器设备。其中，电能是现代工业的血液和神经。

电能与现代化农业的关系十分密切。现代化的农业生产中，耕种和灌溉等一系列环节都直接或间接地消耗电能。随着农业机械化和电气化的发展，农业生产对电能的需求量将日益增加，电力工业的发展水平将直接影响农业生产的发展。现代化的交通运输工具、人民日常生活和公用事业也都离不开电能。

电能产生的方式种类繁多，有火力、水力、核能、风力、太阳能等。就目前的生产力水平而言，以火力、水力和核能发电为主。

4.1.3 电能利用的发展历程

一百多年来，电气工业发展的历史其实也是一部探索电能利用形式、更大限度和更经济地利用电能的发明创造史。

早在19世纪上半叶电能用于工业生产之前，作为通信用的电气设备已经开始应用于通信领域，在这一阶段，电主要用来传递信号，涉及的电气设备有电池、电线电缆和各种电子器件。人类最早发明的电光源是弧光灯和白炽灯。1807年，英国的戴维就研制成了碳极弧光灯。1878年，美国的布拉许利用弧光灯在街道和广场照明中取得了成功。一年后，两位美国费城的高级中学教师汤姆生和霍斯顿通过设计弧光灯系统开创了他们的电工业。

1870年，比利时的格拉姆制成往复式蒸汽发电机供工厂电弧灯用电。1875年，巴黎北火车站建成世界第一个火电厂，用直流发电供附近照明。1879年，旧金山建成世界第一座商用发电厂，两台发电机供22盏电弧灯，收费10美元/灯周。同年先后在法国和美国装设了实验性电弧路灯。1880年，爱迪生又发明了实用白炽灯，开创了电照明的新时代。爱迪生之后，电灯不断改进。1882年7月，英国人利特尔（Little）在上海成立上海电气公司，供招商码头电弧灯照明，也是我国第一个商用发电厂。同年，法国人德普勒（Deprez）在慕尼黑博览会上表演了电压为1500~2000V直流发电机经57km线路驱动电动泵（最早的直流输电）。1885年，制成交流发电机和变压器，于1886年3月用以在美国马萨诸塞州的大巴林顿建立了第一个单相交流输电系统，电源侧升压至3000V，经1.2km线路，端电压降至500V，显示了交流输电的优越性。1891年，德国在劳芬电厂安装了第一台三相100kV交流发电机，并通过第一条三相输电线路送电至法兰克福。

1907年，美国工程师爱德华（Edward）和哈罗德（Harold）发明了悬式绝缘子，为提高输电电压开辟了道路。1916年，美国建成第一条90km的132kV线路。1922年，在加州建成200kV线路，1923年投运。1929年，美国制成第一台20kW汽轮机组。1934年，美国建成432km的287kV线路。1932年，苏联建成第聂伯水电站，单机6.2

万 kW。1920 年时世界装机为 3000 万 kW，其中美国占 2000 万 kW。1939 年管状日光灯问世，很快被广泛采用，成为一种重要的照明光源。随后电能用于耗电较小的收音机、电视机、洗衣机等家用电器，此为电能在家庭生活中应用的第一阶段。第二阶段发展到使用耗电较多的电冰箱、厨房用电炉、电热水器和空调设备等。第三阶段发展到电气采暖和家庭生活全面电气化。

第二次世界大战以后，美国于 1955、1960、1963、1970 年和 1973 年分别制成并投运 30 万、50 万、100 万、115 万 kW 和 130 万 kW 汽轮发电机组。第二次世界大战期间开发的核技术还为电力提供了新能源。1945 年苏联研制成功第一台 5000kW 核电机组。1973 年法国试制成功 120 万 kW 核反应堆。1954 年，瑞典首先建立了 380kV 线路，采用 2 分裂导线，距离 960km，将北极圈内的哈斯普朗特（Harspranget）水电站电力送至瑞典南部。1964 年，美国开始研制 500kV 交流输电线路。1965 年，加拿大建成 765kV 交流线路。1965 年苏联建成 ±400kV 的 470km 高压直流架空输电线路，送电 75kW。1970 年美国造成 ±400kV 的 1330km 高压直流输电线路，送电 144 万 kW。

在电气设备走入千家万户的同时，也走进了交通和企业。从 19 世纪 80 年代开始，电力驱动逐渐进入交通运输部门。1879 年西门子和哈尔斯克在柏林工业博览会上展出了第一条小型电车轨道。到 1899、1900、1902 年，伦敦、巴黎、柏林先后建成了第一条电气化地下铁道。1912 年，瑞士第一批电力牵引火车开始行驶。除城市电车外，1887、1908 年首次出现了电动矿用机车和电动运输车。1894 年，美国的一家棉花加工厂首先实现了电气化，其供电系统全部用交流电。20 世纪初，所有新建工厂都使用电动机作为动力。

照明技术和动力技术的发展和普及对强大电源提出了新的需求，正是由于电能的广泛应用促进了发电和输变电以及电源技术的高速发展。

回顾电力技术发展史，从 1875 年建成第一座发电厂至今只有 100 多年的历史，从 1832 年第一台发电机问世至今也仅有一个半世纪，在此期间电力技术和电力生产取得了众多的历史性重要成就，例如，发电机组容量和电厂规模从小到大，技术参数和自动化水平不断提高，发电能源由单一进而多样化，输电电压等级也不断提高，输电距离不断延长，电网规模日益扩大。

今后，随着现代科学技术的飞速发展，无论是发电、输电、配电还是电能的利用技术都将会在继承中得到发展，在应用中日趋完善。

4.2 传统发电类型

4.2.1 火力发电

人类历史上最早的发电厂是燃煤火力发电厂。进入 20 世纪以后，随着电照明和电力传动等推广，社会对电能的需要促进了火力发电的迅速发展，表现为火电机组的容量不断增大。火力发电一直是电能中的主力军，火电厂的规模也在不断发展。

一、火力发电的类型与流程

火力发电一般是指利用石油、煤炭和天然气等燃料燃烧时产生的热能来加热水，使水变成高温、高压水蒸气，然后再由水蒸气推动发电机来发电的方式的总称。

火力发电厂由三大主要设备——锅炉、汽轮机、发电机及相应辅助设备组成，它们通过管道或线路相连构成生产主系统，即燃烧系统、汽水系统和电气系统。火力发电的简单流程如图4-2所示。

燃料煤能量 100%	锅炉燃料能量 100%×88%	涡轮机能量 88%×46%	发电机能量 88%×46%×99%

图4-2　火力发电的简单流程

由图4-2可知，由化学能转化为电能的总效率＝锅炉效率×涡轮机效率×发电机效率＝0.88×0.46×0.99×100%≈40%。这表明，化石燃料所含化学能的40%转换成电能，其余60%基本都以热能形式损失，锅炉燃烧的烟气带走一部分热量，造成大气升温，大部分热量由汽轮机排出的热蒸汽传递给冷凝水，冷凝水流入河流或其他水体，形成热污染。

火力发电厂外观如图4-3所示。火力发电按其作用划分，有纯供电的和既发电又供热的（热电联产的热电厂）两类；按原动机分，主要有汽轮机发电、燃气轮机发电、柴油机发电（其他内燃机发电容量很小）；按所用燃料分，主要有燃煤发电、燃油发电、燃气（天然气）发电、垃圾发电、沼气发电以及利用工业锅炉余热发电等。为了提高经济效益，降低发电成本，保护城市和工业区的环境，火力发电应尽量在靠近燃料基地的地方进行，利用高压输电或超高压输电线路把强大电能输往负荷中心。热电联产方式则应在大城市的工业区实施。

图4-3　火力发电厂外观

火力发电的流程依所用原动机而异。在汽轮机发电方式中，其基本流程是先将经过粉碎的煤送进锅炉，同时送入空气，锅炉注入经过化学处理的给水，利用燃料燃烧放出的热能使水变成高温、高压蒸汽，驱动汽轮机旋转做功而带动发电机发电；热电联产方式则是利用原动机的排汽（或专门的抽汽）向工业生产或居民生活供热。在燃气轮机发电方式中，基本流程是用压气机将压缩过的空气压入燃烧室，与喷入的燃料混合雾化后进行燃烧，形成高温燃气进入燃气轮机膨胀做功，推动轮机的叶片旋转并带动发电机发电。在柴油机发电中基本流程是用喷油泵和喷油器将燃油高压喷入汽缸，形成雾状，与空气混合燃烧，推动柴油机旋转并带动发电机发电。

二、火力发电系统的构成

根据火力发电的生产流程可知，其基本组成包括燃烧系统、汽水系统（燃气轮机发电和柴油机发电无此系统，但这两者在火力发电中所占比重都不大）、电气系统和控制系统。

（1）燃烧系统。主要由锅炉的燃烧室（即炉膛）、送风装置、送煤（或油、天然气）装置、灰渣排放装置等组成。主要功能是完成燃料的燃烧过程，将燃料所含能量以热能形式释放出来，用于加热锅炉里的水。主要流程有烟气流程、通风流程、排灰出渣流程等。对燃烧系统的基本要求是：尽量做到完全燃烧，使锅炉效率不小于90%；排灰符合标准规定。

（2）汽水系统。主要由给水泵、循环泵、给水加热器、凝汽器、除氧器、水冷壁及管道系统等组成。其功能是利用燃料的燃烧使水变成高温、高压蒸汽，并使水进行循环。主要流程有汽水流程、补给水流程、冷却水流程等。对汽水系统的基本要求是：汽水损失尽量少；尽可能利用抽汽加热凝结水，提高给水温度。

（3）电气系统。主要由电厂主接线、汽轮发电机、主变压器、配电设备、开关设备、发电机引出线、厂用接线、厂用变压器和电抗器、厂用电动机、保安电源、蓄电池直流系统及通信设备、照明设备等组成。基本功能是保证按电能质量要求向负荷或电力系统供电。主要流程包括供电用流程、厂用电流程。对电气系统的基本要求是：供电安全、可靠，调度灵活；具有良好的调整和操作功能，保证供电质量；能迅速切除故障，避免事故扩大。

（4）控制系统。主要由锅炉及其辅机系统、汽轮机及其辅机系统、发电机及电工设备、附属系统组成。基本功能是：对火电厂各生产环节实行自动化的调节、控制，以协调各部分的工况，使整个火电厂安全、合理、经济运行，降低劳动强度，提高生产率；故障时能迅速、正确处理，以避免酿成事故。主要工作流程包括汽轮机的自启停、自动升速控制流程、锅炉的燃烧控制流程、灭火保护系统控制流程、热工测控流程、自动切除电气故障流程、排灰除渣自动化流程等。

4.2.2 水力发电

水力发电就是利用水力（具有水头）推动水力机械（水轮机）转动，将水能转变为机械能，如果在水轮机上接上另一种机械（发电机）随着水轮机转动便可发出电来，这时机械能又转变为电能。水力发电在某种意义上讲是水的势能变成机械能，又变成电能的转换过程。水力发电原理如图 4-4 所示。

图 4-4　水力发电原理图

水力发电具有其独特的优越性，即清洁、绿色和可再生性。水电不会明显地污染空气，也不会产生温室气体。现阶段，就使用寿命而言，水电较其他多数能源类型具有明显优势。水电的可再生性依赖水文的周期性而变化。

我国的水能资源最为丰富，居世界第一位。其次是巴西、美国、俄罗斯、加拿大和印度等国。世界上许多国家在电力发展初期都十分重视利用江河水的落差和流量来发电。各国开发水力发电站一般都从小水电站开始，随着用电需要的增长和机械技术、输电技术的进步，逐步发展中型和大型水电站。世界上第一座水电站建于美国威斯康星州的福克河边，1882 年 9 月 30 日开始发电，装有两台 25kW 直流发电机。其后的半个多世纪，一些水电资源丰富的国家水电都得到了较快发展。

水电因其清洁、绿色和可再生性而具有环境和市场效益。另外，水电又由于其固有的技术特点，具有下列优越性：

（1）响应迅速。机组可在数秒内启动和关闭，具有荷载曲线陡峭的特点。这种特性使水电更有利于电网的特殊运行。

（2）可靠性高。与风和太阳能不同，虽然供水有限，水能是可预测的而且可靠。

（3）成本稳定。虽然水电的投资高，但其运行费用却很低，且不受燃料价格变动的影响。

一、水力发电的类型

水力发电是直接利用水的动能作为源动力，来驱动发电机发电方式的总称。这是一种历史悠久的发电方法，在能源发展中占有重要的地位。水力发电具有安全、经济、稳定和无污染等特点，是在有水资源的地区首选的发电方式。水力发电有以下四种方式：

（1）流入式水力发电。在河川坡度比较大的上游或者中部建设取水大坝，在取水口取出的水经无压水路导水槽，利用河川的落差驱动水轮来发电。由于河川的自然流量时时变化，所以发电能力也随之变动。丰水流量大时发电能力大，枯水期流量小时发电能力小。

（2）调整水库式发电。调整水库式发电是利用河川或者导水路途中的凹地、溪谷等，建设具有能容纳枯水期一天流量库容的调整水库，根据用电量的需求来发电的方式。调整水库式发电比流入式水力发电更能充分地利用河川的水资源，提高发电效率。

（3）水库式发电。水库式发电是建设比较大型的水库，预先存储河川洪水期及丰水期的水量，在枯水期补给用的发电方式。水库式发电具有较高、较稳定的发电能力，但初期投资较大。

（4）扬水式发电。扬水式发电是在深夜用电量少时，利用火力或者原子能发电站的富余电力作为扬水的电力资源，预先将下部水库的储留水抽到上部水库，在白天用电多时进行发电的方式。扬水式发电能充分利用火力发电或原子能发电的富余电力资源，是储存电能的较好方式，但其发电能力较小，成本较高。

二、举世瞩目的三峡工程

三峡水利枢纽工程（简称三峡工程）自 1994 年正式开工以来，创造了 100 多项"世界之最"，突破了世界水利工程的纪录，其中最重要的"世界之最"就有七项。图 4-5 所示为三峡水电站鸟瞰图。

图 4-5　三峡水电站鸟瞰图

目前，三峡水电站供电区域为湖北、河南、湖南、江西、上海、江苏、浙江、安徽、广东等八省一市，三峡电力外送形成中、东、南三大送电通道。图 4-6 所示为三峡水电站 2003～2016 年历年实发电量。

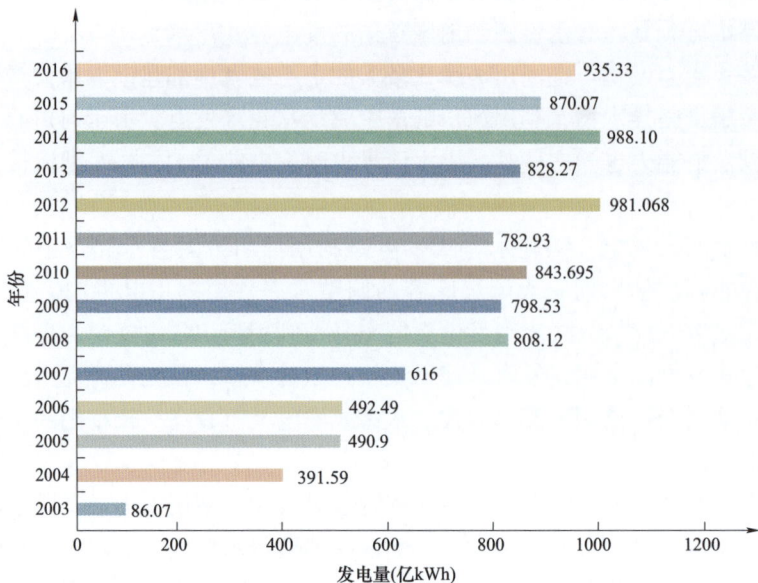

图 4-6　三峡水电站历年实发电量（2003~2016 年）

　　三峡工程对我国能源安全的另一个重大作用是，极大地提高了全国电力供应的可靠性和稳定性。在以三峡水电站为中心的 1000km 半径内，全国除辽宁、吉林、黑龙江、西藏、海南等省区外，多数省市区都在这个范围内。

4.2.3　核能发电

　　20 世纪 30 年代，人类发现了一种新能源即原子核能。原子核能的发现引起了世界发电能源的重大革命。

一、核能发电简介

　　核能是指原子核裂变反应或聚变反应所释放出的能量，通常所说的核能是指在核反应堆中由受控链式核裂变反应产生的能量。核能发电（简称核电）是和平利用核能的最重要方式。核电站，亦称原子电站，是用铀、钚作燃料来进行发电的。以图 4-7 所示的压水堆核电站为例，在反应堆中核燃料进行裂变反应产生的能量以热能形式传给一回路水（又称冷却剂）。高温一回路水流入蒸汽发生器将热能传给二回路水，使二回路水变为蒸汽。蒸汽再进入汽轮机带动发电机旋转发电，电能通过电网送出。一回路水经过蒸汽发生器变为低温一回路水，经主泵送回反应堆继续接收裂变反应产生的能量，如此循环往复。二回路中蒸汽在汽轮机内做功后排入冷凝器，放出汽化热后变成水，经凝水泵、给水泵和各级加热器回到蒸汽发生器作蒸汽的补水，如此往复循环。冷凝器需要大量冷却水带走蒸汽的汽化热，通常从大海或江河中用循环水泵取水。核电站由核岛（主要是核蒸汽供应系统）、常规岛（主要是汽轮发电机组）和电站配套设施三大部分组成。其中，反应堆是以铀、钚作核燃料，实现受控核裂变链式反应的装置，主要由燃料组件、控制棒、压力容器、堆芯吊篮、堆芯结构和一次仪表组成。控制棒用以控制裂变反应速率以达启动、正常运行和停止反应堆的目的；蒸汽发生器是将一回路水热量传给二回路水，产生饱和蒸汽的设备。其内部有几千根薄壁传热管，工作条件苛刻，是一、二回路的传热界面，也是一回路压力边界的一部分，一有泄漏便会有带放射性的一回路水流到不带放射性的二回路水中，造成放射性污染。为此，在设计、材料选用、制造和运行方面都有严格要求。主泵（主冷却剂泵）是保证冷却水不断流过堆芯带出热量的不能停运的重要设备。主泵停运会引起失流事故。现在通常使用立式单级轴封式离心泵。

图 4-7　压水堆核电厂简化工艺流程

核能发电具有以下四个特点：① 能量高度集中；② 铀资源丰富；③ 有利于环境保护；④ 核电厂建设投资大、周期长。

我国的秦山核电站位于东海之滨美丽富饶的杭州湾畔，是我国第一座依靠自己的力量设计、建造和运营管理的 30 万 kW 压水堆核电站，1991 年 12 月首次并网发电，1994 年 4 月投入商业运行，它的建成投产结束了我国无核电的历史，同时也使我国成为继美、英、法、苏联、加拿大、瑞典之后世界上第七个能够自行设计、建造核电站的国家。

大亚湾核电站是我国第一座百万千瓦级大型商用核电站，拥有两台 98.4 万 kW 的压水堆核电机组，1994 年 5 月建成投入商业运行。到 20 世纪 90 年代初期，全世界已有 30 多个国家和地区建有核电站。当前世界上最大的核电站是日本福岛第一核电站，容量为 454.6 万 kW。法国则是核电装机容量最多的国家（3822 万 kW）。图 4-8 所示为大亚湾核电站全景。

二、核反应堆类型

核电站按所采用的核反应堆类型一般分为以下七种。

（1）压水堆：用低富集铀作燃料。有一定过冷度要求的轻水作冷却剂和慢化剂。二回路没有放射性污染，具有功率密度高、结构紧凑、安全易控、技术成熟、造价和发电

图 4-8　大亚湾核电站全景

成本较低等优点。世界上核电厂的核反应堆有一半以上是压水堆型。我国核电发展的主要堆型也是压水堆。

（2）沸水堆：用低富集铀作燃料。以沸腾轻水作冷却剂和慢化剂。在反应堆压力容器内直接产生饱和蒸汽，所以没有蒸汽发生器。二回路有一定放射性污染。

（3）重水堆：重水的中子吸收截面积小，中子慢化性能好，中子利用率高，因此可用天然铀作核燃料。重水堆以重水作慢化剂。冷却剂可以是重水也可以是轻水。重水堆核电厂采用不停堆换料。

（4）石墨水冷堆：慢化剂的材料是石墨，用水作冷却剂。用天然铀或低浓铀作燃料，反应堆属于压力管沸水型。堆内裂变热能使冷却剂部分汽化，蒸汽经汽水分离后送往汽轮机做功。

（5）石墨气冷堆：用石墨作慢化剂和堆芯结构材料，用二氧化碳气体作冷却剂，用金属天然铀作核燃料。气体冷却剂能在不高的压力下得到稍高的出口温度，提高热效率。石墨气冷堆核电厂采用不停堆换料。

（6）高温气冷堆：石墨慢化、氦气冷却的高温堆。采用耐高温的陶瓷型涂敷颗粒燃料元件，以化学惰性和热工性能良好的氦气作冷却剂，耐高温的石墨作慢化剂和堆芯结构材料。其具有固有安全性高、燃料循环灵活、热效率高和未来用途广泛等特点。

（7）快中子增殖堆：由快中子引起裂变链式反应。它能在消耗裂变材料的同时产生更多的裂变材料，实现裂变材料的增殖，能高效利用钍，并能使一般反应堆产生的长寿命放射性锕系元素在快堆中变成较短寿命的裂变产物。

4.3　新型发电方式

第三次科技革命以来，世界经济社会发展对传统能源不断消耗，因而带来了日益严重的资源短缺和一系列环境问题，迫使人们不得不开始寻找再生能源和新能源。据预测，今后 10~20 年可再生能源和新能源将在世界能源消费结构中占有重要的份额。

地球赋予人类的资源是很丰富的，除石油、煤炭等常规化石能源以外，很多新能源至今都并没有得到很好的利用。从技术和市场潜力等方面分析，太阳能光伏、地热能、风能、氢能和燃料电池等新能源将是非常有前途和实用价值的可再生能源，因而是重点发展领域。

4.3.1 太阳能发电

一、太阳能资源的特点及分布

（1）太阳能资源的特点。所谓太阳能是指太阳内部连续不断的核聚变反应过程所产生的能量。我们知道，太阳内部进行着剧烈的由氢聚变成氦的热核反应，并按 $E = MC^2$（E 为能量，M 为物质的质量，C 为光速）的关系进行着质能转换，即 1g 物质可转化为 $9 \times 10^{13} J$ 能量，不断地向宇宙空间辐射出巨大的能量。因此，太阳能是一个巨大的能源。据估算，太阳每秒钟向太空散射的能量约 $3.8 \times 10^{20} MW$，其中有二十二亿分之一向地球投射，而投射到地球上的太阳辐射被大气层反射、吸收之后，只有大约 70% 投射到地面，每年接收到的能量高达 $1.05 \times 10^{18} kWh$，相当于 1.3×10^6 亿 t 标煤，其中我国陆地面积每年接收到的太阳辐射能相当于 2.4×10^4 亿 t 标煤。

地球上太阳能资源的分布与各地的纬度、海拔、地理状况和气候条件有关。资源的丰富度一般以全年总辐射量〔单位为 $kW/(cm^2 \cdot 年)$〕和全年日照总时数表示。由于地球以椭圆形轨道绕太阳运行，因此太阳与地球之间的距离并不是一个常数，而且一年里每天的日地距离也不相同。某一点的辐射强度与距辐射源的距离的平方成反比，这意味着地球大气上方的太阳辐射强度会随日地间距离的不同而异。由于地球距离太阳很远（平均距离为 $1.5 \times 10^8 km$），所以地球大气层外的太阳辐射强度可以认为几乎为一常数。因而采用所谓"太阳常数"来描述地球大气层上方的太阳辐射强度，它是指平均日地距离时，在地球大气层上界垂直于太阳辐射的单位表面积上所接收的太阳辐射能。近年来，通过各种先进手段测得的太阳常数的标准值为 $1353W/m^2$。一年中由于日地距离的变化所引起太阳辐射强度的变化不超过 $\pm 3.4\%$。图 4-9 所示为地球表面接收的太阳辐射能和地球保有能源（按单位时间内辐射的能量换算成电能）。

（2）太阳能的分布。由于大气中空气分子、水蒸气和尘埃等对太阳辐射的吸收、反射和散射，不仅使太阳辐射强度减弱，还会改变辐射的方向和光谱分布。因此，实际到达地面的太阳总辐射通常是由直射和漫射两部分组成。漫射的变化范围很大，当天空晴朗无云时漫射为总日射的 10%，但当天空乌云密布见不到太阳时，总日射则等于漫射。事实上，到达地球表面的太阳辐射主要是受大气层厚度的影响。大气层越厚，对太阳辐射的吸收、反射和散射就越严重，到达地面的太阳辐射就越少。此外，大气的状况和大气的质量对到达地面的太阳辐射也会有影响。太阳辐射穿过大气层的路径长短与太阳辐射的方向有关，因此地球上不同地区、不同季节以及不同气象条件下到达地面的太阳辐射强度都是不同的。我国属太阳能资源丰富的国家之一，2023 年，全国平均年水平面总辐照量为 $1496kWh/m^2$，较近 1993~2022 年 30 年平均值偏小 $23.6kWh/m^2$，但整

图 4-9   地球表面接收的太阳辐射能和地球保有能源
（按单位时间内辐射的能量换算成电能）

体上仍然显示出我国太阳能资源的丰富性。据统计，我国太阳能年日照时数在 2200h 以上的地区约占国土面积的 2/3 以上，具有良好的开发条件和应用价值。其中西藏、青海、新疆、甘肃、宁夏、内蒙古高原的总辐射量和日照时数均较高，属世界太阳能资源丰富的地区，四川盆地、两湖地区、秦巴山地是太阳能资源低值区；我国东部、南部及东北为资源中等区。

二、太阳能发电的优缺点

（1）太阳能发电的优点：① 太阳能是一个巨大的能源，照射到地球上的太阳能要比人类消耗的能量大 6000 倍。② 太阳能发电安全可靠，不会遭受能源危机或燃料市场

76

不稳定的冲击。③ 太阳能随处可得，可就近供电，不必长距离输送，节省了输电线路等。④ 太阳能不用燃料，运行成本很低。⑤ 太阳能发电没有运动部件，维护简单，不易损坏，特别适合无人值守情况下使用。⑥ 太阳能发电不产生任何废弃物，没有污染、噪声等公害，是一种对环境无污染的理想清洁能源。⑦ 太阳能发电系统建设周期短，由于是模块化安装，使用规模小到用作太阳能计算器的几毫瓦，大到数十兆瓦的光伏电站，方便灵活；而且可以根据负荷的增减，任意添加或减少太阳电池容量，避免浪费。⑧ 结构简单，体积小且质量轻；能独立供电的太阳能电池组件和方阵的结构都比较简单。⑨ 易安装，易运输，建设周期短；只要用简单的支架把太阳能电池组件支撑，使之面向太阳，即可以发电，特别适宜于作为小功率移动电源。图 4-10 所示为太阳能发电塔示意图。

图 4-10　太阳能发电塔示意图

（2）太阳能发电的缺点：① 地面应用时有间歇性，发电量与气候条件有关，在晚上或阴雨天就不能发电或很少发电，与负荷用电需要常常不相符合，所以通常要配备储能装置；并且要根据不同使用地点进行专门的优化设计。② 能量密度较低，在标准测试条件下，地面上接收到的太阳辐射强度为 $1kW/m^2$，大规模使用时，需要占用较大面积。③ 目前价格仍较贵，为常规发电的 2~10 倍。初始投资较高，影响了其大量推广应用。

三、太阳能的转换和利用方式

太阳能的转换和利用共有三种方式，即光-热转换、光-电转换和光-化学转换。

（1）太阳能热利用和热发电技术。太阳能热利用是太阳辐射能量通过各种集热部件转变成热能后被直接利用，它可分低温（100~300℃）和高温（300℃以上）两种，分别适用于工业用热、制冷、空调、烹调与热发电、材料高温处理等。

太阳能节能建筑分主动式和被动式两种。前者与常规能源采暖系统基本相同，仅以太阳能集热器作为热源代替传统锅炉；后者则是利用建筑本身的结构，吸收和储存太阳能，达到取暖的目的。

太阳能发电主要有两种形式：一种是通过光电器材，将太阳能直接转换成电能，称为太阳能电池发电；另一种是由太阳辐射能变为热能，用常规火力发电厂的方式发电，称为太阳能热力发电。

太阳能热发电技术是利用太阳能产生热能再转换成机械能的发电过程。发电系统主要由集热系统、热传输系统、蓄热器、热交换器以及汽轮发电机系统等组成。太阳能热发电技术涉及光学、传热学、材料科学、自动化等学科，是一门综合性、交叉性很强的高新技术，也是太阳能开发和研究领域的难点。太阳能热发电技术的关键问题是太阳能的光辐射吸收和高效传热技术。

（2）太阳能光电转换技术。太阳能电池类型很多，如单晶硅电池、多晶硅电池、非晶硅电池、硫化电池等。美国、德国、日本都将太阳能光电技术列为新能源首位，制造和发电成本已在特殊应用场合有一定竞争能力。我国已有一定的生产能力。多晶硅电池采用熔化浇铸、定向凝固方法制造，有可能在现有基础上降低成本30%，向实用化推进一步，但要使其数量级下降，需改变制造工艺，在制造硅膜太阳能电池和发电系统方面，需大力加强基础研究。

（3）光化学转换技术。光化学是研究光和物质相互作用引起的化学反应的一个化学分支。光化学电池是利用光照射半导体和电解液界面，发生化学反应，在电解液内形成电流，并使水电离直接产生氢的电池。

四、太阳能光伏发电

（1）太阳能光伏发电的原理。太阳能发电，是通过太阳能电池又叫光伏电池（是由各种具有不同电子特性的半导体材料薄膜制成的平展晶体，可产生强大的内部电场）直接将太阳光转换成电能的。由于光照而产生电动势的现象，称为光生伏打效应，简称光伏效应。太阳能光伏发电的原理主要是利用半导体的光生伏打效应。太阳能电池实际上是由若干个 PN 结构成。当太阳光照射到 PN 结时，一部分被反射，其余部分被 PN 结吸收，被吸收的辐射能有一部分变成热，另一部分以光子的形式与组成 PN 结的原子价电子碰撞，产生电子空穴对，在 PN 结势垒区内建电场的作用下，将电子驱向 N 区，空穴驱向 P 区，从而使得 N 区有过剩的电子，P 区有过剩的空穴。这样在 PN 结附近就形成与内建电场方向相反的光生电场。光生电场除一部分抵消内建电场外，还使 P 型层带正电，N 型层带负电，在 N 区和 P 区之间的薄层产生光生电动势，这种现象称为光生伏打效应。若分别在 P 型层和 N 型层焊上金属引线，接通负载时，在持续光照下，外电路就会有电流通过，如此形成一个电池元件，经过串并联，就能产生一定的电压和电流，输出电能，从而实现光电转换。图 4-11 表示了太阳能发电的原理。图 4-12 所示为10GW 卫星发电所系统人造卫星太阳能电站构成图。

为了防止太阳能电池受外部环境的影响，需要把它们连接起来并封装在组件中，当光线进入晶体时，由光产生的电子被这些电场分离，在太阳能电池的顶面和底面之间产生电动势。这时，如果用电路连通，就会产生直流电流，这些电流储存到蓄电池，再通过固态电子功率调节装置转换成所需的交流电提供给各种负载。所以晚上没有太阳时，负载可以照常工作。

（2）常见的光伏发电系统。太阳能光伏发电系统的运行方式主要分为离网运行和并网运行两大类。

图 4-11　太阳能发电原理示意图

1) 独立光伏发电系统。独立光伏发电系统是指仅仅依靠太阳能电池供电的光伏发电系统或主要依靠太阳能电池供电的光伏发电系统，在必要时可以由油机发电、风力发电、电网电源或其他电源作为补充。从电力系统来说，千瓦级以上的独立光伏发电系统也称为离网型光伏发电系统。

独立光伏发电系统的工作原理是：太阳能电池方阵吸收太阳光并将其转化为电能后，在防反冲二极管的控制下为蓄电池组充电。直流或交流负载通过开关与控制器负责保护蓄电池，防止出现过充电或过放电状态，即在蓄电池达到一定的放电深度时，控制器将自动切断负载；当蓄电池达到过充电状态时，控制器将自动切断充电电

图 4-12　10GW 卫星发电所系统人造卫星太阳能电站构成图

79

路。有的控制器能够显示独立光伏发电系统的充放电状态，并能储存必要的数据，甚至还具有遥测、遥信和遥控的功能。在交流光伏发电系统中，DC-AC 逆变器将蓄电池组提供的直流电变成能满足交流电负载需要的交流电。

独立光伏发电系统由太阳能电池方阵、防反充二极管、控制器、逆变器、蓄电池组以及支架和输配电设备等部分构成。其中，太阳能电池方阵在国外文献中常被称为太阳能发电机，而其余部分则被统称为太阳能发电机的"平衡系统"或"配套系统"，简称"BOS"。有时 BOS 还包括太阳能电池方阵所占用的土地和防雷安全系统。对于太阳能电池，BOS 在整个独立光伏发电系统中占有的费用比例较小，但随着太阳能电池的不断降价，BOS 所占费用比例在逐渐增加。

2）并网光伏发电系统。太阳能电池发的电是直流，必须通过逆变装置变换成交流，再同电网的交流电结合起来使用。这种形态的光伏发电系统就是并网光伏发电系统，是主流发展趋势。

并网光伏发电系统可分为住宅用并网发电系统和集中式并网发电系统两大类。前者的特点是光伏系统发的电直接被分配到住宅的用电负载上，多余或不足的电力通过连接电网来调节；后者的特点是光伏系统发的电直接被输送到电网上，由电网把电力统一分配到各个用电单位。图 4-13 为 1MW 并网光伏电站全景。

图 4-13　1MW 并网光伏电站全景

4.3.2　潮汐能发电

从经济及技术上的可行性、地球环境的生态平衡以及可持续发展的能源资源等方面综合分析，潮汐能将会作为成熟的技术得到更大规模的利用，充分利用海洋潮汐发电，已成为人类理想的新能源之一。有关专家预言，随着开发利用的力度稳步加大，人类将迎来充分利用海洋能源的新时代。

由于潮汐能比较集中，并且又在海岸线上，因此最早被利用来发电，其他的海洋能发电还在研究实验阶段。世界上第一座实验性潮汐发电站是德国的希苏姆电站，建于1912 年。

一、潮汐和潮汐能

在浩瀚无际的大海里，海水总是处在永不停息的运动当中。海水的涨潮和退潮现象，是由于太阳和月球对地球各处引力的不同所引起的海水周期性的、有规律的自然涨落现象，称为海洋潮汐，习惯上简称为潮汐。涨潮时由月球的引潮力可使海面升高0.246m，在两者的共同作用下，一般潮汐的最大潮差为8.9m；北美芬迪湾蒙克顿港的最大潮差竟达19m。

所谓潮汐能，简而言之，就是潮汐所蕴含的能量。这种能量是巨大的，潮汐涨落的动能和位能可以说是一种取之不尽、用之不竭的动力资源，人们誉称其为"蓝色的煤海"。显然，潮汐能的大小直接与潮差有关，潮差越大，能量也就越大。由于深海大洋中的潮差一般极小，因此潮汐能的利用主要集中在潮差较大的浅海、海湾和河口地区。我国的海岸线漫长曲折，港湾交错，入河海口众多，有些地区潮差很大，开发利用潮汐能的优势很强。例如，浙江省杭州湾钱塘江口，因海湾广阔，河口逐渐浅狭，潮波传播受到束阻而形成了有名的钱塘潮，每当涌潮出现时，潮头壁立，波涛汹涌，隆隆作响，有如千军万马奔腾而来，景象十分壮观，潮头高度达3.5m，潮差可达8.9m，蕴藏着巨大的能量。

据能源专家预测，世界海洋潮汐能蕴藏量约为27亿kW，若全部转换成电能，每年发电量大约为1.2万亿kWh。在太阳、月球引力的作用下，潮汐能量的大小与潮高的平方成正比。在1km^{2}的海面上，潮汐在运动中每秒钟可产生20万kW的能量。烟波浩渺的海洋聚集了地球97%的水量，因而潮汐能的蕴藏量是目前全球发电总量的600倍。在印度的东海岸线，潮汐发电量约4万MW；挪威在岩石窄湾线上，每年有10亿MW的潜在电能；英国电能的40%可由潮汐提供；在日本10多万km长的海岸线上，每年可利用的潮汐能高达该国电能的30倍。

二、潮汐能发电的基本原理与分类

潮汐能发电虽然仅是海洋能发电的一种，但它是海洋能利用中发展最早、规模最大、技术较成熟的一种。现代海洋能源开发主要就是指利用海洋能发电。利用海洋能发电的方式很多，其中包括波力发电、潮汐发电、潮流发电、海水温差发电和海水含盐浓度差发电等。潮汐发电的开发成本较高和技术上的原因，所以目前发展并不很快。

（1）发电的基本原理。由于电能具有易于生产、便于运输、使用方便、利用率高等一系列优点，因而利用潮汐能量来发电目前已成为世界各国利用潮汐能的一种基本方式。

所谓潮汐能发电，就是利用海水涨落及其所造成的水位差来推动水轮机，再由水轮机带动发电机来发电，其发电原理与一般的水力发电差别不大。只是一般的水力发电水流的方向是单向的，而潮汐发电则有所不同。从能量转换的角度来说，潮汐发电首先是把潮汐的动能和位能通过水轮机变成机械能，然后再由水轮机带动发电机，把机械能转变成电能。如果建筑一条大坝，把靠海的河口或海湾同大海隔开，造成一个天然的水库，在大坝的中央留一个缺口，并在缺口中安装上水轮发电机组，那么涨潮时，海水从大海通过缺口流进水库，冲击水轮机旋转，从而就带动发电机发出电来；而在落潮时，海水又从水库通过缺口流入大海，则又可以从相反的方向带动发电机组发电。这样，随着海潮的不停涨落，电站就可源源不断地发出电来。潮汐发电的原理示意如图4-14所示。

图4-14　潮汐发电原理示意图
（a）涨潮发电；（b）落潮发电

（2）分类。潮汐发电按其利用能量形式的不同可以分为两种：一种是利用潮汐的动能发电，即利用具有一定流速的涨落潮水直接冲击水轮机发电；另一种则是利用潮汐的势能来发电，也就是在海湾或河口修筑拦潮大坝，利用坝内外涨、落潮时的水位差来发电。利用潮汐动能发电的方式，一般是在流速大于1m/s的地方的水闸闸孔中安装水力转子来发电，它可充分利用原有建筑，因而结构简单，造价较低。如果安装双向发电机，则涨、落潮时都能发电。但是由于潮水流速周期性的变化，致使发电时间不稳定，发电量也较小。因此，目前一般较少采用这种方式，但是在潮流较强的地区和某些特殊的地区，也还是可以考虑的。利用潮汐势能发电，发电量较大，但需要修建较多的水工建筑，因而造价较高。由于潮汐周期性地发生变化，因此其电力供应具有间歇性。

4.3.3　风力发电

风主要是由于太阳照射到地球上由于各处地形与纬度的差异，使得日照不均匀致使受热不同产生温差所引起的冷热空气对流（热轻上升、冷重下降）而形成的，所以从广义上讲，风能是太阳能的一部分。到达地球的太阳能约有 2% 转化为风能，此外，月球引力产生潮汐与地球的自转也能产生风。据估计，全球风能储量约为 $2.74×10^9$ MW，其中可供开发利用的约为 $2×10^7$ MW，比全球可开发利用的水能总量要大 10 倍。

风车是人们最早用以转换能量的装置之一，早在汉代，我国农村即利用风力驱动磨坊或灌溉水田，抽取海水到盐田晒盐。13 世纪中期，欧洲农村的风车也遍布于地中海周围地区。之后，大动力的大型荷兰风车出现。荷兰有一大片土地是在海平面之下的低地，连续几世纪以来，都使用风车泵抽排水，其风车的功率可达 50Hz。到了 1855 年，美国出现了多叶片型风车。

将风力的动能转换为电能称之为风力发电，其历史已有 100 多年。风力发电的创始人是丹麦气象学家、发明家鲍尔·拉·库尔教授。1890 年，他开始尝试将传统的风车改造成直流发电。在空气动力学领域，鲍尔·拉·库尔率先使用了电力驱动的风轮。1891 年，他用风轮驱动了两台 9kW 的直流发电机。最早，风力发电仅用于农业排灌和照明，20 世纪 20 年代，人们开始研究利用风车作大规模发电。1931 年，在苏联建造了一座 100kW 容量的风力发电机，此乃最早商业化的风力发电机。到了 20 世纪 50 年代后，一些国家研制 100~1000kW 的风力发电试验机组。但由于其技术性能、经济效益和安全可靠性都远不如水、火电机组，不久就相继停运，直到 20 世纪 70 年代中期，因石油涨价，能源短缺，风力发电才重新引起重视。

风力发电首先将风能转换为机械能，再转换为电能，最终将电能输送至用户。风力发电技术是一项多学科的、可持续发展的、绿色环保的综合技术。目前风力发电的发展方向是：风力发电机组质量更轻，结构更具柔性，直接驱动发电机（无齿轮箱）和变转速运行，风能利用率越来越高，单机容量越来越大。风力发电场外观如图 4-15 所示。

图 4-15　风力发电场外观

一、风能的特性

风能主要具有以下特性：

（1）风能是可再生能源。风能是由太阳能转化而来的能源，因此它与自然界中的煤炭、石油、天然气等化石燃料能源不同，不会因人类的利用而减少，周而复始、取之不尽、用之不竭，具有长久性及可再生性的特点。

（2）风能是清洁能源。开发利用风能有利于生态环境，减少温室气体排放，不会造成大气和环境污染，因而是真正意义上的绿色能源；另外，开发利用风能还有助于实现能源的安全性和多元化，减少石化燃料造成的环境污染，风力发电的资源效益和环境效益巨大，按火力发电标准煤耗 350g/kWh 计算，风力发电站如果每年发电 1 亿 kWh，则每年可节省标准煤 315 万 t，相应减少的各种废气排放量分别为 SO_2 672t、NO_2 382t、CO 917t、CO_2 8022t。

（3）风能具有统计性规律。从短时间和局部来看，风忽有忽无，风速时大时小，其方向也左右不定，具有很大的随机性和不可控性，但是从长时间和宏观来看，风能却具有一定的统计规律，在一定程度上是可以预测的，因而风能是完全可以充分加以利用的。

二、风力发电的优势

在当今世界的可再生能源开发中，风力发电是除水能资源开发外技术最成熟、最具有大规模开发和商业利用价值的发电方式之一，随着风力发电技术的不断发展，风力发电机组制造成本和项目开发成本会不断降低，因此风力发电的开发利用前景十分乐观。一般来说，年平均风速达到或超过 4m/s 的地区即可开发风力发电，一般以沿海或北方地区为宜。之所以如此，是因为风力发电与常规发电相比，除了不消耗燃料、不污染环境，所需的原料是取之不尽、用之不竭之外，还具有以下几方面固有的独特优势：① 占地极少，且不存在水库淹没和移民问题。在整个风力发电场总面积中，发电机组与监控设备等的建筑占地仅占约 1%，其余场地仍可用作原用途。② 工程建设周期短。1 台风力发电机组从运输到安装时间一般不会超过 3 个月；1 个 50 台以下的风力发电场的建设周期一般在 1 年左右。③ 装机规模灵活方便。在资金筹集困难时，可对风力发电场进行分期分批开发建设。④ 运行简单，可完全做到无人值守。在数百、数千公里处也可了解到风力发电场的运行情况并进行开关机组的操作。⑤ 技术成熟。风电技术日趋成熟，是一种安全可靠的能源。⑥ 经济性高。风力发电的经济性日益提高，发电成本已接近煤电，低于油电与核电，若计煤电的环境保护与交通运输的间接投资，则风电经济性将优于煤电。

4.3.4 地热发电

一、地热能简介

地球的内部是一个高温、高压的世界，因而是一个蕴藏着巨大热能的热库。地球表层以下的温度随深度逐渐增高,大部分地区每深入100m,温度大约增加3℃,以后其增长速度又逐渐减慢,到一定深度就不再升高了。估计地核的温度在5000℃以上。地热能就是地球内部的热释放到地表的能量。

地球内部究竟蕴藏有多少热能呢?假定地球的平均温度为2000℃,地球的质量为 $6×10^{27}$ g,地球内部的比热容为1.045J/(g·℃),那么整个地球内部的热含量大约为 $1.25×10^{31}$ J。即便是地球表层10km厚这样薄薄的一层,所储存的热量就有 10^{25} J。地球通过火山爆发、间歇喷泉和温泉等途径,源源不断地把它内部的热能通过传导、对流和辐射的方式传到地面上来。据估计,全世界地热资源总储量巨大,据初步估算,大约为 $1.45×10^{26}$ J,相当于 $4.948×10^{15}$ t标准煤燃烧时所放出的热量。如果把地球上储存的全部煤炭燃烧所放出的热量作为标准来计算,那么石油的储量约为煤炭的3%,目前可利用的核燃料储存量约为煤炭的15%,而地热能的总储量则为煤炭的1.7亿倍。由此可见,我们居住的地球是一个名副其实的巨大热球。

地球内部的高温高热从何而来?这个问题与地球的起源密切相关。关于地球的起源,目前有许多不同的假说,因此关于地热的来源问题,也就有许多不同的解释。但是,这些解释有一点是共通,即一致认为地球物质中放射性元素衰变所产生的热量是地热的主要来源。我们知道,放射性元素有铀238、铀235、钾40等,这些放射性元素的衰变是原子核能的释放过程。放射性物质的原子核,无需外力的作用就能自发地放出电子、氢核和光子等高速粒子并形成射线。目前一般认为,地下热水和地热蒸汽主要是由在地下不同深处被热岩体加热了的大气降水所形成的。

形成地热资源有四个要素,即热储层、热储体盖层、热流体通道和热源。通常将地热资源按其在地下热储中存在的不同形式,分为蒸汽型、热水型、地压型、干热岩型和岩浆型等五类。

二、地热能的利用

地热能的利用的方式可分为两大类,即直接利用和地热发电。

(1)地热能的直接利用。从热力学的角度来看,将中、低温地热能直接用于中、低温的用热过程,是最合理不过的。近年来,国外对地热能的非电力利用(也就是直接利用)十分重视。地热发电的热效率低,对温度的要求较高。所谓热效率低,是指利用地热能发电一般要求地下热水或蒸汽的温度要在150℃以上,否则将影响其经济性。而对地热能进行直接利用,不但能量的损耗要小得多,并且对地下热水的温度要求也低得多,从15~180℃这样宽的温度范围均可利用。在全部地热资源中,这类中、低温地热资源是十分丰富的,远比高温地热资源丰富得多。但是,对地热能的直接利用也有其局限性,由于受载热介质——热水输送距离的制约,一般来说,热源不宜离用热的城镇或居民点过远,不然会造成投资多、损耗大、经济性差的情况。

目前对地热能的直接利用发展十分迅速,已有着非常广泛的应用,收到了良好的经济技术效益。图4-16所示为地热加热系统。

图 4-16 地热加热系统

（2）地热发电。地热发电是利用地下热水和蒸汽为动力源的一种新型发电技术，它涉及地质学、地球物理、地球化学、钻探技术、材料科学和发电工程等多种现代科学技术。地热发电和火力发电的基本原理是基本一样的，都是将蒸汽的热能经过汽轮机转变为机械能，然后带动发电机发电。所不同的是，地热发电不像火力发电那样要备有强大的锅炉也不需要消耗燃料，它所用的能源就是地热能。地热发电的过程，就是把地下能首先转变为机械能，然后再把机械能转变为电能的过程。地热发电示意图如图 4-17 所示。

图 4-17 地热发电示意图
1—地热蒸汽；2—地热蒸汽井；
3—汽轮机；4—发电机

我们知道，要利用地下热能，首先需要由载热体把地下的热能带到地面上来。目前能够被地热电站利用的载热体，主要是地下的天然蒸汽和热水。按照载热体类型、温度、压力和其他特性的不同，可把地热发电的方式划分为地热蒸汽发电和地下热水发电两大类。此外，还有正处于研究试验阶段的干热岩发电系统。

我国地热发电的研究试验工作开始于 20 世纪 70 年代，30 余年来的发展经历了两大阶段：1970~1985 年期间，为以发展中低温地热试验电站为主的阶段；1985 年以后，进入发展商业应用高温地热电站的阶段。

目前，我国高温地热电站主要集中在西藏地区，总装机容量为 27.18MW，其中闻名世界的羊八井地热电站装机容量 25.18MW，发电方式是将地热井出来的汽水混合物经汽水分离器分离出来的蒸汽送入汽轮机，分离出来的热水经减压扩容产生的蒸汽也送入汽轮机。羊八井地热电站的功率稳定，其发电量已占到拉萨电网的 40%。朗久地热电站装机容量为 1MW，那曲地热电站装机容量为 1MW。

羊八井地热电站是我国自行设计建设的第一座用于商业应用的、装机容量最大的高温地热电站，占拉萨电网总电量的 40% 以上，对缓和拉萨地区电力紧缺的状况起了重要作用。

4.3.5　燃料电池发电

一般的干电池或蓄电池是没有反应物质的输入和生成物排出的，所以其寿命是有限的，但是燃料电池却可以连续地对其供给反应物（燃料）以及不断排出生成物（水），因而它可以连续地输出电力。

一、燃料电池的发电原理

燃料电池的发电原理可以从氢与氧结合和电气两种状态来说明。首先在能量水平高的氢与氧结合时，氢气放出电子，带正电荷；同时，氧气从氢气中吸收电子，带负电荷，两者结合成中性的水。在氢与氧进行化学反应时，发生电子的移动，为了使移动的电子能够取出加到外部连接的负载上，必须将氢与氧用以离子为导体的电解质将其分开，在电解质的两边进行反应。氢气反应的地方称为燃料极，为阳极；氧气反应的地方称为空气极，为阴极，这两个极统称为电极。夹在这两个极之间、通过离子传导电力的地方为电解质。图 4-18 所示为燃料电池的发电原理图。

图 4-18　燃料电池的发电原理图

燃料极与空气极作为电极由电子导体的金属或炭等制成，为了对电极提供氢与氧以及排出化学反应中所生成的水，电极中有相当多的细小毛孔。流动到燃料极中细小毛孔的氢在电极与电解质的交界处通过金属的催化剂分离成氢离子（H^+）和电子（e^-），氢离子通过电解质、电子通过外部负载分别到达空气极。在空气极处，通过外部负载得到电子。同时也由于金属催化剂，氧气变为氧离子。氧离子与电解质中流来的氢离子起反应产生了水。从燃料电池所得到的电力就是通过把燃料极所产生的电子经外部负载流入到空气极时产生的。

电解质能使正负离子在两极之间定向运动，它由不透气的通过离子导电的导体组成。所谓离子导体，是指通过离子移动而使电子传递。碱性液体和酸是良好的离子导体；在固体中，锆也是一种良好的导体。

从上述工作过程可以看出，与传统的火力发电不同，燃料电池在发电时，其燃料无须经过燃烧，没有从燃料化学能转化为热能，再转化为机械能，最终转化为电能的复杂过程，而是直接将燃料（天然气、煤制气、石油等）中的氢气借助于电解质与空气中的氧气发生化学反应，在生成水的同时进行发电，因此，其实质是化学能发电。燃料电池发电被称为是继火力发电、水力发电、原子能发电之后的第四大发电方式。

燃料电池的工作方式与常规的化学电源也不同，它的燃料和氧化剂由电池外的辅助系统提供，在运行过程中，为保持电池连续工作，除需匀速地供应氢气和氧气外，还需连续、匀速地从空气极排出电池反应生成的水，以维持电解液浓度的恒定，排除电池反应的废热以维持电池工作温度的恒定。

由一个燃料极和空气极以及电解质、燃料、空气通路组成的一组电池称为单体电池，多个单体电池的重叠称为电堆。实用的燃料电池由电堆组成，构成巨大的燃料电池组，向外输送大功率的电流，这时，燃料电池组就是一座大型发电厂了。

燃料电池发电装置除了燃料电池本体之外，还必须配备周边装置共同组成一个系统，燃料电池系统因燃料电池本体的形式以及所使用燃料和用途的不同而有所区别，主要包括有燃料重整系统、空气供应系统、直流-交流逆变系统、余热回收系统以及控制系统等，在高温燃料电池中还有剩余气体循环系统。

二、燃料电池的优点与分类

（1）优点。燃料电池由于燃料不通过燃烧而由化学反应直接发电，因而具有电厂和常规化学电源无法达到的优点，主要有：① 污染极少、噪声小；② 能量转换效率高，其本体的效率即可达 40%～50%，如果将排出的燃料重复利用，再利用其排热，对于中、高温燃料电池，综合效率可达 70%～80%；③ 适应负荷能力强，供电质量高；燃料电池能在数秒钟内从最低功率变换到额定功率以应对负荷的快速变动，适应负荷的峰谷变化；④ 占地少，建设快，构造简单，便于维护保养；⑤ 燃料广泛，补充方便；甲醇、天然气、煤气、沼气、含氢废气、液化石油气、轻油、柴油、汽油等经过净化和重整后均可作为燃料电池的燃料，利用现有的加油站系统，采用与汽车加油大体相同的燃料补充方式可以在短时间内完成燃料的补充；⑥ 不需要大量的冷却水，适合于内陆及城市地下应用；⑦ 由于燃料电池由基本电池组成，可以用积木式的方法组成各种不同规格、功率的电池，并可按需要装配成所要求的发电系统安装在海岛、边疆、沙漠等地区，构成 21 世纪的发展方向的分散能源。

（2）分类。目前，已经开发出多种类型的燃料电池。最常见的分类方法是按电池所采用的电解质进行分类，有碱性燃料电池（AFC）、磷酸型燃料电池（PAFC）、熔融碳酸盐型燃料电池（MCFC）、固体电解质型燃料电池（SOFC）、固体高分子型（对称质子交换膜）燃料电池（PEFC/PEMFC）以及直接甲醇型燃料电池（DMFC）等基本类型，它们的类型与特性见表 4-2。

表 4-2   燃料电池的类型与特性

类型	PAFC	MCFC	SOF	PEMFC
主要燃料	H_2	H_2、CO	H_2、CO	H_2
电解质	磷酸	碳酸钾、碳酸锂	二氧化锆	质子交换膜
工作温度	200℃	650℃	1000℃	85℃
理论效率	80%	78%	73%	83%
应用领域	现场集成能量系统	电站区域性供电	电站联合循环发电	电动车、潜艇电源

碱性燃料电池最先研究成功，多用于火箭、卫星上，但其成本高，不适合大规模研究开发。目前，技术比较成熟、使用较多的是磷酸型燃料电池，它的电解质是磷酸水溶液。固体高分子型（对称质子交换膜）燃料电池是目前研制的热点。直接甲醇型燃料电池特别适合于作为小型电源（如手提电话、笔记本电脑等的电源），故而很受重视，现在已开始对其进行基础研究。

4.3.6 生物质能发电

一、生物质与生物质能

所谓生物质，就是所有来源于植物、动物和微生物、除矿物燃料外的可再生物质，即是由光合作用而产生的各种有机体的总称。所谓光合作用是利用空气中的二氧化碳和土壤中的水，将吸收的太阳能转换为碳水化合物和氧气的过程，光合作用是生命活动中的关键过程。

生物质能来源于生物质，是绿色植物通过绿素将太阳能转化为化学能而储存在生物质内部的一种能量形式，因而是一种以生物质为载体的能量。动物的生存以植物为主，而植物通过光合作用把太阳能转变为生物质的化学能。因此，生物质能直接或间接地来源于植物的光合作用，所以从根本上说，生物质能来源于太阳能，是取之不尽的可再生能源和最有希望的"绿色能源"。生物质能通常包括木材和森林工业废弃物、农业废弃物、水生植物、油料植物、城市与工业有机废弃物和动物粪便等。在各种可再生能源中，生物质能是独特的，它是储存的太阳能，更是一种唯一可再生的碳源，可转化成常规的固态、气态和液态燃料。据估计，地球上每年植物光合作用固定的碳达 $2×10^{11}$ t，所含能量达 $3×10^{11}$ J，因此每年通过光合作用储存在植物中的枝、茎、叶中的太阳能，相当于全世界每年耗能量的 10 倍。生物质能遍布世界各地，蕴藏量极大，就其能源当量而言，是仅次于煤、石油、天然气而列第四位的能源，在整个能源系统中占有重要地位。生物质能一直是人类赖以生存的重要能源之一，在世界能源消耗中，生物质能占能源总消耗的 14%，但在发展中国家占到 40% 以上。

生物学的研究表明，绿色植物通过与太阳能的光合作用，把二氧化碳和水合成为储藏能量的有机物，并释放出氧气。利用地球上的绿色植物及其所"喂养"的动物，包括各种各样的垃圾、废弃物，即可开发出不同类型的生物质源。

地球上的生物质能资源极其丰富，且属无污染、无公害的能源。以热量来计算，地球的表面积共 5.1 亿 km^2，其中陆地表面积 1.49 亿 km^2，海洋表面积 3.61 亿 km^2。陆地植物每年可固定的太阳能为 $1.97×10^{21}J$，按每 1kg 绿色植物的发热量为 $1.7×10^4J$，即相当于 1180 亿 t 有机物；海洋植物每年可固定的太阳能为 $9.2×10^{20}J$，每千克海洋植物的发热量也按 $1.7×10^4J$ 计，则相当于 550 亿 t 有机物。这样，若地球表面全部都覆盖上植物，这些绿色植物每年可以"固定"的太阳能，相当于产生 1730 亿 t 有机物质。实验表明，1t 有机碳燃烧释放的热量为 $4.017×10^{10}J$。以 1730 亿 t 有机物所拥有的能量计算，可相当于全世界能源总消耗量的 10~20 倍，而目前只有 1%~3% 的生物能源被人利用，主要用于取暖、烹饪和照明。

生物质的来源广泛，主要可以分为以下几类：

（1）农业废弃物，包括农作物秸秆、稻壳、花生壳等。

（2）林业废弃物，如木屑、树林剪枝、树皮等。

（3）城市和工业固体废弃物，如废塑料、废旧轮胎、废纸等。

（4）水生植物，如芦苇、藻类等。

（5）能源作物，专门用于能源生产的植物，如油料植物。

（6）动物粪便，即家禽、家畜等动物的排泄物。

目前生物质能利用技术主要有：

（1）**热化学转化技术**：将固体生物质转换成可燃气体、焦油、木炭等品位高的能源产品。

（2）**生物化学转换技术**：主要指生物质在微生物的发酵作用下生成沼气、酒精等能源产品。其中，沼气是有机物质在一定温度、湿度、酸碱和厌氧条件下经各种微生物发酵及分解作用而产生的一种混合可燃气体。

（3）**生物质压块细密成型技术**：把粉碎烘干的生物质加入成型挤压机，在一定的温度和压力下，形成较高密度的固体燃料，密度为 1.2~1.3g/cm³，热值在 20J/kg 左右。

二、生物质能发电技术

这里介绍几种生物质能发电技术。

（1）甲醇发电站。当前研究开发利用生物能源的重要课题是甲醇作为发电站燃料。甲醇发电的优点除了低污染外，其成本低于石油和天然气发电也很有吸引力。利用甲醇的主要问题是燃烧甲醇时会产生大量的甲醛（比石油燃烧多 5 倍）。但是，有人认为甲醛是致癌物质，且有毒、刺激眼睛，导致目前对甲醇的开发利用存在分歧，应对其危害性进行进一步的研究观察。

（2）城市垃圾发电。垃圾发电有下列三项关键技术：

1）垃圾焚烧炉的设计、制造和管理。目前国际上技术先进的国家是德国和法国，他们普遍采用水冷壁焚烧炉焚烧垃圾，产生的蒸汽直接用于发电。美国和瑞典采用半悬浮式水冷壁焚烧炉，还有直接焚烧炉、流化焚烧炉、低焰焚烧炉等多种形式焚烧炉。日本对垃圾焚烧处理厂的设计采用"综合发电系统"，即在离垃圾堆基地 50、100、200km 的海岸同时建立火力发电厂和大型废弃物处理厂，把垃圾焚烧产生的蒸汽与火力发电厂的蒸汽混合用作动力源，驱动汽轮机带动发电机发电。该系统大大提高了发电效率（可达 26%），远高于废弃物单独焚烧时的发电效率（14%）。废物处理厂规模越大，成本越低，效率越高。日本该类系统的实践表明，当排放垃圾人口达到 10 万~30 万时，建立处理厂的规模为 100~300t/天即可满足自身用电；当排放垃圾人口达到 30 万~100 万时，建立处理厂的规模为 300~1000t/天不仅可满足自身用电，还可以对外供电；当排放垃圾人口少于 10 万时，建立处理厂的规模小于 100t/天，由于无法满足电厂连续运转需要，所以不宜建立发电厂。

2）垃圾的质量管理。垃圾中可燃废弃物的质量和数量都随季节和地区的不同而发生变化，发电量稳定性小，这导致垃圾发电厂的电力向电力公司出售时"评价"较低，价格偏低。为此，必须加强垃圾的管理，如扩大垃圾收集范围，加大垃圾处理厂储藏容量，加强垃圾筛选和分离，增加可燃物的回收数量和质量，加强工业废物的回收，提高垃圾可燃成分的含量等。

3）对焚烧炉温度和蒸汽产量的控制。应采取措施改进汽轮机和冷凝器等设备的控制系统，以提高垃圾发电的稳定性。

（3）生物质燃气发电。生物质燃气发电中的关键是汽化炉及裂解技术。

生物质燃气发电系统主要由汽化炉、冷却过滤装置、煤气发动机、发电机等四大主机构成，其工作流程为：首先将生物燃气冷却过滤送入煤气发动机，将燃气的热能转化为机械能，再带动发电机发电。图 4-19 所示为 2MW 生物质发电站，图 4-20 所示为生物质燃料油发电的三种形式。

图 4-19　2MW 生物质发电站

图 4-20　生物质燃料油发电的三种形式

（4）秸秆发电。秸秆发电，是以秸秆为主要燃料的一种发电方式，可分为秸秆气化发电和秸秆燃烧发电两类。秸秆气化发电是将秸秆在缺氧状态下燃烧，发生化学反应，生成高品位、易输送、利用效率高的气体，利用它进行发电。秸秆燃烧发电是将秸秆直接送入锅炉燃烧后，产生蒸汽带动发电机发电，与常规的火力发电相似，但秸秆燃烧发电与常规的火力发电又有所不同，最大的不同点在于燃料的制备和储存。

农作物秸秆量大，覆盖面广，燃料来源充足。尤其是农作物生长中的光合作用吸收 CO_2，它与农作物秸秆燃烧生成的 CO_2 相平衡。

秸秆燃烧后的灰渣是很好的钾肥，可被农作物直接利用或深加工成为复合肥料。

生物质能发电在可再生能源发电中具有电能质量好、可靠性高的优点，比小水电、风电和太阳能发电等间歇性发电要好得多，可以作为小水电、风电、太阳能发电的补充能源，具有很高的经济价值。

4.4 新能源发电的发展趋势

在经济飞速发展和技术不断进步的时代背景之下，我国作为一个负责任的大国，在发展理念、发展模式、实践行动上，积极参与和引领着全球工业的绿色革命。2020 年 9 月，我国明确提出 2030 年"碳达峰"与 2060 年"碳中和"目标。碳达峰是指二氧化碳排放总量在某一个时间点达到历史峰值，其间碳排放总量依然会有波动，但总体趋势平缓，之后碳排放总量会逐渐稳步回落；碳中和则是指企业、团体或个人在一定时间内直接或间接产生的二氧化碳排放总量，通过二氧化碳去除手段，抵消掉这部分碳排放，达到"净零排放"的目的。随着能源需求的不断增长和对环境可持续性的关注，除了 4.3 节中介绍的各种新能源发电方式以外，各种独特和创新的发电方式也成为了能源领域的研究热点，更加新型的发电方式层出不穷。例如：

（1）太空太阳能发电。它是利用太空中的太阳能，通过太阳能电池板将光能转化为电能，并通过微波或激光传输到地球上。这种方式解决了地球上太阳能发电受到天气和昼夜变化限制的问题。

（2）人体运动发电。它是利用人体行走、跑步等活动产生的动能，通过压电技术或动力发电装置转化为电能。这种方式可以为一些特定场所提供自给自足的电力供应。

（3）空气动力发电。它是利用高空中强劲的风能，通过高空风力机或风力飞艇收集风能并将其转化为电能。这种方式可以在高空中获取更稳定且强大的风能资源。

（4）压电发电。它是利用压电材料的特性，通过机械压力产生电荷，从而将机械能转化为电能，可以应用在一些需要频繁振动或压力的场合。

（5）人造光合作用。它是借鉴植物光合作用的原理，通过人工合成光合作用体系，利用光能将二氧化碳和水转化为能量和氧气。

这些更具有创新性的发电方式不仅展现了人类对能源利用的创意和智慧，也为实现能源的可持续发展提供了新的可能性。尽管这些发电方式还大多处于研发阶段，但随着技术的不断进步和社会的支持，这些发电方式有望在未来逐渐发展成为主流，任何一种新型能源都有可能为能源产业带来新的转型和变革。

4.4.1 核聚变

人类从 20 世纪中叶以来，向地球不断索取各种资源，预计在数百年内，地球上的石油、煤和天然气等资源都将逐渐枯竭。因此，从长远来看，核能将是继石油、煤和天然气之后的主要能源。这表明，人类必定要从"石油文明"跨入"核能文明"。

原子核中蕴藏巨大的能量，原子核的变化（从一种原子核变化为另外一种原子核）往往伴随着能量的释放。由重的原子核变化为轻的原子核，称作核裂变，人们熟悉的原子弹和核电站发电也都利用的是核裂变原理。核聚变的过程与核裂变相反，核聚变是指由质量轻的原子，在一定条件下（如超高温和高压），发生原子核互相聚合作用，生成新的质量更重的原子核，并伴随着巨大的能量释放的一种核反应形式。也就是说，核聚变是几个原子核聚合成一个原子核的过程，只有较轻的原子核才能发生核聚变，如氢的同位素氘（dao）、氚（chuan）等。太阳内部连续进行着氢聚变成氦的过程，它的光和热就是由核聚变产生的，比原子弹威力更大的核武器——氢弹也是利用核聚变来发挥作用的。图 4-21 所示为核聚变反应原理简图。

氚(Tritiun)核

形成氦(Helium)核

释 放 能 量

被排斥的中子(Neturor)

氘(Deuterium)核

氢核在一瞬间
发生聚合：核聚变(Fusion)

图 4-21　核聚变反应原理简图

核聚变能释放出巨大的能量，但目前人们只能在氢弹爆炸的一瞬间实现不受控制的人工核聚变。而要利用人工核聚变产生的巨大能量为人类服务，就必须使核聚变在人们的控制下进行，这就是受控核聚变，即必须能够合理地控制核聚变的速度和规模，实现持续、平稳的能量输出。科学家正努力研究如何控制核聚变，但是现在看来还有很长的路要走。目前唯一简单可行的可控核聚变方式是以普通氢原子（其他原子也可以，但是需要的启动能量更为巨大）为反应原料，通过降温（和其他降低物质能量）的方法，缩小氢原子之间的距离，直到原子核的融合，从而释放出能量。如果每秒钟发生三四次这样的爆炸并且连续不断地进行下去，所释放出的能量就相当于百万千瓦级的发电站。

核聚变较之核裂变有两个重大优点。一是地球上蕴藏的核聚变能远比核裂变能丰富得多，约为可进行核裂变元素所能释出的全部核裂变能的 1000 万倍，可以说是取之不竭的能源。核聚变反应燃料是氢的同位素氘、氚及惰性气体 3He（氦-3），氘和氚在地球上蕴藏极其丰富。据测，每 1L 海水中含 30mg 氘，而 30mg 氘聚变产生的能量相当于 300L 汽油，这就是说，1L 海水可产生相当于 300L 汽油的能量。一座 100 万 kW 的核聚变电站，每年耗氘量只需 304kg。氘的发热量相当于同等煤的 2000 万倍，天然存在于海水中的氘有 45 亿 t，把海水通过核聚变转化为能源，按目前世界能源消耗水平，可供人类用上亿年。锂是核聚变实现纯氘反应的过渡性辅助"燃料"，地球上的锂足够用 1 万~2 万年，我国羌塘高原锂矿储量占世界的一半。地球上蕴藏的核聚变能，至于氚虽然自然界中不存在，但靠中子同锂作用可以产生，而海水中也含有大量锂。二是既干净又安全。因为它不会产生污染环境的放射性物质，所以是干净的。同时受控核聚变反应可在稀薄的气体中持续地稳定进行，所以又是安全的。

核聚变要在近亿度的高温条件下进行，地球上原子弹爆炸时可以达到这个温度。用核聚变原理造出来的氢弹就是靠先爆发一颗核裂变原子弹而产生的高热，来触发核聚变起燃器，使氢弹得以爆炸。但是，用原子弹引发核聚变只能引发氢弹爆炸，却不适用于核聚变发电，因为电厂并不需要如此之大的爆炸力，而需要缓缓释放的电能。不过，关于核聚变的"点火"问题，激光技术的发展，使可控核聚变的"点火"难题有了解决的可能。

1991年11月9日17时21分，物理学家们用欧洲联合环形聚变反应堆在1.8s里再造了"太阳"，首次实现了核聚变反应，温度高达$2×10^8℃$，为太阳内部温度的10倍，产生了近2MW的电能，从而使人类多年来对于获得充足而无污染的核能的科学梦想向现实大大跨进了一大步。

我国自行设计和研制的最大的受控核聚变实验装置"中国环流器一号"，已在四川省乐山地区建成，并于1984年9月顺利启动，它标志着我国研究受控核聚变的实验手段又有了新的发展和提高，并将为人类探求新能源事业作出贡献。

目前，美、英、俄、德、法、日等国都在竞相开发核聚变发电厂，据估计，到2025年以后，核聚变发电厂才有可能投入商业运营，2050年前后，受控核聚变发电将广泛造福人类。

科学家发现，以3He为燃料的核聚变反应比氘氚聚变更清洁，效益更高，而且与放射性的氘氚不同的是3He是一种惰性气体，操作安全。诺贝尔奖得主科学家博格等曾表示没有其他能源能像3He那样几乎无污染。

地球上并不存在天然的3He矿藏，而月球上的钛矿中蕴藏着丰富的3He资源，可以用于代替氚。月球表面的钛金属能吸收太阳风刮来的3He粒子。据估计，月球诞生的40亿年间，钛矿吸收的能量相当于地球上有史以来所有开发矿物燃料的10倍以上。

1986年起美国威斯康星州的麦迪逊就成了3He研究中心。只要从月球上运回25t 3He，就可满足美国大约一年的能源需要。目前，全球每年的能源消费大约1000万MW，联合国1990年公布的数字，到2050年时将会猛增至3000万MW，每年从月球上开采1500t 3He，就能满足世界范围内对能源的需求。

按上述开采量推算，月球上的3He至少可供地球上使用700年，而木星和土星上的3He几乎是取之不尽、用之不竭的。

虽然很多核聚变反应是可能的，但是聚变反应堆仍处在研究阶段，一种商用上和技术上可行的聚变反应堆至今也尚未建造出来。据专家预测，如果能对开发核聚变技术给予适当的支持，就有可能在21世纪中叶提供发电用的核材料。

可以看出，几十年来科学家们的不懈努力，已在核聚变方面为人类摆脱能源危机展现了美好的前景。

4.4.2 氢能源

氢能源是公认的清洁能源，比其他能源具有很多优势，作为电能替代的一种，其应用范围很广，包括交通运输、工业生产、能量传输、电网储能调配等领域，有可能成为未来能源转型的重要支柱产业。

氢元素处于元素周期表的第一位，其原子质量是最小的，其特性有：

（1）能量密度高。其具有理想的发热值。每千克氢燃烧后能放出 142.35kJ 的热量，约为汽油的 3 倍，乙醇的 4 倍，焦炭的 4.5 倍。

（2）零污染。氢是无色、无味、无毒的，氢燃烧后的产物只有水，没有造成环境污染的硫氧化物、氮氧化物和粉尘颗粒以及温室气体，如二氧化碳，碳氢化合物等。而且水可以再次分解氢，实现良性循环。

（3）储量丰富。氢是自然界存在最普遍的元素，氢原子构成了宇宙质量的 75%。氢多以化合物的形式存在于水中，在海水中就可以开发，而海水资源的氢在地球上储量可谓取之不尽，用之不竭。

（4）氢气具有良好的导热性能。在所有气体中，氢气的导热性最好，标准大气压下，氢气的热导率比大多数气体的热导率均高出 10 倍左右，在能源工业中氢是传热载体，比如在发电机的冷却中采用氢气进行冷却。

（5）氢具有多种形态。氢可作为多种形态存在，以满足运输需要。氢能质量较轻，因此从运输成本及社会总效益考虑，氢能的运输优于其他能源。氢常温下为气态，低温高压下为液态，与金属可化合为固态金属氢化物，这三种形态可满足不同的储运方式的需要。

（6）耗损少。氢能可通过燃料电池转化为电能，或者采用管道输氢，这样就可取消远距离高压输电，既提高安全性，又降低能源无效损耗。

目前，氢能利用通常以氢气作为载体，可从水、化石燃料、化工副产物等中获得，导致氢能的利用存在较大的安全隐患，其能源属性一直没有得到充分利用。因此，一直以来氢气的利用都是以作为化工原材料为主。近年来，随着技术的进步和能源环保需求的提高，氢气的能源属性逐渐得到重视。

氢能产业链主要包括氢气的制备、储存、运输和利用四大环节，每一环节都有多条技术路线可供选择。由于氢能产业处于发展和探索时期，各项技术均具有优点和劣势，哪条路线是最优选择尚无定论。

一、氢气的制备

在氢气制备方面，根据制备原材料及碳排放情况，可将制得的氢气分为三类：① 灰氢，是以化石燃料为原料制备的氢气，生产过程中存在碳排放，目前全球灰氢约占氢气总产量 95%；② 蓝氢，是通过天然气或水蒸气重整制成，虽然也会有碳排放产生，但在生产过程中会配合碳捕集利用装置，大大减少了碳排放量；③ 绿氢，通过可再生能源，如光伏、风电、核能等，制氢，在生产过程中没有碳排放产生。绿氢是氢能利用的最终目标，主要通过电解水制氢实现。目前，电解水制备工艺主要有以下三种：

碱性电解水技术、质子交换膜电解水技术和固体氧化物电解水技术。

（1）碱性电解水技术，是以氢氧化钠或氢氧化钾为溶液电解质，在直流电作用下电解水生产氢气和氧气，通过脱碱雾处理，得到的氢气纯度超过 99%。其优点在于：技术成熟，已经在 20 世纪中期实现了商业化；成本低，无须使用重金属催化剂；工作温度较低，60~90℃。尽管该技术成为重要的制氢技术选择，也面临如下缺点：① 碱性电解液容易与二氧化碳反应生成碳酸盐，其中的不溶性碳酸盐会堵塞催化层，降低电解槽性能；② 为了防止阴阳极产生的氢气和氧气发生混合引起爆炸，碱性电解水制氢需要时刻保持阴阳极两侧压力平衡；③ 碱性电解水制氢设备的启动时间较长，难以实现快速响应；此外，碱性电解水的效率约为 60%，低于其他电解水技术。上述缺点尤其是启停速度慢的缺点导致碱性电解水技术难以适用于快速波动的光伏、风电制氢，但在水电、核电制氢领域仍然具有一定的竞争力。目前，限制碱性电解水制氢推广的主要原因是依然偏高的电价导致的制氢成本高昂。

（2）质子交换膜电解水技术，其制氢设备主要由阴阳极极板、气体扩散层、催化层和质子交换膜等。在电解水反应过程中，水分子在阳极氧化生成氧气和 H^+ 离子，H^+ 离子在电场作用下通过质子交换膜迁移至阴极并发生还原反应生成氢气。质子交换膜电解水的电力密度可达 $1A/cm^2$，能够超过碱性电解水制氢电流密度的 4 倍。不仅如此，质子交换膜电解水制氢的理论效率能够达到 90%，远高于碱性电解水制氢。总之，此种制氢方式的效率高、设备体积小、安全可靠，更为重要的是启停速度快、工作温度较低，约为 80℃。

在质子交换膜电解水制氢设备中，质子交换膜是技术难度最高的部件，一般使用全氟磺酸膜，目前的质子交换膜技术由国外垄断。除了质子交换膜的技术壁垒以外，对于催化剂的要求也较高，通常使用钌、铱、铂等贵金属及氧化物作为催化剂。但因为上述金属资源稀缺且价格昂贵，在很大程度上限制了质子交换膜电解水技术制氢的发展，因此开发非贵金属基制氢催化剂极为必要。目前，该技术制氢仍处于实验室研究向商业化过渡的阶段，仍需要进一步的技术作为支撑。

（3）固体氧化物电解水技术，可以认为是固体氧化物燃料电池的逆反应，反应温度通常在 600℃以上，最高效率可以超过 90%。同时，固体氧化物电解水采用陶瓷或氧化物作为离子导体，无须使用昂贵的质子交换膜，因此成本显著降低。其效率高、成本降低潜力大，有望开发出能够兼具发电和电解水的双功能的固体氧化物电解池系统，是一种极具前景的技术路线。但是该技术制氢需要在高温条件下工作，其长时间运行后，会出现性能快速衰减。因此，其技术难点主要在电解质、连接体等部件的开发。目前固体氧化物电解水技术的成熟度仍然较低，商业化产品较少，距离实际应用尚有一定差距。

二、氢气的储运和运输

在氢能产业链中，氢气的储存是其他各项技术的基础。在常温常压下，氢气的密度仅为 0.089g/L，为空气的 1/14，导致氢气在常温常压下的体积能量密度极低。为了能够降低储存所需空间、提高运输和利用效率，通常需要采取特定技术进行储运。

根据氢气的存储状态，可以将氢气储运技术分为高压气态储运、低温液态储运、固态氢储运、有机液体储运和天然气管道掺氢输送技术等。

（1）高压气态储运。对于高压气态储氢，通常长管拖车运输是 20MPa，加氢站加注压力分为 35MPa 和 70MPa，我国现阶段主流加氢站是 35MPa。气态储氢方式操作简单，仅需要减压阀即可实现氢气的利用，技术成熟，是目前应用比较广泛的储氢路线。但高压气态储氢的缺点也极为明显，即虽然通过压缩提高了氢气的运输效率，但由于氢气密度低造成实际存储量仍然较低，且储存压缩氢气的钢瓶内胆厚、自重大，氢气实际质量占总质量不足 2%，整体经济性较差，因此该方式适用于分散式少量储氢，以及短距离（200km 以内）的氢气储存运输。

（2）低温液态储运。为了进一步提高氢气储存效率，在高压气态储氢基础上进一步加压并降低温度，从而实现氢气的液化储存。在 0.1MPa 下，液氢的沸点为−253℃，密度 76.98g/L，超过气态氢气的 800 倍。液态储氢方式显著提高了氢能的储存、运输效率，因此适合长距离运输和提高空间储存效率，是氢气储存的最重要发展方向。不过，氢气液化温度极低，液化过程需要消耗大量能量，在储存过程中为了维持超低温又需要超高真空储罐，其制造工艺复杂，导致液态氢气的技术门槛高、价格极为昂贵。目前国内的液氢技术仍未达到大规模应用水平，大型液化氢气设备依赖进口并受到限制。因此，发展国内具有自主能力的液氢技术和设备开发极为重要。

（3）天然气掺氢输送技术。对于包括氢气、天然气在内的燃气而言，管道输送是大规模、远距离运输的必然发展趋势。但是单独建设氢气输送专用通道造价极为昂贵，且建设周期长，暂时无法满足现阶段氢能产业快速发展的需求。而利用已有的天然气输送管网开展天然气和氢气混合输送可以有效节约成本，加快氢能产业布局效率。掺氢的天然气可以直接输送给居民、工厂和商业用户，经过分离提纯后又可以得到纯氢供给工厂、加氢站等。不过采用管道运输氢气应注意一些问题，如氢气的扩散速率高于天然气，且会对管道产生氢脆腐蚀，因此需要严格控制天然气掺氢比例并完善相关技术和设备配套。目前，受制于氢气分离成本较高和输氢技术尚处于起步阶段，国内暂无掺氢输送后分离使用项目。

三、氢能的利用

在氢能产业链中，氢能的高效利用是最终目的。电力作为能源改革的重要载体，目前氢能在发电领域的应用主要有氢燃机和燃料电池。

氢能发电机和普通的发电设备相比，首先是环保，几乎没有有害物体的排放，而且在运行过程中无噪声，可移动。尽管氢能发电机在原理上和传统内燃机大致相同，都要经过吸气、压缩、燃烧、排气这些过程，从而带动发电机转子旋转发电，然后接入电网。目前，相对于我国当前普遍使用的其他发电方式来说，氢能发电的成本相对较高，是其他发电方式平均成本的 3 倍以上，是市场所难以接受的。

富氢燃气轮机发电，是在天然气中掺混一定比例的氢气作为燃气轮机的燃料，进行电力生产。天然气的密度约为氢的 8 倍，扩散速率约为氢气的 3.8 倍，低位体积热值约为氢气的 3 倍。当天然气与氢气混合燃烧时，氢气的低热值高流速导致需要考虑氢气的回火和火焰振荡问题以保证安全性和可靠性。由于氢气的低位热值要比天然气小得多，若想维持原有出力水平必须增加燃气进气量，同时升级燃烧室和压气机。目前，富氢燃烧的燃气轮机技术在全球范围内已经逐步趋于成熟。西门子、通用电气、三菱日立等电气设备公司均在氢燃气轮机领域进行了探索，我国在此项技术方面尚需进一步的发展。

燃料电池是将燃料化学能直接转化为电能的反应装置，由于不涉及内能与机械能的转化，理论效率超过90%。燃料电池已经有了一定程度的实际应用，在4.3.5节中已经就相关内容进行了介绍。

综上所说，氢能源的利用，从制氢设备、储氢设备、储氢材料，到氢能发电、氢燃料电池隔膜、催化剂和系统模块，我国氢能产业整体取得长足发展的同时又面临相关核心技术和关键材料与世界先进水平仍然具有差距，存在着不少"卡脖子"的问题。而且，氢能产业的发展不仅需要自身产业链中各环节的技术进步，还需要与其他可再生能源技术协同发展，氢能产业的高效发展才能得到保证。

4.4.3 波浪能

长期以来，人类一直认为广阔的海洋是地球的资源宝库，也称作能量之海。海洋面积占地球面积的2/3以上，其中蕴藏着丰富的热能资源。海洋热能是指由于海洋表层水体和深层水体温差引起的热能。除了发电，海洋热能还可以用于海水脱盐、空调和深海矿藏开发。海洋波浪能是指蕴藏在海面波浪中的动能和势能。在我国沿海的大部分海域，平均浪能密度达到 $2\sim7kW/m^2$。波浪能主要用于发电，同时也可用于输送、供暖、海水脱盐和制造氢气。目前，波浪能发电的进展已表明了这种新能源具有很大的商业价值，包括我国在内的很多国家已建成几十座波浪能发电站，且均运行良好。

一、波浪能发电机组的系统构成及工作原理

波浪能发电系统由机械系统和电气控制系统两部分构成。机械系统主要包括浮力摆、液压缸、变量马达、蓄能器、单向阀和减压阀。电气控制系统主要包括机械系统控制模块、负载控制模块、永磁同步发电机、蓄电池和负载。系统主要结构如图4-22所示。

图4-22 波浪能发电系统主要结构图

系统运行时，由浮力摆捕获波浪能推动液压缸将液压油通过软管输出，然后经蓄能器输出到液压马达，液压马达在液压油的带动下驱动发电机发电。将水以动能和势能形式存在的机械能转化为电能。通常波浪能转换成电能要经过三级转换。第一级转换是受波体吸收波浪能；第二级转换由中间转换装置优化第一级转换，产生稳定的能量；第三级转换由发电装置把稳定的能量转化成电能。

二、波浪能发电装置的分类

根据波浪能发电装置的内在联系、外部特征、结构和用途等方面的不同，可将波浪能发电装置按不同的方式进行分类，见表4-3。

表4-3 波浪能发电装置的分类

分类方式	种类
固定形式	固定式，漂浮式
能量传递方式	气动式，液压式，机械式
能量转换方式	直接转换式，间接转换式
结构形式	"点头鸭"式，振荡水柱式，推摆式，聚波蓄能式，振荡浮子式，阀式

下面按照结构形式的分类对几种典型的波浪能发电装置进行介绍并总结各自存在的优缺点。

（1）"点头鸭"式。该类装置的形状和运行特性酷似鸭的运动。波浪入射波的运动使得动压力推动转动部分绕轴线旋转，流体静压力的改变使浮体部分作上升和下沉运动，动能和势能同时通过液压装置转化，再通过液力或电力系统把动能转换为电能。由于"点头鸭"式装置的很多部件直接与海水接触，极易损坏，其商业应用前景在很大程度上受到了限制。

（2）振荡水柱式。该类装置内的水柱在波浪的作用下做上下往复运动，水柱的作用类似于活塞，水柱的不停运动导致水柱自由表面上部的空气柱产生振荡运动，空气在气室上方的出气孔流经一个往复透平，从而将高速空气的动能转换为电能。振荡水柱式波浪能装置较其他波浪能装置最大的区别就是具有气室。气室下部有一开口浸在海水里，使海水能够自由地进入气室内。

（3）推摆式。该类装置的运动部件，在波浪的推动下，通过摆体作前后或上下摆动，将波浪能转换成摆轴的动能。与摆轴相连的是液压装置，它将摆轴的动能转换成液力泵的动能，再带动发电机发电。

（4）聚波蓄能式。该类装置利用狭道把广范围的波能聚集在很小的范围内，是一种提高能量密度的方式。波浪在逐渐变窄的波道中，波高不断被放大，直到波峰高过波道的边墙，将波浪能转换成势能储存在蓄水库中，然后利用水轮发电机组进行发电。

（5）振荡浮子式。该类装置是在振荡水柱式装置的基础上发展起来的波浪能发电装置。装置通过振荡浮子将波浪能转换成驱动液压泵的往复机械能，再通过能量缓冲区将不稳定的液压能转换成稳定的液压能，通过液压马达将稳定的液压能转换成稳定的旋转机械能，再通过发电机发出稳定的电能。

（6）阀式。该装置的波面阀通过铰链相互铰接在一起，能量转换装置置于每一铰接处，波浪的运动使波面阀沿着铰接处弯曲，从而反复压缩液压活塞并输出机械能。当装置的固有频率与波浪的频率相一致或接近时，装置的输出效率最高。

上述六种波浪能发电装置各有其自身的优缺点及适用场合，总结见表4-4。

表 4-4 波浪能发电装置的优缺点及适用场合

装置类型	优点	缺点	适用场合
"点头鸭"式	构思巧妙；原理完美；理想运行下，效率高（接近90%）	结构复杂，过多活动部件暴露在海水中，装置可靠性差，极易损坏	适用于理想海况，波浪规律的场合
振荡水柱式	采用空气传递能量，没有水下活动部件，传递方便；通过气室将低速运动的波浪的能量转换成高速运动的气流，可靠性好	建造费用昂贵，转换效率低（10%～30%），发电成本高	适用于大风浪区域
推摆式	成本略低；转换效率较高	可靠性较差，极易损坏，维护较为困难；转换效率较高但不稳定	适用于在防波堤上的大型发电装置
聚波蓄能式	可靠性好，维护费用低；系统出力稳定，不受波高和周期的影响	对地形和波道有严格的要求，不宜推广	适用于地形狭窄区域
振荡浮子式	建造难度和成本比其他波浪能装置低，建造相对简单；吸收波浪能的效率较高	浮子受过多的冲击，易损坏	由于占较小位置，适用于为一些灯塔、浮标提供电源
阀式	理想状况下，转换效率较高	系泊困难；波面阀制造费用过高	适用于波能密度较大的海域

三、波浪能发电面临的问题和前景

虽然波浪能发电装置的研究与开发已取得了一定的成果，但是波浪能发电装置与太阳能、风能等清洁能源利用装置相比，并没有普及到人民生活中。首先，现阶段海洋波浪能的发电成本比常规的火力发电高出十倍左右，成本问题首当其冲成为普及和大规模利用波浪能发电的最大障碍，使波浪能发电真正达到实用化水平，还有相当长的探索路程。其次，由于正常情况下海洋的波浪是时刻变化的，波浪能的能量分散不易集中，会造成装置的发电总效率并不高，而研究波浪能装置时通常只是在规则的、平稳的造波池中做试验，得出的结论往往并不具有实际操作性和可行性。目前波浪能发电装置上使用的发电机一般采用的都是通用的小型三相交流发电机，也是造成发电总效率低的原因之一。从工程性上而言，波浪能装置大多是直接放置在海水中的，海洋环境下巨大的破坏能力会损坏波浪能装置，造成装置失效，且装置容易被海水腐蚀。因此，理想的波浪能发电装置的方案应该包括以下三个方面：① 没有水中活动部件；② 总体结构上应有利于抗风浪；③ 尽量少的现场施工。目前尚难以找出一个各全其美的方案，是波浪能研究中的一个难点。

大规模离岸并网型的波浪发电技术研发在我国刚起步。在东部海域已建成诸多海上固定平台和并网的连接电缆，如能合理设计和布局，波浪发电系统将可能与风电共用固定支架和回岸电缆，并可共用复合储能装置，形成风、浪、储三能互补系统，进一步提高输出电能质量，且大大降低波浪发电系统单位功率成本，从而推进其大规模应用。从宏观环境来看，目前正值全球新能源行业大变革、大发展的时期，波浪发电作为新能源的重要组成部分，必将在其中扮演越来越重要的地位。目前，我国在波浪能发电这一领域上已取得重大突破，2023 年 6 月由我国南方电网广东电网公司建造的大国重器，漂浮式波浪能发电装置"南鲲"号投入试运行。"南鲲"号（见图 4-23）是我国首台兆瓦级漂浮式波浪能发电装置，容量相比过去提升了一个数量级。从外形上看，"南鲲"号采用"三边形"的设计，可以尽可能地"接收"海浪。整套装置包含了半潜平台、液压系统、发电系统、控制系统以及锚泊系统，能够提供持续稳定的电力供给，供应给军事设施和军事装备，为我国守护岛礁安全起到关键作用。

图 4-23　兆瓦级漂浮式波浪能发电装置"南鲲"号

海洋波浪能发电是一种无污染的、清洁的、可再生的新能源，具有得天独厚的优势，但是要进行大规模的开发利用，还存在难点。相信在人类不断探索能源利用的历程中，波浪能发电会普及到人们的生活中，为人类的生存和发展谋福利。

思考题

4.1　世界能源利用的变化情况与发展趋势有什么特征？

4.2　现有几种发电方式？各有什么特点？

4.3　现有哪些新型发电方式？各有什么特点？

4.4　为何要开发新能源，新能源用于发电的意义是什么？有哪些新能源发电技术、应积极发展哪几种？

4.5　试列举未来可能的发电方式。

电力工业的发展与特点

5

本章导读

　　本章分为四个部分，包括电力工业发展概况、我国电力工业的发展、电力工业的特点、电力工业与国民经济发展等内容。

　　电力工业是最能代表最新技术成就，代表 19 世纪末、20 世纪初的资本主义的一个工业部门。

——列宁

5.1　电力工业发展概况

　　100 多年来，电能的开发和利用，引起了人类社会生产、生活翻天覆地的变化。发电厂、输电网、配电网的建立，使得发电机、电动机、电车、电动机车被大量生产并投入使用，独立的电力工业体系逐步形成、壮大，同时，也促进了机器制造业、交通运输业、生产加工业的迅速发展。21 世纪初，美国工程院与美国 30 余家职业工程协会，共同评出了 20 世纪对人类影响最大的工程技术成果。在评出的 20 项工程技术成果中，电力工程列在第一位。其原因是由电力工程所带来的电气化彻底改变了数千年来人类的生产、生活方式。如果没有电力，20 世纪的科学技术成果、经济建设成果是绝对不可能取得的。

5.1.1　发电厂

　　1831 年，法拉第发现电磁感应原理，奠定了发电机的理论基础。科学的发现，引起了技术的发明。1866 年，西门子发明了励磁电机；1870 年，格拉姆发明了实用自激直流发电机；1875 年，巴黎北火车站建成世界第一个小型火电厂，用直流发电供附近照明；1876 年俄国雅布洛奇科夫建立了为照明供电用的小型交流电厂，采用了不闭合铁芯的变压器以改变电压；1882 年乌萨金在全俄展览会上展出了升压变压器和降压变压器；1883 年在英国伦敦博览会上展出了戈拉尔和吉布斯的变压器，容量达 5kVA，仍然用不闭合铁芯；1885 年匈牙利德里研制出闭合磁路的单相干式变压器，采用这种结构使变压器的性能大为改善。

1879 年，旧金山建成世界第一座商用发电厂；同年，先后在法国和美国装设了试验性电弧路灯。1882 年，爱迪生建成世界上第一座较正规的发电厂，装有 6 台直流发电机，共 660kW，通过 110V 电缆供电。

1886 年美国开始建设发出交流电的电厂，功率为 6kW，用单相供电。英国德特福特、福斯班克电厂，俄国诺沃罗西斯克电厂亦先后建成。

1888 年俄国多利沃-多布罗沃利斯基发明了三相制。1891 年由法国劳芬水电站至德国法兰克福的三相高压输电线路建成。它在始端有升压变压器，容量为 20kVA，电压为 90/15200V；终端有降压变电站，输出效率在 80% 以上，有十分明显的技术优越性和经济效益。此后，不过 10 年左右，交流输电技术中便几乎全部采用了三相制。

美国在 1882 年仅有电厂 3 座，此后电厂建设蓬勃发展，到 1902 年便增至 3621 座。欧洲各国在这时期也建起了大批电厂。这标志着人类已迎来了电气化的时代。对分散在许多地点的电力用户提供大量经济、可靠的电能的需求，促进了电力工业的蓬勃发展和进步。

驱动发电机的原动机，早期多采用效率不高的蒸汽机，以后几经改进，效率仍然没有大幅提高。1884 年英国帕森斯首先创造可供实用的汽轮机。1889 年他又成立专门制造汽轮机发电机组的公司。其后法国拉托发明多级冲动式汽轮机，经济技术性能又有改进。以后汽轮机的工作温度、压力不断提高，热效率也相应提高，很快成为热力发电站的主要动力装置。制造大容量的发电机，发电机中需要有有效的散热措施，否则发电机的温度会升高到它的绝缘材料所不能承受的程度。

20 世纪 50 年代以后，电机的冷却技术由表面通风的直冷式发展为内冷与外冷结合的多重间接冷却，并采用低密度、高比热容的氢气作为冷却介质，在相当大的程度上解决了散热的困难。冶金技术的进步又为电机提供了性能不断改进的磁性材料，由热轧硅钢片到冷轧硅钢片、非晶态钢等，新的材料降低了电机的铁芯损耗，提高了效率。使用的绝缘材料由早期的沥青、云母等发展到各种耐热弹性材料，提高了容许的温升，增加了绝缘强度。这些技术进步使得大容量、高效率的电机制造成为可能。

1960 年，美国制成 50 万 kW 汽轮发电机，1963 年制成 100 万 kW 双轴汽轮发电机，1973 年，美国将 BBC 公司制造的 130 万 kW 双轴汽轮发电机投入运行。1971 年，苏联将单轴 80 万 kW 机组投入运行，1980 年，科斯特罗姆火电厂的单轴 120 万 kW 机组投入运行，这是当时世界上唯一的一台单轴最大机组。目前世界上已有单机容量达 135 万 kW 的发电机组，是位于我国安徽省淮北市古饶镇平山村的申能安徽平山电厂二期工程安装的 135 万 kW 的超超临界火力发电机组。

我国还自主研发并建成了三峡水电站、向家坝水电站、溪洛渡水电站和白鹤滩水电站，一次又一次刷新了水电站的建设规模。与此同时，我国的风电和太阳能发电的装机量也是世界第一。

发电厂的建立需要有通、断大电流且耐受高压的断路器设备。20 世纪 20 年代最简单的断路器是金属棒与盛有水银的容器。这种断路器比较笨重，价钱也很贵，使用时要操动几次才能保证接触良好。

随着功率和电流的增大，断路器断开时产生的火花就成为电弧了。电弧的高温可以使触点烧坏、熔化，甚至造成伤人或火灾。因此必须设法使电弧及早熄灭，使电路的分断成功。

1893 年，在美国芝加哥的世界博览会上，多里沃-多布罗夫斯基展出了他设计的断路器，这个断路器还有过载时自动切断保护发电机的作用。当电流超过了预先调定的限度时，电磁铁吸动将锁释放，铜刀就被弹簧的力量拉出，使电路断开，对发电机起保护作用。自然熄弧的空气断路器，当时能承受的电压约为 15kV，电流不超过 300A。1897 年，英国工程师布朗（Charles Eugene Lancelot Brown，1863—1924）取得羊角形触头的断路器专利。羊角形放电间隙原来是用作架空线防雷之用，电弧产生后沿角形导体向上运动，使距离逐渐拉长而熄灭。

1895 年，英国费朗梯（Shebas-tian Zianide Ferranti，1864—1930）取得油断路器专利，安装于迪波福特电站。油断路器是当触头分开时，使一个触头迅速浸入充满油的筒体内，以油隔断电弧通路使之熄灭。随着电力系统的发展，断路器也逐步发展为油断路器、真空断路器和 SF_6 断路器。油断路器的优点是结构简单，价格便宜。但油在灭弧过程中容易被碳化，所以检修周期短，维护工作量大，再加上油既会造成对环境的污染又容易引发火灾，所以在 110kV 及以上的电力系统中已逐渐被 SF_6 断路器取代，在 10kV 电力系统中已逐渐被真空断路器取代。

5.1.2 电力传输

1874 年，俄国的皮罗茨基（1845—1898）进行了直流输电的试验，并申请了专利。1880 年俄国《电》杂志的创刊号发表了拉契诺夫的论文，文中提出：当传输的电能增加或距离加长时必须升高电压。1881 年，这个杂志又发表了 M. 德普列（Mercel Deprez，1843—1918）"长距离电力传输"的论文，也提出了相同的结论。1882 年，他在法国建造了 57km 的输电线路，将密士巴赫水电站的电能输送到巴黎展览会现场。该系统传输功率为 3kW，始端电压为 1413V，终端电压为 850V，所用导线为 4.5mm^2，线路损耗率为 78%。

输电技术的进步主要表现在输电电压等级的不断提高。这要求全面提高电力系统的绝缘强度，研制出工作在高电压下的各种电气设备，主要有变压器、断路器、绝缘子等。1906 年悬链式绝缘子问世，它比针柱式绝缘子可以耐受更高的电压、承受更大的重量。采用分裂导线形式的输电线减少了高压导线上的电晕损耗。高压断路器中灭弧技术的改进，如采用磁吹、油吹、压缩空气气吹等措施，提高了断路器的分断能力。在 1955~1965 年期间研制出 SF_6 气体封闭式组合电器。这些技术上的进步使高电压、超高压远距离大功率的输电线路得以实现、发展和不断完善。美国在 1908 年开始出现 110kV 输电线路，1923 年输电电压提高到 220kV。其后欧洲许多国家也都相继建成

220kV 的线路。20 世纪 30 年代以后输电电压继续提高。1936 年美国有了 287kV 的输电线。瑞典于 1954 年首先建成第一条 380kV 输电线，此后美国、加拿大等欧美国家相继使用 330～345kV 输电系统。1959 年苏联建成 500kV 的输电线。1965 年，苏联建成 ±400kV 直流输电线路。1965 年，加拿大建成 765kV 输电线路。1989 年，苏联建成一条世界上最高电压 1150kV，长 1900km 的交流输电线路。

20 世纪 70 年代，我国在西北建成了 330kV 的线路；80 年代在华中、华北和东北都建成了 500kV 的输电线路。2006 年，我国开始建设由山西经河南到湖北的 1000kV 特高压交流输电线路。

截至 2023 年底，我国已建成特高压直流工程 17 项、特高压交流工程 18 项，形成"17 直 18 交"宏伟格局，充分发挥特高压电网大容量、远距离、网络功能优势，有力支撑我国特高压交直流主网架构建，有效满足我国广大地区的中长期电力增长需求。

我国不仅是特高压输电领域唯一实现大规模投入商业运营的国家，而且建立了全球首个具有完全自主知识产权的特高压技术标准体系，形成了特高压交直流工程从设计到制造、施工、调试、运行、维护的全套技术标准和规范。"特高压交流输电关键技术、成套设计及工程应用""特高压±800 千伏直流输电工程"分别荣获 2012 年度和 2017 年度国家科学技术进步奖特等奖。

特高压不仅在国内蓬勃发展，还走出了国门。2014 年和 2015 年，国家电网公司先后中标巴西美丽山水电特高压直流送出一期和二期工程，实现了特高压输电技术、标准、装备、工程总承包和运行管理全产业链、全价值链输出。

2022 年 1 月，中共中央政治局第三十六次集体学习强调，"要加大力度规划建设以大型风光电基地为基础、以其周边清洁高效先进节能的煤电为支撑、以稳定安全可靠的特高压输变电线路为载体的新能源供给消纳体系"，将特高压提到了一个更高的战略位置。

"十四五"是我国加强西电东送、提高清洁能源消纳比例、巩固能源安全保障的重要发展阶段。为破解能源电力发展的深层次矛盾，实现能源从就地平衡到大范围配置的根本性转变，加快特高压工程建设成为实现"双碳"目标的必然选择。同时，为了适应并支撑能源转型发展、新型电力系统建设，特高压工程也必将朝着"安全可靠性更高、方法手段更新、质量效率更优、建设能力更强"的升级版目标迈进。

5.1.3 电力网

电力网是由变电站和不同的电压等级的输配电线路组成的电力网络，是电力系统中的关键组成部分，在电力系统中起着输电、控制和分配电能的作用。一般电力网可划分为输电网和配电网，按电压等级划分，可分为低压电网（1kV 以下）、中压电网（1～20kV）、高压电网（35～220kV）、超高压电网（330kV 及以上），以及特高压（交流1000kV 及以上、直流±800kV 及以上）电网。按电网结构划分，大致可分放射式、干线式、链式以及环式和两端供电网络。

随着电能的应用日益广泛，电力的需求也不断增长，越来越多的电厂通过输电线互相连接形成了功率强大、遍及各区域的电力网。大大提高了供电的可靠性并使电力系统以最经济的方式运行。这样的电力网已成为现代社会生产、人民生活中的主要动力来源。保持这种系统的正常运行，对其进行管理、调度、监控，就形成了包括许多技术部门的庞大的产业体系。

随着电子技术、电子计算机技术和自动化技术的发展，电力工业自动化迅速向前发展，以大机组、大电厂、高电压、大电网、高度自动化为特点的现代化电力工业在许多国家已经形成或正在形成。

5.2 我国电力工业的发展

从 19 世纪 70 年代我国民族工业诞生到 1949 年中华人民共和国成立，历经近 80 年风雨，我国工业化仍然没有占据经济的主导地位，还是一个以自给自足的小农经济为主体的农业国。而正是在这 80 年时间里，欧洲许多国家由传统的手工业国发展成为现代化工业强国；而美国更是由一个农业国迅速发展成为世界头号经济强国，它们都是得益于电力工业的高速发展。在这一期间，我国的电力工业发展却十分缓慢。

5.2.1 我国电力工业发展史

1879 年 5 月上海公共租界装设的 7.5kW 直流发电机是我国使用电照明的开始。

1882 年 7 月，英国人利特尔（Little）在上海成立上海电气公司，是我国的第一家公用电业公司（后改为上海电力公司），在我国建立了第一个功率为 12kW 的商用发电厂，供招商码头电弧灯照明，由美国人经营。

1888 年，两广总督张之洞批准华侨黄秉常在广州总督衙门近旁建成 15kW 电厂，供给总督衙门及一些居民照明用电。

1911 年，民族资本经营电力共 12 275kW。

自 1949 年新中国成立以来，我国电力工业经历了从初步恢复到快速发展，再到现代化、智能化转型的历程。在新中国成立初期，全国发电装机容量仅为 185 万 kW，电力基础设施主要集中在沿海和沿江地区。面对薄弱的基础，政府采取了一系列措施恢复和重建电力设施。到了 1957 年，发电装机容量增长到约 600 万 kW，为国家的初步工业化提供了基础支撑。

然而，随着 1958 年 "大跃进" 运动的推进，我国电力工业也经历了一段快速但不可持续的增长期。这一时期，尽管发电装机容量在 1958 年达到了约 1000 万 kW，但增长背后隐藏着技术和管理上的诸多问题。"文化大革命" 期间，电力工业发展受到了严重影响，许多项目被迫中断或延误，但即便在这样的背景下，一些重要的电力项目，如葛洲坝水利枢纽工程，仍在艰难条件下继续推进。

1978 年改革开放政策的实施，为我国电力工业注入了新的活力。电力工业开始引进外资和技术，建设了更多现代化电厂和电网设施，电力供应逐步改善，电力工业开始向市场经济过渡。到了 1992 年，全国发电装机容量达到了约 1 亿 kW，这一时期的发展为后续的快速扩张奠定了坚实基础。

进入 21 世纪，随着我国经济的快速增长，电力需求急剧增加，电力工业进入了快速发展阶段。2001 年，全国发电装机容量约为 3 亿 kW，而到了 2010 年，这一数字增长到了约 9.7 亿 kW。这一时期，我国大力投资火电和水电，同时积极发展风电和太阳能发电，电网建设也进一步完善，电力系统自动化和信息化水平显著提高。

"十三五"期间，我国电力工业进一步向绿色低碳转型，大力发展新能源，优化调整开发布局，推动智能电网建设。2016 年，我国超越美国成为世界上最大的太阳能发电国。到 2020 年，全国风电和太阳能发电装机容量分别达到了约 2.8 亿 kW 和 2.5 亿 kW，标志着我国在可再生能源领域的领先地位。

进入新时代，我国电力工业继续推进高质量发展，注重绿色、低碳、智能化。2021 年，我国宣布了"碳达峰"和"碳中和"目标，电力工业在这一背景下加快了清洁能源的发展。2022 年，我国的可再生能源发电装机容量首次超过了煤电装机容量，这一转变不仅是电力工业结构调整的重要里程碑，也是我国能源转型和应对气候变化承诺的具体体现。到了 2023 年，我国电力工业继续沿着高质量发展的道路前进，不断优化能源结构，提高能源利用效率，推动电力系统的绿色转型。在这一过程中，我国不仅在国内市场取得了显著成就，也在国际舞台上展现了其电力技术和装备的实力，积极参与全球能源治理，推动构建清洁、低碳、安全、高效的全球能源体系。通过不断的技术创新和国际合作，我国电力工业正朝着实现碳中和目标稳步前进，为全球应对气候变化和可持续发展作出贡献。

5.2.2 国内外电力工业比较

（1）装机容量与增长态势。截至 2023 年底，我国电力装机容量已达到 292 224 万 kW，这一数据显著体现了我国在电力装机领域的迅猛增长，其中风电和太阳能发电的增长尤为突出。与此同时，美国作为成熟的电力市场，其储能系统和可再生能源装机容量持续上升。尽管 2022 年欧洲整体装机容量有所下降，但可再生能源装机，特别是风能和太阳能的装机量却呈现出显著增长。

（2）能源构成与转型进程。我国非化石能源装机容量占比已超过 50%，这一比例标志着我国能源结构正在向绿色转型迈进。德国正着手逐步淘汰核能和煤电，将发展重点转向风能和太阳能。法国虽然以核能为主，但也正积极推进可再生能源的发展。

（3）电力消费与效率提升。我国全社会用电量保持持续增长，尤其是高技术和装备制造业用电量增长迅速。印度电力需求增速较快，但面临提高供电稳定性和效率的双重挑战。日本则注重提升能源使用效率，并广泛应用智能电网技术。

（4）碳排放与环境影响。我国电力行业的碳排放增速有所放缓，这得益于清洁能源的大力推进。尽管欧洲在 2022 年碳排放量有所上升，但其长期目标仍是减少化石能源的使用，降低碳排放。美国各州政策各异，但整体趋势是提高可再生能源比例，减少碳排放。

（5）市场机制与政策扶持。我国电力市场改革步伐加快，旨在推动绿色低碳投资。美国电力市场高度市场化，各州政策对市场结构和价格产生影响。欧洲致力于推进电力市场一体化，实施碳定价和绿色协议。

（6）技术创新与研发投入。我国在智能电网、储能技术等领域投入巨大，以推动相关技术的进步。韩国政府支持电池技术和智能电网的研发。德国在能效技术和可再生能源集成方面处于行业领先地位。

（7）国际合作与影响力扩展。我国通过"一带一路"倡议，促进了与沿线国家的电力合作。法国在非洲等地区推广其核能和可再生能源技术。日本则通过技术和资金支持，参与到亚洲和非洲的电力基础设施建设中。

（8）电力安全与应急响应能力。我国加强电网基础设施建设，提升了电力系统的抗灾能力和应急响应水平。美国在经历极端天气事件后，更加重视电网的韧性和备用电源系统的建设。欧洲则通过提高电网互联互通，增强了跨国电力支援的能力。

5.2.3　我国电力工业发展方针

一、绿色低碳与清洁能源优先发展

推动非化石能源的大规模开发和利用，特别是水电、风电、太阳能发电等清洁能源，以减少对化石能源的依赖，降低温室气体排放。加强生态环境保护，实现能源消费的清洁化，提高电能在终端能源消费中的比重，构建清洁、低碳、安全的能源供应体系。

二、电源与电网结构的优化升级

统筹规划电源点和电网布局，强化跨区域电网互联，提升电网的输送能力和调节灵活性，确保能源供应的稳定性和安全性。加强配电网建设，提高城乡供电服务质量，实现供电可靠性和电压合格率的显著提升。

三、科技创新与智能化发展

鼓励电力行业的技术革新，特别是在智能电网、高效发电技术、储能技术等领域，提高电力系统的整体效率和适应性。推动"互联网+"智慧能源发展，实现能源生产和消费的综合调配，提升电网的智能化水平，满足多元用户供需互动需求。

四、电力市场体系的深化改革

深化电力体制改革，建立公平竞争的市场环境，推进电力市场化交易，形成合理的电价机制。建立和完善电力市场规则，培育合格的市场主体，丰富交易品种，提高市场效率和透明度。

五、国际合作与全方位开放发展

积极响应"一带一路"倡议，拓展国际合作，推动我国电力技术和装备走出去，参与全球能源互联网建设。加强与国际市场的合作，推动电力产业的国际化发展，提升我国在全球能源治理中的影响力。

电力中长期绿色低碳发展助力践行"双碳"目标。从需求总量上看，我国经济发展长期向好，电力需求将持续保持刚性增长。预计2030年全国全社会用电量达到13万

亿 kWh 以上，绿氢、抽水蓄能和新型储能的用电需求将显著提高。从供应结构上看，推动能源供给体系清洁化低碳化，持续加大非化石电力供给，推进大型风光电基地及其配套调节性电源规划建设，统筹优化抽水蓄能建设布局。预计 2030 年，全国非化石能源发电装机占比接近 70%，带动非化石能源消费比重达到 25% 以上。从消费结构上看，深入实施可再生能源消费替代，全面推进终端能源消费电气化进程。预计 2030 年，全国电能占终端能源消费比重有望达到 35%。

持续推进电力技术创新、市场机制创新、商业模式创新。加快形成先进前沿技术创新牵引带动效应，加强基础前沿研究和源端技术研发，在高效新能源发电及主动支撑、新型储能、绿色氢能、碳捕集利用与存储（Carbon Capture, Utilization and Storage, CCUS）等重大关键技术和高端电力基础材料、电力气象、数字化智能化等重要支撑技术领域打造先发优势；建立"电-碳-证"多市场协同机制，加强可再生能源超额消纳量、绿证、碳排放权、中国核证自愿减排量（China Certified Emission Reduction, CCER）衔接，健全不同环境权益产品间的流通规则、核算方式和价格传导机制；因地制宜推动多元商业模式更新迭代，聚焦煤新联营、新能源配储、虚拟电厂、综合能源服务领热点领域，培育电力新兴业态商业模式，支撑新型电力系统建设路径优化。

5.3 电力工业的特点

电能是一种便于生产、传输、利用的二次能源，已被人类社会广泛使用。但是，电能也是一种特殊的产品，社会对电力生产、供给提出了更高的要求。

5.3.1 社会对电力生产与供给的要求

（1）供电品质保障：依据《中华人民共和国电力法》及《电力供应与使用管理条例》，供电企业应确保向用户提供的电力品质，符合国家或电力行业的相关标准。对于提出特殊供电需求的用户，供电企业应基于其需求的合理性和电网的实际条件，提供适宜的电力服务。

（2）供电方式确定原则：在确立供电方式的过程中，应严格遵循安全性、可靠性、经济性、合理性及管理便捷性原则，综合考量国家相关规定、电网规划、用电需求以及地方供电条件等多方面因素。

（3）综合效益考量：电力产供活动应兼顾社会、经济与环境三方面的综合效益，确保电力作为支撑国民经济发展和民众日常生活的重要物质基础。

（4）系统灵活性与需求侧响应：面对新能源比例的提高，电力系统运行亟须增强系统灵活性资源，以平衡供需关系并促进可再生能源的大规模融合。同时，强化需求侧响应策略，也是提升系统灵活性的关键途径。

（5）标准化与市场机制构建：建立健全的标准化体系，是推进全国统一电力市场建设的前提。未来应加速电力市场标准化进程，完善标准体系架构，统一术语定义、数据口径及技术规范。

（6）新能源与储能技术应用：新型电力系统需大规模部署储能设施，并加强新能源开发利用体系的构建，以适应新型电力系统的标准规范、核心技术及关键装备需求。

（7）智能电网与高效传输技术：推动智能电网和高效电力传输技术的发展，提升能源利用效率，支持科技创新，促进清洁能源的广泛应用。

（8）用电需求分析与预测：伴随经济发展及其他行业的电气化进程，我国电力需求将持续上升。因此，应对居民和工业用电需求的变化及其对电力市场的潜在影响给予高度关注。

综上所述，社会对电力供给的要求涵盖了供电品质与安全性的基本保障，同时延伸至经济性、环境效益，以及电力系统的灵活性和智能化程度。这些需求共同铸就了一个全面而复杂的电力供给体系，旨在满足现代社会日益增长的电力需求。

5.3.2　电力工业的三个特点

对于任何一个具备工业体系的国家而言，电力工业一定是它的基础产业、支柱性产业。

自它诞生以来，电力工业就具有三个基本特点：一是社会公用事业；二是技术密集产业；三是资金密集产业。

一、社会公用事业

作为社会公用事业，电力工业的任务是为包括工业、农业、商业、国防、交通等在内的各行各业提供优质、安全、可靠电能的产业，它直接涉及国计民生各个领域，是一个垄断性行业。一般来说，在一些国家都有明确的法令作出规定，电力企业不允许谋取超额利润，也不允许破产。它必须实行"以电养电"的方针，即通过售电收入的电费来发展自己，即所谓自我完善、自我发展。它们也通过发行股票、发行债券、贷款等多种方式筹集资金来建造电站、购置设备以达到提高生产能力。收取电费的价格一般是采取成本电价制，即按发、供电的实际成本加一定的资金利润率来确定电价，而不是像一般商品那样，价格受市场供求规律来决定的。电价必须经当地政府有关部门组织的专门会议、用户代表听证会通过，并报国家主管部门批准才能变动。

二、技术密集产业

由于电力工业的产品是无形的，因此对生产的控制和调节必须依赖仪表和自动控制装置。即使是早期的电力工业，为防止电气设备的过电流，也都采用自动调整和保护装置。而现代电力系统规模庞大，技术复杂，更不是仅仅加强人的劳动强度就所能控制，必须实行高度自动化。100多年来电力工业的发展可以说是一系列发明创造来作技术支撑的。为了确保电力系统优质、安全、经济、可靠地向用户供电，电力生产过程有严格的统一调度制度。系统内各个电厂、变电站和供电所都必须接受统一调度，执行调度员的调度指令。在正常运行条件下，随时保持电力供需平衡；在发生故障时，按调度员指令，迅速处理事故，确保事故的影响限制在最小范围，以减少事故的损失。这些调度信息的传送，是由先进的通信系统来实现的；调度指令的执行，是由先进的自动化系统来实现的。

为提高供电可靠性，配置整套与一次系统相适应的安全稳定抑制系统、以电子计算机为核心的高度自动化监控系统、气象（包括雷电）监测系统和为上述各系统和电网运行管理服务的通信系统。在一个电力系统内，电力负荷随时在变化，其变化的趋势虽然有一定规律，但很难准确预测。为了满足用户的电能需求，电力系统内必须留有一定的备用容量。在一个电力系统内，发电、供电和用电设备在电磁上相互连接，相互耦合。因此，任何一点发生故障或任何一个设备出现问题，都会在瞬间影响和波及全系统。如果处理不及时和控制措施不恰当，往往会引起连锁反应，导致事故扩大，在严重情况下会使系统发生大面积停电事故。因此，保证电力系统的安全，稳定运行显得特别重要。在电力系统的发电厂、变电站，都设置有各种检测设备，自动检测系统的运行数据是否正常，一旦超越限值会自动报警或通过保护装置把故障点与系统断开。另外，所有发电、供电、用电设备在制造时，均有规定的额定容量和短时过负荷的能力，使用时必须按照厂家规定的容量使用，这样才能保证设备和系统的安全。

三、资金密集产业

在许多国家，电力工业都是资本最大的行业。电力行业的固定资产占总资产的比例比其他行业（如化工、制造、冶金等）高很多。因此，日本称电力行业为"装置性产业"。这表明发展电力产业需要大量资金购置设备，初期投资很大，但在设备投产之后，产品的市场是固定的，销售比较稳定，投资回收也比较稳定；另外说明设备性能是否良好对电力产业经营有决定性的作用。一台性能优良的 30 万 kW 的发电机组，燃料消耗减少，更主要的是如果设备性能良好，可以延长检修周期、缩短检修时间、保证安全供电，少停修一天，可多发 400 万~600 万 kWh 电量，即使以每千瓦时电价 0.2 元人民币计算，也可增收 80 万~120 万元人民币。一般 1 元电费可使社会上生产 30 元的产值，所以这些电量可以提供社会生产 2400 万~3600 万元的产值所需。反之，如果设备制造质量低劣，经常停机检修，不仅丧失应获得的生产效益，而且要配备大量的检修人员，同时在电力生产上造成极大的被动。对于整个电力系统来说，也是如此。各国的经验证明，一个电力系统如果系统坚强、结构合理，则很少发生稳定破坏、电压崩溃、电网瓦解等大面积停电事故；反之，如果系统薄弱、结构紊乱，即使采取其他很多具体的技术措施，也不能免于发生这些重大的大面积停电事故。

5.3.3　电力生产的特征

电力工业与其他生产行业一样，其产品有生产、运输、销售和使用的过程，但是它们又有显著的不同。一般生产行业的产品是看得见的产品，由于它可以储存，其生产、运输、销售、使用都是可以单独完成的；而电力行业的产品是看不见的产品，电力作为广泛利用的二次能源，电能与其他能源也不一样，一般不能大规模储存，电力生产和使用过程是连续的，即发电、输电、变电、配电和用电是在同一瞬间完成的。因此，发电、供电、用电之间必须随时保持平衡。电力生产、传输、利用示意图如图 5-1 所示。

图 5-1　电力生产、传输、利用示意图

从 1882 年世界上出现第一个实用的发电、供电、用电系统算起，电力系统发展到今天已有 140 多年历史了。电力生产虽已经历一个多世纪，但整个电力工业生产的过程至今仍用五个字来表达，即发、输、变、配、用。不仅如此，整个电力生产过程的三个特殊性也没有变，一是发电、用电同时完成，这称为平衡性；二是开关一合，电能就以 30 万 km/s 的速度送到用户，这称为瞬时性；三是电力系统所特有的功率特殊性——无功功率。为了保证电网电压维持在一定的水平和电网运行稳定，必须保持电网的无功功率的平衡。正是因为电力生产的这三个特殊性，才在电气工程这个领域中产生了许多非常复杂的技术问题。另外，现代电力系统还有以下六个特征：

（1）大电网。现代电网具有一个稳固的 500kV 及以上电压等级系统构成的主网架，而且这个系统的容量越来越大，电网覆盖的区域也越来越大（跨省、跨区、跨国，甚至跨州），接入电网的发电厂的容量又越来越大（大到几百万甚至上千万千瓦）。在这个电网内，大容量的水、火电机组和核电机组占很大比重。

（2）强联系。各个电网之间有较强的联系，而且这种联系越来越紧密。大电网之间究竟采用强联系还是弱联系，目前还有不同看法。从一个系统出事故对另一系统的影响来说，弱联系有一定优越性；但从充分发挥大电网的优越性，充分合理利用能源，提高电网运行的经济性，实现事故状态下互相支援的要求来看，强联系就具有更大的优越性。所以，加强大电网之间的联系仍是大电网发展的趋势，也成为现代电网的一个重要特征。

（3）多环网。以多重环形网络向城市供电，提高对大城市供电的可靠性，使超高压电网进入城区。例如，我国 1988 年完成升级改造的黄渡变电站，成为上海首座 500kV 变电站，与随后建成的四座 500kV 变电站和上百公里的输电线路组成了国内第一个 500kV 城市超高压双回路闭合环网。

（4）少变压。为了便于设备生产管理和提高电网的经济性，减少变压的次数，各国正在进行电压等级整顿，简化统一。随着城市用电的增长，城市中高层建筑的增多，负荷密度增高，城市供电电压也有增高的趋势。我国目前城市供电电压确定为 10kV 可能太低。

（5）重安全。为确保电网的安全稳定经济运行，为提高供电可靠性，配置整套与一次系统相适应的安全稳定控制系统、以电子计算机为核心的高度自动化监控系统、气象（包括雷电）监测系统和为上述各系统和电网运行管理服务的通信系统。可以说，电力系统的安全稳定控制系统、高度自动化系统和电力专用通信系统已成为现代电网得以存在的三大支柱。

（6）高素质。现代化电网具有一支雄厚的既有理论又有丰富实际经验，素质较高的科研队伍。他们善于应用电子计算机和系统工程的理论来研究、分析、管理、指挥复杂的电力系统。

5.4　电力工业与国民经济发展

5.4.1　电力工业在国民经济中的地位

电力工业是国民经济的重要基础产业，是国家经济发展战略中的重点和先行产业。在新中国成立之初就确立了电力工业先行的地位。从各时期电力生产与经济增长的比较来看，在经济持续增长的年份，电力生产的增长大多超过了 GDP 的增长。在 1995～1999 年期间，由于国民经济结构的调整，电力生产的增长速度一度下滑，并且低于 GDP 的增长。但在国家积极的财政政策作用下，自 2000 年始，电力生产的增长速度又大幅回升。图 5-2 所示为 2010～2023 年我国 GDP 增速与全社会用电量增速的对比。电力工业作为国民经济的重要先行产业的作用十分明显。

图 5-2　2010～2023 年我国 GDP 增速与全社会用电量增速的对比

从电力能源消费在一次能源中的比重和在终端能源消费的比重来看，发电能源占一次能源消费的比例已由 1980 年的 20.60% 上升到 2023 年的 52.5%。电能在终端能源消费中的比例由 1980 年的 4.81% 上升到 2023 年的 28%，电力行业已成为能源工业中的支柱产业。近二十年来，我国经济发展增速放缓，电力消费增长也出现一定的波动，总体呈现与 GDP 正相关性。电力工业是国民经济重要的基础产业的作用，且呈现逐渐增强的态势。

5.4.2　技术装备水平不断提高

自 1978 年改革开放以来，经过多年的大规模建设，我国电力工业的技术装备水平有了很大的提高，大容量、高参数、高效率的大机组成倍增长，电网的覆盖面和现代化程度不断提高，有力地提升了我国工业整体的电气化水平。

实行改革开放后的 1981~1985 年期间，5 年净增发电装机容量 50 836.8MW，以单机容量 200、300、600MW 为主力机组的时期已到来。到 1996 年，百万千瓦以上容量的电厂已有 19 座，还建设了大亚湾和秦山两座核电站。华东、东北、华中、华北电网装机容量已超过 20 000MW，其中华东、南方互联电网装机已接近 40 000MW。西北、西南、华南、山东电网已都超过了 10 000MW。四大电网 500kV 超高压线路网架已经形成，西北电网 330kV 线路网架已稳步扩大和完善，葛洲坝至上海±500kV 直流输电于 1989 年投入运行，这标志着全国联合电网的建设迈出了第一步。为了提高运行水平，电力调度部门普遍采用了计算机技术等现代化监控手段。电力生产的安全、经济运行水平有了很大提高。

近几年来电网发展很快，电厂、电网协调发展。2023 年底全国 330kV 及以上跨区、跨省交流输电线路约 194 条，线路长度约 34843km；直流输电线路（含背靠背）约 43 条，线路长度约 55900km，成为各大区及省电网的骨干。西电东送规模成倍增加，截至 2023 年底，全国西电东送工程输电能力约 3.2 亿 kW。跨区送电量增大，充分发挥了各电网间调剂余缺的作用。城乡电网建设持续进行，满足了各地用电快速增长的需要，供电质量提高。加强了用电管理，减少了电网高峰负荷，缓解了缺电矛盾，技术水平有很大提高。三峡水电站、白鹤滩水电站等巨型水电工程的建成投产，超超临界火电机组及 1000kV 特高压输变电工程建设投运，全国形成交直流混联电网，标志着我国电力技术水平上了一个新的台阶，多项技术达到世界先进水平。电网、电厂经营管理水平也有很大提高，电网安全稳定事故大幅下降，电网供电可靠性大幅提高，平均供电可靠性超过 99.976%。

5.4.3　电源结构和资源分布不平衡

我国电力以火电为主，水电、核电和其他新能源发电所占比重较少，电力结构发展不平衡。最近的二十年是我国电力发展的快速期，如图 5-3 所示，2023 年，全国发电量 94 564 亿 kWh，同比增长 6.9%。其中，受年初主要水库蓄水不足及降水偏少的影响，水电 12 859 亿 kWh，同比下降 4.9%，占总发电量的 13.6%；火电 62 657 亿 kWh，

同比增长 6.4%，占总发电量的 66.2%；核电
4347 亿 kWh，同比增长 4.1%，占总发电量的
4.6%；风电 8859 亿 kWh，同比增长 16.2%，
占总发电量的 9.4%；太阳能发电 5842 亿 kWh，
同比增长 36.7%，占总发电量的 6.2%。在新
能源发电装机快速带动下，风电和太阳能发电
量快速增长，合计发电量同比增加 2801 亿
kWh，占全年总发电量增量的 46.1%。

从我国资源的分布情况看，我国的煤炭资
源主要分布在北部和西北部，其中华北和西北
两地区占总量的 80%。水能资源主要集中在
西部和西南部，这两个地区的可开发量占总量
的 82.09%，而开发率不到 10%。在总量基本

图 5-3　2023 年我国各类型发电量占比

平衡的同时，各地区的电力供需情况存在明显差异。2004 年，华东、广东、福建、重
庆的电力供应比较严峻，广东、华东电网的缺电情况最为严重，四川、华中、华北和南
方电网供应紧张；东北电网和西北电网供求平缓，而发达的南方和华东沿海地区的电力
供应紧张，直接影响了国民经济的快速发展。

根据我国电源结构和资源分布特点，我国电力行业的发展方针是坚持节约、清洁、
安全的能源发展方针，推动能源消费、供给、技术和体制的革命，加强国际合作，优化
电源结构，提升电网智能化水平，深化电力体制改革，保障电力供应的安全性和可靠
性，促进电力行业的可持续发展。

5.4.4　我国电力体制改革

电力工业是国民经济的基础产业，在国民经济以及人民的生活中具有无可替代的重
要地位。由于电力工业在国民经济中的特殊作用，在世界上许多国家，电力行业都是由
国家控制的垄断性行业。然而随着电力生产技术的进步，人们正努力打破这一传统观
念，以求引入竞争、降低电价、提高服务质量。20 世纪 80 年代末期，世界上不少国家
根据各自国家的具体情况试着对电力体制进行改革，从目前这些国家改革的现状来看，
有经验也有教训。由于电力体制改革涉及国计民生，不容有大的闪失，否则后果不堪设
想，我国的电力体制改革过程也经历了逐步过渡的阶段。

新中国成立之后，电力工业和其他许多国民经济基础产业一样实行"政、企合一"
的经营管理模式。由国家电力部（或能源部）主管全国电力的生产、管理、销售，电力建
设统一由国家投资，独家垄断经营，这是典型的计划经济管理体制。由于垄断所形成的许
多弊端促使了我国的电力体制改革，改革过程到现在为止大体上经历了四个阶段。

电力体制改革初期阶段是 1985～1997 年。改革开放后的 20 世纪 80 年代中期经济发
展加快，我国的缺电矛盾十分突出，已经严重地制约了国民经济的发展和人民生活水平
的提高，为了迅速解决这种矛盾，于是有人主张开放部分发电市场，以鼓励社会投资，

希望借此解决国家对电力投资不足的矛盾并打破电力行业由国家一统天下的局面。这一建议得到了国家的认可，于是我国开始大规模地开展集资办电。到 1999 年全国已有大中型中外合资电厂 39 座，总容量达到 2700 万 kW。电力工业初步形成以国有经济为主、多种所有制经济并存的局面。到 20 世纪 90 年代中后期，经历了 10 余年发展的我国电力工业行业终于突破了电力短缺的瓶颈，缺电的矛盾得到明显缓解，电价也出现了松动。这是我国电力体制改革迈出的第一步，其意义在于初步突破了存在 30 多年的政、企合一和垂直一体化垄断两大问题；电力工业由计划经济开始向市场经济转轨。

电力体制改革第二阶段是 1997～2000 年。由于政企合一问题没有得到完全解决，民办电厂、地方电厂在市场竞争中处于不利地位，矛盾十分突出。1997 年 1 月，国家电力公司成立。国家电力公司的成立是基于原电力部提出的"公司化改组、商业化运营、法制化管理"的改革方向，其使命从一开始就是明确的。除了自身要逐步完成公司化改制，真正实现政企分开外，作为行业内最大的占据绝对主体地位的公司，当时承担了协助有关部门推进电力工业改革的重任。电力部撤销后，将政府的行业管理职能移交到经济综合部门。国家电力公司则颁布了"国家电力公司系统公司制改组实施方案"，确定了"政企分开、省为实体"和"厂网分开、竞价上网"的主要改革思路。这一改革的意义是政、企关系逐步确立，电力行业的生产、销售逐步向市场经济过渡。

电力体制改革第三阶段是 2002 年开始的。我国电力市场的主要问题集中在两个方面：一是多家办电与一家管网同时又管电的矛盾；二是开放竞争与封闭市场的矛盾。为了破除垂直一体化的垄断，通过结构性重组引入市场竞争机制，建立竞争性市场条件下的电力监管制度。2002 年 12 月，将原国家电力公司重组后分为 11 家公司，包括两家电网公司（国家电网公司、南方电网公司）、五家发电集团公司（中国华能集团公司、中国大唐集团公司、中国华电集团公司、中国国电集团公司、中国电力投资集团公司）、四家辅业集团公司（中国电力工程顾问集团公司、中国水电工程顾问集团公司、中国水利水电建设集团公司、中国葛洲坝集团公司）。南方电网公司由广西、贵州、云南、海南和广东五省电网组合而成。国家电网公司下设华北（含山东）、东北（含内蒙古东部）、华东（含福建）、华中（含四川、重庆）和西北 5 个区域电网公司。

随后，国家电力监管委员会及其下设分支机构也相继成立。

我国电力体制的第三阶段，实现了厂网分开，引入了竞争机制。这是我国电力体制改革的重要成果，它标志着电力工业在建立社会主义市场经济体制，加快社会主义现代化建设的宏伟事业中，进入了一个新的发展时期。电力体制改革涉及方方面面，是一项复杂艰巨的工作。国家对电力体制改革是按照总体设计、分步实施、积极稳妥、配套推进的要求进行的，要求各个部门进一步统一思想，分阶段地完成改革任务。在新公司组建后，要按照建立现代企业制度要求，抓紧公司化改制工作，建立科学的法人治理结构，优化组织机构，精简管理层次，健全各项管理制度，做到产权明晰、权责明确、政企分开、管理科学，认真做好新旧体制的衔接工作，加强班子建设，理顺工作关系，保证人员到位、责任到位，实现企业生产经营活动的平稳过渡。

2021 年，开启了我国电力体制的第四阶段改革，国家发展改革委发布《关于进一步深化燃煤发电上网电价市场化改革的通知》（以下简称"1439 号文"），推动燃煤发电量全部进入电力市场，扩大市场交易电价上下浮动范围至 20%；全面取消目录电价，推动工商业用户全部进入电力市场。2022 年 1 月，国家发展改革委印发《关于加快建设全国统一电力市场体系的指导意见》（以下简称"118 号文"），明确全国统一电力市场体系到 2025 年初步建成，到 2030 年基本建成。

经历几十余年积累，从决策层下决心改革开始，到各省电力交易中心成立及各种类型的售电公司成立，再到各省输配电价核定结束，我国已形成"管住中间，放开两头"的电力市场化体制架构。

思考题

5.1 简述我国电力工业的发展与现状，和世界发达国家相比有哪些差距。

5.2 试说明电力工业在是国民经济中的地位。

5.3 电力工业有哪些特点？

5.4 电力生产有哪些特征？

5.5 我国电力体制改革大致经历了哪几个阶段？有何意义？

6

电 力 系 统

本章导读

本章分为四部分，分别介绍了电力系统及其组成、发电输电配电用电的基本设备、智能电网，以及新型电力系统等内容。

在上世纪震撼世界的蒸汽统治时代已经结束了，代之而起的不可估量的巨大革命力量是电气火花。

——马克思

6.1 电力系统及其组成

6.1.1 电力系统构成

电力系统是由发电厂（见图6-1）、变电站（见图6-2）、输电网（见图6-3）、配电网和电力用户等环节组成的电能生产、传输与利用系统。它的功能是将自然界的一次能源通过发电装置转化成电能，经输电系统、变电系统将电能输送到负荷中心，再由配

图6-1 发电厂

图6-2 变电站

电变电站向用户供电，也有一部分电力不经配电变电站，直接分配到大用户，由大用户的配电装置为用户进行供电。输电系统、变电系统和配电系统称为电力网（简称电网），是电力系统的重要组成部分。在电力系统中，电网按电压等级的高低分层，按负荷密度的地域分区。不同容量的发电厂和用户应分别接入不同电压等级的电网。大容量主力电厂应接入主网，较大容量的电厂应接入

图 6-3　输电网

较高压的电网，容量较小的可接入较低电压的电网。由于发电厂与负荷中心一般相隔很远，而电能又无法大量储存，电能的生产与利用必须时刻保持平衡。因此，电能的集中生产与分散使用，以及电能的连续供应与负荷的随机变化，就对电力系统的结构和运行方式提出了更高要求。正因为如此，电力系统要实现其功能，就需在各个环节和不同管理层次设置相应的信息与控制系统，以便对电能的生产和传输过程进行测量、调节、控制、保护、通信和调度，以确保用户获得优质、可靠、安全经济的电能。

电力系统的出现，使高效、清洁、使用方便、易于调控的电能得到广泛应用，推动了社会生产各个领域的变化，开创了电气时代，促成了人类社会第二次技术革命。电力系统的规模和技术水平已成为衡量一个国家经济发展水平的重要标志之一。

在电能利用的初期，由小容量发电机单独为灯塔、车站、码头、轮船、车间等照明供电系统，这是简单的分散式发电、供电系统。白炽灯问世后，才出现了中心电站式供电系统，如 1882 年爱迪生在纽约建造的珍珠街电站。它装有 6 台直流发电机，总容量约 660kW，用 110V 电压供 6200 盏电灯照明。19 世纪 90 年代，三相交流发电、输电系统研制完成并在工程中试验成功，便很快取代了直流发电、输电系统，成为电力系统发展的里程碑。

进入 20 世纪以后，人们普遍认识到扩大电力系统的规模可以在能源开发、工业布局、负荷调整、系统安全与经济运行等方面带来显著的社会效益和经济效益。于是电力系统的规模迅速扩大。世界上覆盖面积最大的电力系统是苏联的统一电力系统，它东西横越 7000km，南北纵贯 3000km，覆盖了约 1000 万 km^2 的土地。

我国的电力系统从新中国成立后的 20 世纪 50 年代开始发展，特别是在 1978 年实行改革开放政策以后，电力系统的发展更为迅速。在全球范围内，我国在电力装机总量和发电量上均处于领先地位，并且在推动绿色低碳转型方面取得了显著进展。

一、变电站

变电站是电力网的重要组成部分，它的任务是汇集电源、变换电压、分配电能。它通过变压器将各级电压的电网联系起来。变电站若按其变换电压的功能划分，可分为升压变电站、降压变电站；若按其容量和重要性划分，可分为枢纽变电站、中间变电站和终端变电站。枢纽变电站一般容量比较大，电压等级比较高，处于电能系统各部分的中

枢地位；中间变电站处于发电厂与负荷中心之间，从这里可以转送或分配一部分电能；终端变电站一般是降压变电站，它只负责向某一局部地区用户输送电能，有时也称为配电站。

变电站起变换电压作用的设备是变压器；除此之外，变电站的设备还有开闭电路的开关设备，汇集电流的母线，计量和控制用互感器、仪表，继电保护装置和防雷保护装置，调度通信装置等；有的变电站还有无功补偿设备。变电站的主要设备和连接方式，按其功能不同而有差异。

变压器是变电站的主要设备（见图6-4）。按其结构可分为双绕组变压器、三绕组变压器和自耦变压器。自耦变压器每一相的高、低压共用一个绕组，从高压绕组中间抽出一个端钮作为低压绕组的出线。变压器绕组电压高低与其匝数成正比，而绕组电流大小则与其匝数成反比。变压器按其作用可分为升压变压器和降压变压器。前者用于电力系统送端变电站，后者用于受端变电站。变压器的电压需与电力系统的电压相适应。为了在负荷变化时保持恒定的电压，就需要切换变压器的分接头来维持电压不变。按分接头切换方式，变压器分为有载调压变压器和无载调压变压器。有载调压变压器主要用于受端变电站。

图6-4　变电站主变压器

电压互感器和电流互感器是变电站用来测量高电压和大电流的辅助设备（见图6-5、图6-6），它们的工作原理和变压器相似。它们把高电压设备和母线的运行电压、电流按规定比例变成测量仪表、继电保护及控制设备所需要的低电压和小电流。

变电站的开关设备包括断路器、隔离开关、负荷开关、高压熔断器等，其功能是断开或闭合电路。断路器是在电网带电情况下用来闭合或断开电路的设备，它具有灭弧功能。隔离开关的主要作用是在设备或线路检修时用来隔离电压，以保证安全。而隔离开关只能在无电情况下操作，它不能断开负荷电流和短路电流，只能与断路器配合使用。在需要停电时，应先操作断路器切断电流，再断开隔离开关；送电时应先闭合隔离开关，再闭合断路器。如果误操作将引起设备损坏和人身伤亡。

图 6-5 变电站电压互感器

图 6-6 变电站电流互感器

负荷开关只能在正常运行时断开负荷电流，但没有断开故障电流的能力，一般与高压熔断器配合用于 10kV 及以上电压。

为了减少变电站的占地面积，近年来积极发展 SF_6 全封闭组合电器。它把断路器、隔离开关、母线、接地开关、互感器、出线套管或电缆终端头等分别装在各自密封空间中，利用 SF_6 气体作为绝缘介质，将它们紧凑地组合在一个封闭金属壳体内。这种组合电器具有结构紧凑、体积小、质量轻、不受大气条件影响、检修间隔长、无触电事故和电噪声干扰等优点，已得到广泛应用。目前，它的缺点是价格贵，制造和检修工艺要求高。

变电站还装有防雷设备，主要有避雷针和避雷器。避雷针是为了防止变电站遭受直接雷击，把雷电流引入大地。在变电站附近的线路上落雷时，雷电波会沿导线进入变电站，产生过电压。另外，断路器操作等也会引起过电压。避雷器的作用是当过电压超过一定限值时，自动对地放电，保证系统正常运行。目前，使用最多的是氧化锌避雷器。

氧化锌避雷器是一种保护性能优越、质量轻、耐污秽、性能稳定的避雷设备。它主要利用氧化锌良好的非线性伏安特性，在正常工作电压下流过避雷器的电流极小（微安或毫安级）；当过电压作用时，电阻急剧下降，泄放过电压的能量，达到保护的效果。这种避雷器和传统避雷器的差异是它没有放电间隙，利用氧化锌的非线性特性起到泄流和开断的作用。其具有的耐压水平高、响应速度快、能量吸收能力高、寿命长、可靠性高、成本效益高以及可重复使用等优点，在电力、通信和铁路等领域被广泛应用，成为防止雷击灾害和过电压损害的重要设备。

二、配电系统

配电是指电力系统中直接与用户相连并向用户分配电能的环节。配电系统由配电变电站（通常是将电网的输电电压降为配电电压）、高压配电线路（即 1kV 以上电压）、配电变压器、低压配电线路（1kV 以下电压）以及相应的控制保护设备组成。配电电压通常有 35~60kV 和 3~10kV 等。

　　配电系统中常用的交流供电方式有：① 三相三线制，分为三角形接线（用于高压配电，三相 220V 电动机和照明）和星形接线（用于高压配电、三相 380V 电动机）；② 三相四线制，用于 380/220V 低压动力与照明混合配电；③ 三相二线一地制，多用于农村配电；④ 三相单线制，常用于电气铁路牵引供电；⑤ 单相二线制，主要供应居民用电。配电系统的直流供电方式有：① 二线制，用于城市无轨电车、地铁机车、矿山牵引机车等的供电；② 三线制，供应发电厂、变电站、配电站自用电和二次设备用电，电解和电镀用电。

图 6-7　配电变压器

　　一次配电网络是从配电变电站引出线到配电变电站（或配电站）入口之间的网络，在我国又称高压配电网络。电压通常为 6~10kV，城市多使用 10kV 配电。随着城市负荷密度加大，已开始采用 20kV 配电方案。由配电变电站引出的一次配电线路的主干部分称为干线。由干线分出的部分称为支线。支线上接有配电变压器（见图 6-7）。一次配电网络的接线方式有放射式接线、环网式接线、干线式接线、网状接线、桥形接线、单元接线、分支接线、T 形接线、组合接线等。

　　二次配电网络是由配电变压器二次侧引出线到用户入户线之间的线路、元件所组成的系统，又称低压配电网络。接线方式除放射式和环式外，城市的重要用户可用双回线接线。用电负荷密度高的市区则采用网格式接线。这种网络由多条一次配电干线供电，通过配电变压器降压后，经低压熔断器与二次配电网相连。由于二次系统中相邻的配电变电器一次侧接到不同的一次配电干线，因此可避免因一次配电线故障而导致市中心区停电。

　　配电线路按结构分有架空线路和地下电缆线路。农村和中小城市可用架空线路，大城市（特别是市中心区）、旅游区、居民小区等应采用地下电缆线路。

6.1.2　电力系统运行

　　电力系统是电能生产、变换、输送、分配和使用的各种电气设备按照一定的技术与经济要求有机组成的一个联合系统。一般将电能通过的设备称为电力系统的一次设备，如发电机、变压器、断路器、母线、输电线路、补偿电容器、电动机及其他用电设备等。对一次设备的运行状态进行监视、测量、控制和保护的设备，称为电力系统的二次设备。

　　电力系统中网络节点交织密布，有功潮流、无功潮流、高次谐波、负序电流等以光速在全系统范围传播。它既能输送大量电能，为社会创造巨大财富，也可能在瞬间造成重大的事故，为社会带来可怕灾难。为确保系统安全、稳定、经济地运行，必须在不同层次上按技术要求配置各类自动控制装置与通信系统，组成信息与控制子系统。它成为实现电力系统信息传递的神经网络，使电力系统具有可观测性与可控性，从而保证电能生产与利用过程的正常进行以及事故状态下的紧急处理。

系统运行是指组成系统的所有环节都处于执行其功能的状态。系统运行中，电力负荷的随机变化以及外界的各种干扰（如雷击等）会影响电力系统的稳定，导致系统电压与频率的波动，从而影响系统电能的质量，严重时会造成电压崩溃或频率崩溃。系统运行分为正常运行状态与异常运行状态。其中，正常运行状态又分为安全状态和警戒状态；异常运行状态又分为紧急状态和恢复状态。电力系统运行包括了所有这些状态及其相互间的转移。各种运行状态之间的转移需通过不同控制手段来实现。

电力系统在保证电能质量、实现安全可靠供电的前提下，还应实现经济运行。即努力调整负荷曲线，提高设备利用率，合理利用各种动力资源，降低燃料消耗、厂用电和电力网络的损耗，以取得最佳经济效益。

电力系统是电能生产、变换、输送、分配和使用的各种电气设备按照一定的技术与经济要求有机组成的一个联合系统。一般将电能通过的设备称为电力系统的一次设备，如发电机、变压器、断路器、母线、输电线路、补偿电容器、电动机及其他用电设备等。对一次设备的运行状态进行监视、测量、控制和保护的设备，称为电力系统的二次设备。

电力系统对安全可靠性有着非常高的要求。电力系统中的短路、雷击、误操作等故障都可能损坏设备、不能正常供电而使生产停顿，甚至发生人员伤亡事故。为了尽量减少事故的影响范围，一方面要求改进系统中设备的设计，另一方面便是设置保护装置。这促使电力系统中继电保护技术的发展。早期的电力线路中只装有简单的熔断器、避雷器。到 1930 年左右，已研制出多种电磁继电器及相应的保护设施，继电保护技术已趋成熟。以后引入电子技术，使用固体电子器件如晶体管、晶闸管整流元件，进而使用计算机技术，更为电力系统继电保护技术的发展开辟了新的途径。

早期的电力系统采用熔断器串联于供电线路中，当发生短路时，短路电流首先熔断熔断器，断开短路的设备，这种保护方式由于简单，时至今日仍广泛应用于低压线路和用电设备中。随着电力系统的发展，发电机的容量不断增大，电网的接线日益复杂，用电设备的功率也不断增加，熔断器已不能满足选择性和快速性的要求，1890 年后出现了直接装于断路器上反应一次电流的电磁型过电流继电器。19 世纪初，继电器才广泛用于电力系统保护，被认为是继电保护技术发展的开端。

6.1.3　电力系统调度

由于电能无法大规模储存，它的生产、传输、使用是在瞬间同时完成的，并要保持产消平衡。因此，它需要有一个统一的调度指挥系统。这一系统实行分级调度、分层控制。

电力系统调度的主要工作包括：

（1）预测用电负荷。根据负荷变化的历史记录、天气预报、分析用电生产情况和人民生活规律，对未来24h或48h进行全系统负荷预测，编制预计负荷曲线，配备好相适应的发电容量（包括储备容量）。

（2）分配发电任务，确定运行方式，安排运行计划。根据预测的负荷曲线，按经济调度原则，分配各发电厂发电任务，提出各发电厂的日发电计划。指定调频电厂和调频容量，并安排发电机组的起停和备用，批准系统内发、输、变电设备的检修计划。对系统继电保护及安全自动装置进行统一整定和考核，进行系统潮流和稳定计算等工作，合理安排运行方式。

（3）对全系统进行安全监测和安全分析。收集全系统主要运行信息，监视运行情况，保证正常的安全经济运行。通过安全分析进行事故预想和提出反事故措施，防范于未然。

（4）指挥操作，处理事故。完成上述工作的主要工具是电子计算机。对所辖厂、站和网络的重要运行操作进行指挥和监督。在发生系统性事故时，采取有力措施及时处理，迅速恢复系统至正常运行状态。

6.1.4 电力系统规划

大型电力系统是现代社会生产部门中空间跨度最广、时间协调要求最严格、层次分工极其复杂的产、供、销一体化系统。它的建设不仅耗资大、费时长，而且对国民经济的影响极大。所以制订电力系统规划必须注意其科学性、前瞻性。要根据历史数据和规划期间的电力负荷增长趋势做好电力负荷预测。在此基础上按照能源布局制订好电源规划、电网规划、网络互联规划、配电规划等。电力系统的规划问题需要在时间上展开，从多种可行方案中进行优选。这是一个多约束条件的具整数变量的非线性问题，需利用系统工程的方法和先进的计算技术。

6.1.5 电力系统研究与开发

电力系统的发展是研究开发与生产实践相互推动、密切结合的过程，是电工理论、电工技术以及有关科学技术和材料、工艺、制造等共同进步的集中反映。电力系统的研究与开发，还在不同程度上直接或间接地对信息、控制和系统理论以及计算机技术起了推动作用。反之，这些科学技术的进步又推动着电力系统现代化水平的日益提高。超导技术的发展、动力蓄电池和燃料电池的成就使得有可能实现电能储存和建立分散、独立的电源，从而展现了电力系统重大变革的前景。

6.2 发输配用电的基本设备

多种能源都可用于发电，其中一次能源通过不同形式转变为电能是由发电机来实现的，而要远距离供电则需经过变压器进行升压或降压，即发电机的出口电压经变压器将电压升高再送至远方，然后再通过变压器降压供给用户使用。在用户方，电动机是主要负载。因此，在发输配用电构成的电力系统中，发电机、变压器、电动机是基本的电气设备。

6.2.1 发电机

在 19 世纪初期，廉价并能方便地获得电能的方法是科学家们研究的重要课题。1820 年，当奥斯特成功地完成了通电导线能使磁针偏转的实验后，当时的不少科学家又作了进一步的研究：磁针的偏转是受到力的作用，这种机械力，来自电荷流动的电力，那么能否让机械力通过磁又转变成电力呢？著名科学家安培是其中的研究者之一，他实验的方法很多，但犯了根本性错误，实验没有成功。另一位科学家科拉顿，在 1825 年做了这样一个实验，他想：若将一块磁铁插入绕成圆筒状的线圈中或许能得到电流。为了防止磁铁对检测电流的电流表的影响，他用了很长的导线把电表接到隔壁的房间里。由于没有助手，他只好把磁铁插到线圈中以后，再跑到隔壁房间去看电流表指针是否偏转。现在看来，他的装置与实验的方法都是完全正确的。但是，他却疏忽了电表指针的偏转只发生在磁铁插入线圈那一瞬间，一旦磁铁插进线圈后不动，电表指针又回到原来的位置。所以，等他插好磁铁再赶紧跑到隔壁房间里去看电表，无论怎样快也看不到电表指针的偏转现象。要是他有个助手或是他把电表放在同一个房间里，他就是第一个实现变机械力为电力的人了。然而，他失去了这个好机会。又过了整整 6 年，直到 1831 年 8 月 29 日，美国科学家法拉第成功地将机械力转变为电力，他的实验装置与科拉顿的实验装置并没有什么两样，只不过是他把电流表放在自己身边，在磁铁插入线圈的一瞬间，指针明显地发生了偏转，使磁铁运动的机械力终于转变成了使电荷移动的电力。

在法拉第迈出了这最艰难的一步之后，他不断研究，历经两个月试制了能产生稳恒电流的第一台真正的发电机，标志着人类从蒸汽时代跨入了电气时代。

一百多年来，相继出现了很多现代的发电形式，有风力发电、水力发电、火力发电、原子能发电、热发电、潮汐发电等，发电机的类型日益丰富，构造日臻完善，效率也越来越高，但基本原理仍与法拉第的实验一样，既不可缺少运动着的闭合导体，也少不了磁铁。

一、发电机的结构及工作原理

发电机是将其他形式的能源转换成电能的机械设备，它由水轮机、汽轮机、柴油机或其他动力机械驱动，将水流、气流、燃料燃烧或原子核裂变产生的能量转化为机械能传给发电机，再由发电机转换为电能。

发电机的形式很多，但工作原理都是基于电磁感应定律和电磁力定律。因此，其构造的一般性原则是用适当的导磁和导电材料构成互相进行电磁感应的磁路和电路，以产生电磁功率，达到能量转换的目的。发电机通常由定子、转子、端盖及轴承等部件构成。定子由定子铁芯、线包绕组、机座以及固定这些部分的其他结构件组成。转子由转子铁芯（或磁极、磁轭）绕组、护环、中心环、滑环、风扇及转轴等部件组成。由轴承及端盖将发电机的定子、转子连接组装起来，使转子能在定子中旋转，做切割磁力线的运动，从而产生感应电动势，通过接线端子引出，接在回路中，便产生了电流。图 6-8 所示为发电机的主要部件图示。

图 6-8　发电机的主要部件图示

二、发电机的类别

发电机可以分为直流发电机和交流发电机，而交流发电机又可分为同步发电机和异步发电机；此外，交流发电机还可分为单相发电机与三相发电机。

（1）直流发电机。直流发电机和旋转电枢式交流发电机的主体结构是相同的，都由转子和定子组成，它们的不同点在于直流发电机中以换向器（即两个半金属环）代替了交流发电机中的滑环，从而能输出方向不变化的直流电。

直流发电机的工作原理就是把电枢线圈中感应产生的交变电动势，靠换向器配合电刷的换向作用，使之从电刷端引出时变为直流电动势。

从基本电磁情况来看，一台直流电机原则上既可作为电动机运行，也可以作为发电机运行，只是约束的条件不同而已。在直流电机的两电刷端上，加上直流电压，将电能输入电枢，机械能从电机轴上输出，拖动生产机械，将电能转换成机械能而成为电动机。而用原动机拖动直流电机的电枢，则电刷端可以引出直流电动势作为直流电源，可输出电能。电机将机械能转换成电能而成为发电机。同一台电机，能作电动机或作发电机运行的这种原理，在电机理论中称为可逆原理。图 6-9 所示为直流发电机工作原理。

（2）同步发电机。在发电厂中，同步发电机是将机械能转变成电能的唯一电气设备。它将一次能源（水力、煤、油、风力、原子能等）转换为二次能源，目前绝大多数采用三相交流同步发电机。

同步发电机和其他类型的旋转电机一样，由固定的定子和可旋转的转子两大部分组成，一般分为转场式同步电机和转枢式同步电机。图 6-10 给出了最常用的转场式同步发电机的结构模型。其定子铁芯的内圆均匀分布着定子槽，槽内嵌放着按一定规律排列的三相对称交流绕组，这种同步电机的定子又称为电枢，定子铁芯和绕组又称为电枢铁

图 6-9　直流发电机工作原理图

（a）直流发电机功能结构；（b）直流发电机电流波形与线圈位置对应关系图

芯和电枢绕组。转子铁芯上装有制成一定形状的成对磁极，磁极上绕有励磁绕组，通以直流电流时，将会在电机的气隙中形成极性相间的分布磁场，称为励磁磁场（也称主磁场、转子磁场）。气隙处于电枢内圆和转子磁极之间，气隙层的厚度和形状对电机内部磁场的分布和同步电机的性能有重大影响。

转枢式同步电机的磁极安装于定子上，而交流绕组分布于转子表面的槽内，这种同步电机的转子充当了电枢。

图 6-10　转场式同步发电机结构模型

当原动机拖动转子旋转（给电机输入机械能）时，极性相间的励磁磁场随轴一起旋转并顺次切割定子各相绕组（相当于绕组的导体反向切割励磁磁场）。由于电枢绕组与主磁场之间的相对切割运动，电枢绕组中将会感应出大小和方向按周期性变化的三相对称交变电动势，通过引出线即可提供交流电源。

三、新能源发电机

（1）风力发电机。风力发电机是将风能转化为机械能，再转化成电能的一种发电方式。风力发电机的工作原理比较简单，风轮在风力的作用下旋转，它把风的动能转变为风轮轴的机械能；发电机在风轮轴的带动下旋转发电。在风力发电机中，已采用的发电机有直流发电机、同步交流发电机和异步交流发电机 3 种。

目前商用大型风力发电机组一般为水平轴风力发电机，它由风轮、增速齿轮箱、发电机、偏航装置、控制系统、塔架等部件所组成。风轮是集风装置，它由气动性能优异的叶片（目前商业机组风力发电机的风轮一般由 2 个或 3 个叶片构成）装在轮毂上所组成，其作用是把流动空气具有的动能转变为风轮旋转的机械能。低速转动的风轮通过传动系统由增速齿轮箱增速，将风车叶片旋转的速度提升，将动力传递给发电机，使其发电。上述这些部件都安装在机舱平面上，整个机舱由高大的塔架举起。由于风向经常变化，为了有效地利用风能，必须要有迎风装置，它根据风向传感器测得的风向信号，由控制器控制偏航电机，驱动与塔架上大齿轮咬合的小齿轮转动，使机舱始终对风。塔架是风力发电机的支撑机构，稍大的风力发电机塔架一般采用由角钢或圆钢组成的桁架结构。限速安全机构是用来保证风力发电机运行安全的。限速安全机构的设置可以使风力发电机风轮的转速在一定的风速范围内保持基本不变。

风力发电机组的单机容量范围为几十瓦到几兆瓦。典型的风力发电系统通常由风能资源、风力发电机组、控制装置、蓄能装置、备用电源、电能用户组成。风力发电机组是实现由风能到电能转换的关键设备。由于风能是随机性的，风力的大小时刻变化，必须根据风力大小及电能需要量的变化及时通过控制装置来实现对风力发电机组的启动、调节（转速、电压、频率）、停机、故障维护（超速、振动、过负荷等）以及对电能用户所接负荷的接通、调整及断开等操作。

在小容量的风力发电系统中，一般采用由继电器、接触器及传感元件组成的控制装置。在容量较大的风力发电系统中，现在普遍采用微机控制。储能装置是为了保证电能用户在无风期间内可以不间断地获得电能而配备的设备；在有风期间，当风能急剧增加时，储能装置可以吸收多余的风能。为了实现不间断供电，有的风力发电系统还配备了备用电源，如柴油发电机组。

风力机的输出功率与风速的大小有关。由于自然界的风速是极不稳定的，风力发电机的输出功率也极不稳定。风力发电机发出的电能一般是不能直接用在电器上的，先要储存起来。目前风力发电机用的蓄电池多为铅酸蓄电池。

依据目前的风车技术，大约是3m/s的微风速度（微风的程度），便可以开始发电。风力发电机因风量不稳定，故其输出的是13~25V变化的交流电，须经充电器整流，再对蓄电瓶充电，使风力发电机产生的电能变成化学能；然后用有保护电路的逆变电源，把电瓶里的化学能转变成交流220V市电，才能保证稳定使用。

在内陆地区小的风力发电机会比大的更合适，因为风机更容易被小风量带动而发电，持续不断的小风，会比一时狂风更能供给较大的能量。当无风时人们还可以正常使用风力带来的电能，一台200W风力发电机可以通过大电瓶与逆变器的配合使用，获得500W甚至1000W乃至更大的功率输出。图6-11、图6-12分别展示了风力发电机的内部构造和外观。

现代风力发电机是无人值守的，控制系统是其神经中枢。就600kW风机而言，一般在4m/s左右的风速自动启动，在14m/s左右发出额定功率。然后，随着风速的增加，一直控制在额定功率附近发电，直到风速达到25m/s时自动停机。现代风机的存活风速为60~70m/s，也就是说在这么大的风速下风机也不会被吹坏。通常所说的12级飓风，其风速范围也仅为32.7~36.9m/s。风机的控制系统，要在这样恶劣的条件下，根据风速、风向对系统加以控制，在稳定的电压和频率下运行，自动地并网和脱网。同时，风机的控制系统能监视齿轮箱、发电机的运行温度，液压系统的油压，对出现的任何异常进行报警，必要时自动停机。

图 6-11　风力发电机内部构造图

图 6-12　风力发电机外观

（2）太阳能发电机。太阳能热发电分为两大类：一类为集中式热发电站，另一类为分散式小功率发电装置。早期集中式多为塔式太阳能电站，后来则发展为抛物线柱面集热式太阳能发电站。

1）塔式太阳能电站。20 世纪 80 年代初，美国、日本和欧洲先后建设了一批塔式太阳能电站，多数是研究试验性的，投资大，经济性差。图 6-13 所示为塔式太阳能发电站，它是由定日镜群、接收器、蓄热槽、主控系统和发电系统五个部分组成。定日镜群用许多平面反光镜组成，每面定日镜都安装在刚性钢架上，采用计算机控制，自动跟踪太阳。所有镜面的反光都集中到高塔的接收器上。接收器也称集热锅炉，它把收集的太阳光转变为热，并加热接收器内的工质。接收器

图 6-13　塔式太阳能发电站

有腔式、盘式、柱状式等结构形式。蓄热槽是利用传热性能良好的油或熔盐来吸收热能，以供锅炉使用。锅炉产生的蒸汽送往汽轮机，最后由汽轮机带动发电机发电。控制均采用计算机，它对所有设备进行监测，保证安全运行。塔式发电站的运行温度约 500℃，热效率在 15% 以上。这种发电站占地面积大，主要是定日镜布满塔下，如美国加利福尼亚州的太阳 1 号电站，功率 1 万 kW，定日镜 1818 块，每块镜面为 39.1m^2，

总占地面积 71 084m², 塔高 55m, 十分壮观。

2）抛物线柱面集热式太阳能发电站。20 世纪 80 年代中期, 以美国卢兹公司为代表的抛物线柱面集热式太阳能发电站, 如图 6-14 所示。

图 6-14　抛物线柱面集热式太阳能发电站

这种集热方式是横向线性, 被加热的工质沿聚焦线流动, 比塔式的定日镜聚焦简便, 也不要建高塔, 可以平面布置。一般直接用水作传热工质, 水在集热器受热后, 进入过热器, 若太阳能的热力不够（受天气影响）, 还可用辅助燃料加热。由过热器产生的蒸汽送入汽轮机, 即可带动发电机发电。其操作过程与普通热电站相似, 只是增加了太阳集热器部分, 在充分利用太阳能的条件下, 可以大量节约燃料, 因此经济性可以与普通热电竞争。

2021 年, 在甘肃省敦煌市向西约 20km 处, 被称为"超级镜子发电站"的首航高科敦煌 100MW 熔盐塔式光热电站在戈壁滩上闪耀。电站内 1.2 万多面定日镜以同心圆状围绕着 260m 高的吸热塔, 镜场总反射面积超过 140 万 m², 设计年发电量达 3.9 亿 kWh, 每年可减排二氧化碳 35 万 t, 是我国目前建成规模最大、吸热塔最高、可 24h 连续发电的 100MW 级熔盐塔式光热电站。

3）分散式太阳能发电装置。分散式太阳能发电装置主要采用碟形抛物面聚光器, 并在聚焦面上安装外热式斯特林发电机组, 如图 6-15 所示。这种太阳能发电系统可独立运行, 适合于无电或缺电地区作小型电源, 一般功率为 10 ~ 25kW, 聚光镜直径为 10 ~ 15m。对于稍大的用电户, 也可将几台机组并联发电, 组成小型电站。美国夏威夷岛建有这种发电装置, 但是单机造价偏高, 无法与集中式电站相比。分散式太阳能发电机若不进行发电, 也可改装成太阳能热力机, 直接作为动力机使用, 如带动水泵或其他小型传动机械。特别是对于阳光充足的干旱地区, 太阳能热力泵有发展前景, 如我国的西部高原。太阳能热力泵只取决于太阳辐射强度, 不像柴油内燃机还受海拔的影响使功率下降。

图 6-15　分散式太阳能发电装置

（3）潮汐发电机。潮汐发电机的原理与风力发电机类似，只不过把风力推动改为潮汐和水流推动，因而潮汐发电机被称为海水下面的"风车"，由此产生更为环保的电力。由于生活在湍急水域的海洋生物通常都比较敏捷，因此，涡轮机对于海洋生态环境所带来的影响也并不会太大。图 6-16 所示为英国安装的世界首台潮汐能发电机，外形像倒置的风车。

图 6-16　世界首台潮汐能发电机

四、发电机发明史上的重大事件

1832 年，法国比奇发明世界上第一台旋转式交流发电机，为永磁手摇式，可进行火花放电实验。

1833 年，比奇在 1832 年发明的交流发电机上装了整流子，发明了直流发电机。

1840 年，英国阿姆斯特朗发明水轮发电机。

1845 年，英国惠斯通发明采用电磁铁的发电机。

1856 年，英国霍姆斯用多极永久磁铁创制成世界上第一台商用发电机，这台发电机用蒸汽机驱动，转速 600r/min，功率不到 1.5kW。

1866 年，德国韦纳·西门子发明自激直流发电机，用电磁铁代替永久磁铁。

1870 年，比利时格拉姆发明实用自激直流发电机，功率大、电压高、经济性能好，很快广泛投入市场，被称为格拉姆发电机。

1880 年，爱迪生创制当时世界上最大的直流发电机，重 27t，功率 150 马力（1 马力 = 0.735kW），电压 110V。

1882 年，美国的戈登制造出了输出功率 447kW、高 3m、重 22 t 的两相式巨型发电机。

1885 年，爱迪生发明双极高速直流发电机，转速 3000r/min。

1895 年，德国工程师西门子发明了三相交流发电机，成为工业应用中最常见的发电机类型。

1896 年，特斯拉的两相交流发电机在尼亚拉发电厂开始投入营运，3750kW、5000V 的交流电一直送到 40 km 外的布法罗市。

6.2.2 变压器

变压器是一种把电压和电流转变成另一种（或几种）同频率的不同电压、电流的电气设备。发电机发出的电功率，需要升高电压才能送至远方用户，而用户则需把电压再降成低压才能使用，这个任务是由变压器来完成的。随着输电距离、输送容量的增加，对变压器的要求也越来越高，不仅需要数量多，而且要性能好，技术经济指标先进，还要保证运行安全、可靠、经济。变压器除应用于电力系统外，还应用于一些工业部门中，如在电炉整流、电焊设备、船舶、电机等设备中都应用特种变压器。此外，在高压试验的测量设备和控制设备中也应用着各种各样的变压器。

一、变压器工作原理

变压器的工作原理基于法拉第电磁感应定律，其主要功能是通过电磁感应来改变交流电压。变压器由两个绕组组成，一个称为一次绕组，另一个称为二次绕组，变压器还包括铁芯（或磁芯）作为磁通的路径。当交流电通过一次绕组时，会在铁芯中产生交变磁场。这个交变磁场在二次绕组中感应出电动势（电压），若外部提供闭合的电路，可以产生电流。根据法拉第电磁感应定律，二次绕组中的感应电动势与一次绕组中的电流变化率成正比，并且与两个绕组的匝数比有关。变压器广泛应用于电力系统、电子设备、测量仪器等领域，用于电压变换、阻抗匹配、信号隔离等。

二、变压器分类

从不同的角度可以对变压器进行分类，具体如下：

（1）按冷却方式分类，有干式（自冷）变压器、油浸（自冷）变压器、氟化物（蒸发冷却）变压器。

（2）按防潮方式分类，有开放式变压器、灌封式变压器、密封式变压器。

（3）按铁芯或线圈结构分类，芯式变压器（插片铁芯、C形铁芯、铁氧体铁芯）、壳式变压器（插片铁芯、C形铁芯、铁氧体铁芯）、环形变压器、金属箔变压器。

（4）按电源相数分类，有单相变压器、三相变压器、多相变压器。

（5）按用途分类，有电源变压器、调压变压器、音频变压器、中频变压器、高频变压器、脉冲变压器。

图6-17所示为电力变压器结构及外形示意图，图6-18所示为三维立体卷铁芯干式变压器，图6-19所示为12V电子变压器。

图6-17　电力变压器结构及外形示意图

图6-18　三维立体卷铁芯干式变压器

图6-19　12V电子变压器

三、变压器发明简史

变压器是根据电磁感应定律，将交流电变换为同频率、不同电压交流电的非旋转式电机。它是随着电磁感应现象的发现而诞生，并经过历代科学家和工程师不断发明、改进而逐步完善的。

1. 感应线圈——变压器的雏形

1888 年，英国著名物理学家弗莱明（J. A. Fleming，1849—1945）在他的名著《交流变压器》中提到："在一大批研究变压器的杰出人士中，法拉第和亨利是开拓者，他们奠定了真理的基石，而所有后来者则是致力于大厦的完成。"因此可以说，变压器发明的源头在法拉第和亨利。

图 6-20　法拉第实验装置原理图

1831 年 8 月 29 日，法拉第采用图 6-20 所示的实验装置进行磁生电的实验。图 6-20 中，圆环用直径 $\frac{7}{8}$ 英寸的铁棍制成，圆环外径 6 英寸；A 是三段各 24 英尺长铜线绕成的线圈（三段间可根据需要串联）；B 是 50 英尺铜线绕成的 2 个绕组（2 个绕组可以串联）。实验时，当合上开关 K 后，法拉第发现检流器 G 摆动，即线圈 B 和检流器 G 中有电流流过。也就是说，法拉第通过这个实验发现了电磁感应现象。法拉第感应线圈实际上是世界上第一台变压器的雏形，以后法拉第又做了数次实验，同年 10 月 28 日还制成了一台圆盘式直流发电机。同年 11 月 24 日，法拉第又向英国皇家学会报告了他的实验内容（1831 年 8 月 29 日）及其发现，因此法拉第被公认为电磁感应现象的发现者及变压器的发明者。

1835 年，美国物理学家佩奇（C. J. Page，1812—1868）制成了图 6-21 所示的感应线圈，这是世界上第一只自耦变压器，利用自动锤的振动使水银接通或断开电路，在二次绕组感生的电动势能使一个真空管的电火花长度达 4.5in。

1837 年，英国牧师卡兰（N. J. Callan）将佩奇变压器分成无电气连接的两部分，如图 6-22 所示。当打开开关 K、断开线圈 A 的电路时，则线圈 B 的两端间 S 将会产生火花。但是，佩奇和卡兰的变压器与法拉第、亨利的一样都是利用断续直流来工作的，因而只能用于实验观察，都无实际应用价值。

图 6-21　佩奇感应线圈原理图

图 6-22　卡兰实验装置原理图（1830 年 8 月）

在变压器发明史上作出过较大贡献的人是德国技师鲁姆科尔夫（H. D. Ruhmkorff，1803—1877）。

1842 年，在梅森和布瑞克的指导下，鲁姆科尔夫开始对卡兰变压器进行研究，1850 年制成了第一只感应线圈。1851 年，鲁姆科尔夫提出第一个感应火花线圈（变压器）的专利。鲁姆科尔夫感应线圈如图 6-23、图 6-24 所示，其中铁芯用软铁丝制成，一次绕组包绕在芯上，二次绕组则包绕在一次绕组上。一次绕组由蓄电池供电，并通过一个磁化铁芯机构反复开、合水银开关，使一次绕组中通以脉动直流并反复改变方向，二次绕组中就感应出一个交变电流。可以说，鲁姆科尔夫感应线圈是第一个有实用价值的变压器。

图 6-23　鲁姆科尔夫感应线圈（1850 年）　　图 6-24　鲁姆科尔夫感应线圈（1851 年）

为了获得更大的火花，1856 年，英国电工技师瓦里（C. F. Varley，1828—1883）也对卡兰变压器作了改进，如图 6-25、图 6-26 所示。他采用一只双刀双掷开关来回改变电流方向，使线圈 A 中的电流交替改变方向，从而线圈 B 中感应出一个交变电流，因此可以说，瓦里感应线圈是交流变压器的始祖。

图 6-25　瓦里感应线圈原理图　　　　图 6-26　瓦里感应线圈（1856 年）

1862 年，莫里斯（Morris）、魏尔（Weave）和蒙克顿（Moncktom）取得一个将感应线圈用于交流电的专利权。

1868 年，英国物理学家格罗夫（W. R. Grove，1811—1896）采用图 6-27 所示的装置将交流电源 V 与线圈 A 相连，在线圈 B 中得到一个电压不同的交流电流。因此格罗夫感应线圈实际上是世界上第一只交流变压器。

图 6-27　格罗夫感应线圈原理图（1868 年）

继格罗夫之后，又有很多人对感应线圈进行了较多的研究，提出了一些改进建议。例如，美国富勒（J. B. Fuller）在 19 世纪 70 年代初对感应线圈进行了理论研究，提出感应线圈应采用闭合铁芯，一次绕组采用并联而不是当时大多数感应线圈所采用的串联。但是他的想法生前只向他的上司谈过，直到他死后不久，人们才发现他的手稿。1879 年 2 月，人们将他的手稿整理发表，他关于感应线圈的设想得以公诸于世。

1876 年，俄国物理学家雅勃洛奇科夫（Л. Н. Яълочков，1847—1894）发明所谓的"电烛"，采用一只两个绕组的感应线圈，一次侧与交流电源相连，为高压侧，二次低压侧的交流向"电烛"供电。这只感应线圈实际上是一台不闭合磁芯的单相变压器。

1882 年，俄国工程师 И. Ф. 乌萨金在莫斯科首次展出了有升压、降压感应线圈的高压变电装置。

2. 高兰德-吉布斯二次发电机

19 世纪 80 年代后，交流电进入人类的社会生活，变压器的原理也为许多人所了解，人们自然而然地就想到将变压器用于实际交流电路中。在这方面迈出第一步并作出重大贡献的是法国人高兰德（L. Gauland，1850—1888）和英国人吉布斯（J. D. Gibbs）。1882 年 9 月 13 日，他们在英国申请了第一个感应线圈及其供电系统的专利（No. 4362），他们称这种感应线圈为"二次发电机"（Secondary generator）。图 6-28 所示为高兰德-吉布斯二次发电机原理图，一次绕组数与二次绕组数之比为 1:1。一次绕组串联，而二次绕组均分为数段，分别与电灯相连。高兰德-吉布斯二次发电机（变压器）是一种开路铁芯变压器，它通过推进、拉出铁芯来控制电压，一次绕组仍坚持采用串联。尽管麦克斯韦 1865 年就证明，一次绕组如果采用串联，二次电压就不能单独控制。

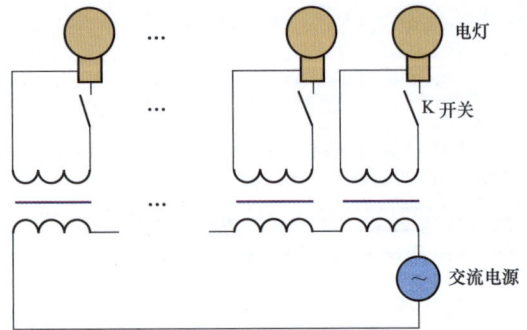

图 6-28　高兰德-吉布斯二次发电机原理图

1882 年 10 月 7 日，他们制成了第一台 3000V/100V 的二次发电机，1983 年又制成一台容量约 5kV 的二次发电机。当年，他们为伦敦市区铁路提供了几台小型变压器。1884 年，他们在意大利都灵技术博览会上展出了他们的变压器，并演示了交流远距离输电。采用开磁路变压器串联交流输电系统，将 30kW、133Hz 的交流电输送到 40km 远处。同年他们还售出了几台类似的变压器，其中有售给意大利物理学家费拉里斯（G. Ferraris，1847—1897）的实验用变压器。该变压器铁芯为铁丝组成的开路铁芯，一次绕组用由 0.25mm 厚铜片绕成的 445 个环（匝）组成，但它们在高度方向上分成 4 段，通过正前方的塞子将二次绕组的 4 段串联或并路，从而改变了二次侧的输出电压。

1884 年 3 月 4 日，高兰德和吉布斯在美国申请第一个有关开路铁芯变压器的专利（No. 297924）——"产生和利用二次电流的装置"。1885 年，高兰德和吉布斯受岗茨工厂变压器的启发，研究采用闭路铁芯结构的变压器。1886 年 3 月 6 日，他们在美国申请有关闭合磁路变压器的专利（No. 351589）。图 6-29 所示为 1886 年制造的高兰德-吉布斯闭路铁芯式二次发电机。

3. 齐伯诺夫斯基-德里-布拉什（Z-D-B）变压器

图 6-29　高兰德-吉布斯闭路铁芯式二次发电机（1886 年）

高兰德-吉布斯二次发电机（变压器）虽然开辟了变压器的实际应用领域，但早期的这种变压器仍然存在某些先天不足，如开路铁芯、一次绕组串联等问题。首先对此提出质疑并作出改进的是匈牙利岗茨工厂（Ganz）的三个年轻工程师布拉什（O. T. Blathy，1860－1939）、齐伯诺夫斯基（C. Zipernowsky，1853－1942）和德里（M. Deri，1854－1938）。

布拉什是首次研究交流发电机并联运行的人之一，他还发明了许多电机设计程序和设计计算方法。另外，他在 1885 年首先引入单词"Transformer"（变压器），这一简明传神的术语很快为人们所认同和接受，迅速取代以往采用的"感应线圈""二次发电机"等术语，一直沿用至今。

齐伯诺夫斯基是 1878 年成立的岗茨工厂电气部的奠基人之一，1893 年担任匈牙利布达佩斯技术大学的电气教授。他一生取得 40 多项专利权，曾任匈牙利电工学会主席 30 年。

德里 1882 年加入岗茨工厂，他长期在销售部工作，但却对电机和变压器颇有研究。他曾设计复激交流发电机，还发明了以他名字命名的双电刷推斥式电动机——德里电动机。

1884 年，意大利都灵技术博览会召开，布拉什和岗茨工厂一批技术人员参观了该博览会，见到了会上展出的高兰德-吉布斯二次发电机。布拉什当时敏锐地觉察到这种二次发电机有很大发展前途，注意到这种变压器的优点及不足之处。在博览会上，布拉什曾问高兰德："为什么你们的二次发电机不采用闭路铁芯？"高兰德不假思索地回答："采用闭路铁芯非常危险，而且很不经济。"

布拉什从都灵回到布达佩斯后，立即将都灵博览会上的所见所闻告诉了齐伯诺夫斯基和达里，他们决定立即进行变压器的改进实验。布拉什建议采用闭路铁芯，齐伯诺夫斯基建议将一次绕组改为并联，并和德里一道进行研究实验。1884年8月7日，他们在岗茨工厂实验杂志上介绍了有关闭合磁路铁芯的变压器（见图6-30）。

图6-30　Z-D-B变压器示意图

1884年冬，德里在维也纳贸易联合会展示了他们的发明。1885年1月2日，齐伯诺夫斯基和德里在奥地利申请第一个有关并联运行变压器的专利（No.37/101），同年2月2日他们三人在奥地利和德国申请第二个变压器专利（奥地利专利No.35/2446，德国专利No.40414）。

1884年9月16日，岗茨工厂制成的第一台变压器（1400W，120/72V，变比1.67），是一台单相壳式、闭路铁芯（铁丝）变压器。图6-31所示为最原始的Z-D-B变压器。

图6-31　最原始的Z-D-B
变压器（1884年）

1885年5月1日，匈牙利布拉佩斯国家博览会开幕，一台150V、70Hz单相交流发电机发出的电流，经过75台岗茨工厂5kV变压器（闭路铁芯，并联，壳式）降压，点燃了博览会场的1067只爱迪生灯泡，其光耀夺目的壮观场面轰动了世界。后来人们把1885年5月1日作为现代实用变压器的诞生日。图6-32和图6-33分别为1885年和1887年的岗茨变压器。从图中可以看出，它们均为心式变压器，与现代变压器已十分接近。

1885年6~10月，Z-D-B变压器参加了伦敦发明展览会，并在会上作了演示。高兰德-吉布斯公司的工程师贝尔费尔德（R.Belfield）参观了伦敦发明，对Z-D-B变压器很感兴趣。1885年5月7日，齐伯诺夫斯基、德里和布拉什在美国申请第一个闭路铁芯变压器及交流配电系统的专利。

图6-32　Z-D-B为G费兰里斯实验室制造的变压器
（1885年，3000W，变比1:2或1:4）

图6-33　Z-D-B全金属变压器铁芯
（4000VA，1926/105V，2.19/38A，42Hz）

齐伯诺夫斯基-德里-布拉什（Z-D-B）变压器是变压器技术发展史上的重要里程碑，它所采用的闭路铁芯、一次绕组并联等基本结构一直沿用至今。可以说 Z-D-B 变压器已使现代变压器的结构基本定型，从此变压器正式进入交流电流的输电、配电领域，有力推动了交流电流的普及应用，促进了现代交流电机的发展。1888 年，岗茨工厂向德国西门子-哈尔斯克（Simens-Halske）公司转让变压器专利权。不久，另外两家德国公司也购买了岗茨工厂的变压器专利权。1890 年，法国、西班牙的公司也购买了岗茨的变压器专利。从 19 世纪 80 年代后期开始，变压器在欧洲迅速推广，到 1889 年已总共生产 1000 台变压器，到 1899 年突破 10 000 台。在 20 世纪 20 年代前，岗茨工厂在变压器制造领域一直保持世界领先水平。

4. 美国变压器技术的兴起和发展

19 世纪 80 年代初，当欧洲人正致力于改进变压器、探索变压器应用领域的时候，大洋彼岸美国的爱迪生公司正沉醉于在直流电系统方面的成功及由此带来的丰厚利润之中，对交流电系统、变压器不屑一顾。但此时，由火车空气制动器起家的威斯汀豪斯正想涉足交流电领域。1885 年春，他漫游欧洲，参观了伦敦和布达佩斯，与当时欧洲发明家也有接触，对高兰德-布吉斯二次发电机很感兴趣，当即决定购买几台二次发电机。1885 年 5 月，西屋空气制动器公司的年轻工程师潘塔伦里（Pantaleoni）因父亲病逝，回意大利奔丧，他到都灵拜会他的大学老师时，遇到正在都灵技术博览会的高兰德，当时高兰德正安装 Lanzo 和 Circe 间的交流系统。潘塔伦里对此十分感兴趣，立即给威斯汀豪斯打电报，报告他的观感。威斯汀豪斯十分重视，回电潘塔伦里，要他与高兰德联系，买下高兰德、吉布斯在美国申请的有关变压器的独家专有权。经友好协商，高兰德同意了威斯汀豪斯的要求。

1885 年 9 月 1 日，西屋空气制动器公司订购的高兰德-吉布斯二次发电机和西门子公司的单相交流发电机从欧洲运到美国。

1885 年 11 月 23 日，贝尔费尔德（R. Belfield）作为高兰德-吉布斯的全权代表到达美国匹兹堡，向西屋空气制动器公司转让变压器技术，并帮助该公司设计新型（闭路铁芯）变压器。1886 年 1 月 5 日，他到 Great Barrington，帮助斯坦利（W. Stanley，时为威斯汀豪斯的助手）建设、运行 Great Barrington 3000V 交流输电线。1886 年 3 月 20 日，美国第一条交流输电线建成投入运行，这标志美国电气时代的真正开始。

在美国变压器发展的历史上，还有两个人也作出了不可磨灭的贡献，他们是斯坦利（W. Stanley，1856—1927）和斯特拉（N. Tesla，1856—1943）。

斯坦利 1883 年开始接触交流电，对变压器在交流电系统中的作用有深刻的论述。他曾多次称变压器是 "heart of the alternating current system"（交流电系统的心脏）。1884 年 2 月，他受雇于威斯汀豪斯，成为他的助手，主持设计制造交流系统及变压器。1885 年 9 月 29 日制成美国第一台一次绕组并联、闭合磁路铁芯的变压器（500V/100V），并在西屋空气制动器公司车间里进行了试验。1885 年 10 月 23 日，他在美国申请第一个有关闭路铁芯变压器的专利（No. 349612）；同年 11 月 23 日，他提出 3 个专利，其中 2 个带变压器的配电系统的专利（No. 372943 和 No. 372944），1 个是开路铁芯变压器的专利（No.349611），这4个专利都转让给了威斯汀豪斯。1885年12月，他主持建设美国第一个交流输电系统——Great Barringto交流输电系统。1886年3月20日，该系统建成投运。1890年他离开西屋电气公司，1891年在Pittsfield组建斯坦利电气制造公司，继续研制变压器。1891年，斯坦利公司制成5kV商用变压器。1892年，斯坦利公司研制成15kV变压器，使美国交流电输电电压一举突破10kV，从而打开了高电压输电的大门。斯坦利也因而赢得了"电气传输之父"的美名。1903年，他将公司并入通用电气公司。在通用电气公司，他继续指导开发变压器，因此西屋公司和通用电气公司早期的变压器技术同宗同源，都是采用壳式变压器结构，直到1918年通用电气公司改用心式变压器后，两者才分道扬镳。

特斯拉是誉为"电工天才"的美籍克罗地亚科学家，他在交流电系统和交流电动机方面的贡献享誉世界。1888年，他受聘到西屋公司工作后也在变压器方面作出了成绩。1890年，他离开西屋公司自立门户，继续研究变压器。图6-34所示为特斯拉在1891年发明的高频发生器原理图，图6-35所示为特斯拉高频变压器复原图。一次绕组与振荡电路相连，二次绕组两端可获得$10^5 \sim 10^6$Hz的高频电流，并可观察到明显的火花。这台变压器曾用于研究高频电振荡现象，并曾观察到集肤效应。

图6-34 特斯拉高频发生器原理图（1891年）

图6-35 特斯拉高频变压器复原图（1891年）

5. 三相变压器的诞生

高兰特-吉布斯二次发电机和Z-D-B变压器都是单相变压器，发明三相变压器的则是被誉为"三相交流电之父"的俄国科学家多利沃-多布罗夫斯基。1888年，他提出三相电流可以产生旋转磁场，并发明三相同步发电机和三相鼠笼式电动机。与当时的单相变压器相比，多利沃-多布罗夫斯基三相变压器的一、二次绕组并无太大差别，主要区别是在铁芯布置方面。这种结构类似欧洲中世纪的修道院，故称为"Temple type（寺院式）"，如图6-36（a）所示。"寺院式"结构后来又发展出图6-36（b）、（c）所示形式。

世界上第一台三相变压器出现于1891年。当年8月，世界博览会在德国法兰克福（Frankfurt）召开，会议组织者为了展示交流电的输送和应用，在175km外的德国劳芬（Lauffen）的波特兰（Portland）水泥厂内装设了一套三相水轮发电机组（210kVA，

图 6-36 三相变压器铁芯

150r/min，40Hz，相电压 55V），向博览会上的 1000 盏电灯和一台 100 马力的三相感应电动机供电。为此，德国通用电气公司（AEG）和瑞士奥立康（Oerlikon）厂分别为劳芬-法兰克福工程提供了 4 台和 2 台三相变压器。在劳芬，AEG 公司提供了 2 台三相升压变压器（每台 100kVA，变比为 1:160，Y-Y 接），Oerlikon 工厂提供了一台升压变压器（150kVA，变比为 1:155）；在法兰克福的两座降压变电站，则分别装有 2 台 AEG 公司生产的三相降压变压器（变比为 123:1）向电动机供电，以及一台 Oerlikon 工厂生产的三相降压变压器（变比为 116:1）向 1000 盏电灯供电。实测变压器的最高效率已达到 96%。

6. 其他类型的变压器

除上面介绍的各种变压器外，19 世纪后期及 20 世纪初期，还有许多人也进行了变压器的研究工作，制成了多种多样的变压器，也为后期各型变压器的发展积累了宝贵的经验和教训。

英国科学家费兰特（S. Z. Ferranti，1864—1930）对变压器进行了研究，并于 1885 年取得有关闭合磁路变压器专利权。1888 年研制成铁片弯成圆形组成铁芯的变压器。1891 年制成一台 10kV/2kV 的较大容量的变压器，其铁芯由 10 段组成，每段铁芯均由弯成圆形的铁片组成，各段铁芯间的间隙用作通风冷却。

1884 年，英国电工学家 J. 霍普金森（J. Hopkinson，1849—1898）和他的弟弟 E. 霍普金森（E. Hopkinson，1859—1922）申请闭合磁路变压器的专利。1891 年，莫迪（M. W. Mordey）为布拉什（Brush）公司设计制成一台采用叠片铁芯的变压器。美国电工学家汤姆森（E. Thomson，1853—1937）早在 1879 年就在弗朗克林（Franklin）学院研究过变压器。1886 年，他制成第一台电焊变压器，其二次绕组为单匝，不久又制成恒流变压器。迪克（Disk）和肯尼迪（R. Kennedey）发明了一种采用 H 形铁芯的变压器结构，如图 6-37 所示。

1889 年，英国斯温伯恩（M. Swinburne）发明"刺猬式"油浸变压器，这种变压器现在仍有应用。此外，在 19 世纪 80、90 年代还有很多人对变压器进行了研究。进入 20 世纪以后，随着电力工业的不断发展，人类在大型变压器、特种变压器等各方面都取得了巨大的进步。

6.2.3 电动机

一、电动机的结构及工作原理

电动机是一种把电能转换成机械能的设备，分布于各个用户处，电动机按使用电源不同分为直流电动机和交流电动机，电力系统中的电动机大部分是交流电机，可以是同步电机或者是异步电机（电机定子磁场转速与转子旋转转速不保持同步速）。

通常，电动机的做功部分做旋转运动，这种电动机称为转子电动机；也有做直线运动

图 6-37　迪克-肯尼迪变压器剖面图

的，称为直线电动机。电动机能提供的功率范围很大，从毫瓦级到万千瓦级。电动机的使用和控制非常方便，具有自启动、加速、制动、反转、掣住等能力，能满足各种运行要求；电动机的工作效率较高，又没有烟尘、气味，不污染环境，噪声也较小。由于它的一系列优点，所以在工农业生产、交通运输、国防、商业及家用电器、医疗电器设备等各方面得到广泛应用。

一般电动机主要由两部分组成：（定子）固定部分、（转子）旋转部分。另外，还有端盖、风扇、罩壳、机座、接线盒等。

定子的作用是用来产生磁场和作电动机的机械支撑。电动机的定子由定子铁芯、定子绕组和机座三部分组成。定子绕组镶嵌在定子铁芯中，通过电流时产生感应电动势，实现电能量转换。机座的作用主要是固定和支持定子铁芯。电动机运行时，因内部损耗而产生的热量通过铁芯传给机座，再由机座表面散发到周围空气中。为了增加散热面积，一般将电动机机座外表机面设计为散热片状。

图 6-38　电动机外观图

电动机的转子由转子铁芯、转子绕组和转轴组成。转子铁芯也是作为电动机磁路的一部分。转子绕组的作用是感应电动势，通过电流而产生电磁转矩。转轴是支撑转子的重量，传递转矩，输出机械功率的主要部件。图 6-38 所示为电动机外观图。

电动机的工作原理是建立在电磁感应定律、全电流定律、电路定律和电磁力定律等基础上的。当磁极沿顺时针方向旋转，磁极的磁力线切割转子导条，导条中就感应出电动势。电动势的方向由右手定则来确定。因为运动是相对的，假如磁极不动，转子导条沿逆时针方向旋转，则导条中同样也能感应出电动势来。在电动势的作用下，闭合的导条中就产生电流。该电流与旋转磁极的磁场相互作用，而使转子导条受到电磁力 F，电磁力的方向可用左手定则确定。由电磁力进而产生电磁转矩，转子就转动起来。

二、电动机的分类

从不同的角度可以对电动机进行分类具体如下：

（1）按其功能，可分为驱动电动机和控制电动机。

（2）按电能种类，可分为交流电动机和直流电动机。

（3）从电动机的转速与电网电源频率之间的关系，可分为同步电动机与异步电动机。

（4）按电源相数，可分为单相电动机和三相电动机。

（5）按防护形式，可分为开启式、防护式、封闭式、隔爆式、潜水式、防水式。

（6）按安装结构形式，可分为卧式、立式、带底脚、带凸缘等。

（7）按绝缘等级，可分为 E 级、B 级、F 级、H 级等。

三、电动机发明简史

在奥斯特发现电的磁效应之后，人们对电最感兴趣的研究方向，自然是如何把电能转化为动能。继法拉第在 1821 年发明最初的直流电动机的实验装置后，有不少人对电动机进行了类似的实验研究。其中成就最为卓著的是在革新电磁铁方面作出过重要贡献的美国电学家亨利。

亨利在 1829 年革新成功新的电磁铁之后，开始致力于电动机的研究。1831 年，他在一次实验中也发现了感应电流。同年，亨利试制出了一台电动机的实验模型。亨利的电动机虽然只是一种实验装置，但由于他的装置中应用了电磁铁，因而它所产生的磁能较大，因此产生的动能也就比法拉第的装置所产生的动能要大得多。亨利的电动机实验模型是继法拉第在 1821 年所制的那种模型后的一大进步，是向实用电动机发展进程中跨出的重要一步。

1834 年，雅可比以亨利的电动机实验模型为基础，对这种实验模型作了一些重要革新。把亨利模型中的水平电磁铁改为转动的电枢，加装了脉动转矩和换向器。这样，雅可比就最先把亨利的那种电动机的实验模型变成了一种最初始的可供实用的电动机，从而使电动机完成了从实验模型到实用电动机的转化。

雅可比的双重式电动机最初是以大功率的伏打电池为电源的。到了 19 世纪 40 年代，由于皮克希的永磁发电机在几经改革后投产使用，雅可比的这种双重式电动机就可以用皮克希永磁发电机为电源了。1849 年前后，当庞大而笨重的永磁式发电机已能为工业提供电源时，雅可比的双重式电动机即成为把电能转变为机械能的配套的动力机。

由于当时永磁发电机已能为当时的电解工业提供电，电解工业对发电机进一步提出了新的需求。正是在电力工业与电解工业的双重推动作用之下，使发电机本身又迈向了新的里程。要提高发电机的功率，为发电机安装更加强大的磁铁，是其重要途径之一。可是，永磁铁本身所产生的磁力有限。人们便向寻找新的更强大的磁铁这一目标进军。1854 年，丹麦电学工程师乔尔塞为在发电机中引入电磁铁进行了最初的尝试。他除了在发电机中装有永磁铁外，另外加装了电磁铁，从而试制成功了一种永磁铁和电磁铁混合励磁的混励式发电机。这种混励式发电机的功率与永磁式发电机的功率相比，当然有明显的提高。乔尔塞所以另加永磁铁，是担心仅靠电磁铁无法使发电机启动。乔尔塞的这种混励式发电机，后来成为自励式发电机的先驱。英国电学家惠斯通（1802—1875），1857 年试制成功了一种自励式发电机。这种自励式发电机的励磁机构完全采用电磁铁，而且磁铁所需的电力则由一个伏打电池组组成的独立电源来提供。这种自励式发电机的功率，当然要比永磁式发电机和混励式发电机的功率大得多。

在惠斯通的自励式发电机问世 10 年之后，一种真正的自励式发电机——自馈式发电机相继在德国和英国发明。在德国，发明自馈式发电机的是电学工程师西门子（1816—1892）。1847 年，他成立了以生产电器设备为主的西门子公司。西门子公司不但从事电器设备的生产，而且还附设从事电器设备研究的科学实验室。这就使他的公司比别的公司更具有竞争的科学基础。他想，发电机本身不是一种比伏打电池更强大的电源吗？如果把发电机上产生的电流部分地引入电磁铁，这样便可以使电磁铁得到一种自馈电流。当然，这股自馈电流只是发电机能产生电流中的很小的一部分，尽管如此，它还是比伏打电池能提供的电流强大得多。

四、电动机发明史上的大事记

1831 年，美国物理学家亨利设计成世界上首台用磁铁做往复运动的电动机。

1834 年，俄国科学院院士雅克比发明回转式直流电动机。

1879 年，英国贝德发明多相电动机，在英国伦敦皇家学会展出。

1883 年，美籍南斯拉夫人特斯拉发明世界上第一台感应电动机。

1886 年，特斯拉创制出结构完善的商用异步电动机。

1888 年，俄国的多布罗奥斯基发明三相异步电动机。

1889 年，俄国的多布罗奥斯基发明三相交流单鼠笼和双鼠笼异步电动机。

1947 年，我国上海新安电机厂仿美国产品，试制成我国第一多速电动机，额定容量 40 马力。

6.3 智 能 电 网

所谓智能电网，就是以物理电网为基础，将现代先进的传感测量技术、通信技术、信息技术、计算机技术、电力电子技术、设备制造技术、控制技术等与物理电网高度集成而形成的新型电网。其目标是充分满足用户对电力的需求和优化资源配置，确保电力供应的安全性、可靠性和经济性，满足环保约束，保证电能质量，适应电力市场化发展，以实现对用户可靠、经济、清洁、互动的电力供应和增值服务。

智能电网是一个完全自动化的电能传输网络。它能够监视和控制每个用户和电网节点，保证从电厂到终端用户整个发电、输电、配电、用电过程中所有节点之间的信息和电能的双向流动。它是一个可整合全部连接到电网用户所有行为的电力传输网络，并向全体用户有效提供安全、优质的电能。智能电网由很多部分组成，可以细分为智能发电系统、智能输电系统、智能变电站、智能配电网、智能电能表、智能交互终端、智能调度、智能家电、智能用电楼宇、智能城市用电网和新型储能系统等。

一、国外发展历史

2005 年冬天，加拿大人马克·坎贝尔（Mark Kerbel）发明了一种新的控制技术。他根据群体行为原理，让大楼里的电器设备互相协调，减少大楼在用电高峰期的用电量。他设计了一种无线控制器，与大楼的各个电器相连，并对这些电器实现有效控制。比如，将 A 空调接通电源运转 15min，以把室内温度维持在 24℃；此时 B、C 两台空调可能会在保证室内温度的前提下，将其电源断开停运 15min。这样，在不耽误每台电器设备执行个体功能的前提下，尽量让全部用电设备交替使用，整个大楼的节能目标就可以实现。这个技术赋予电器设备用电智能化，可以提高能源的利用效率。现在这种模式通常称为智能系统，智能系统的控制设备非常简单，不需要人管，也无须培训，装好后就可以投入使用，但它在协同性上却表现得非常良好。在使用了坎贝尔发明的这种无线控制器后，可以减少多达 30% 的峰值用电量。

2006 年中期，一家名为"网点"的公司开始出售一种可用于监测家用电路耗电量的电子产品，可以通过互联网通信技术调整家用电器的用电量。这个电子产品具有一部分交互功能，可以看作是智能电网中的一个基础设施。当年，欧盟理事会的能源绿皮书《欧洲可持续的、竞争的和安全的电能策略》强调智能电网技术是保证欧盟电网电能质量的一个关键技术和发展方向。这时的智能电网是指输电与配电过程中的自动化节能新技术。

同样在 2006 年，美国 IBM 公司曾与全球电力专业研究机构、电力企业合作开发了"智能电网"解决方案。这一方案被形象比喻为电力系统的"中枢神经系统"，电力公司可以通过使用传感器、计量表、数字控件和分析工具，自动监控电网，以达到优化电网性能、防止断电、更快地恢复供电的目的，消费者对电力使用的管理也可细化到每个联网的装置。这个可以看作是智能电网最完整的一个解决方案，标志着智能电网概念的正式诞生。

2008 年美国科罗拉多州的波尔得已经成为全美第一个智能电网城市，每户家庭都安装了分时计价的智能电能表，人们可以很直观地了解当时的电价，从而把一些事情，比如洗衣服、熨衣服等安排在电价低的时间段来完成。电能表还可以帮助人们优先使用风电和太阳能等清洁能源。同时，变电站可以收集每家每户的用电情况，一旦有问题出现，可以重新配备电力。

2008 年 9 月，美国谷歌公司与通用电气公司联合发表声明对外宣布，他们正在共同开发清洁能源业务，其主要目的是为美国打造国家智能电网。

2009 年 1 月，美国白宫最新发布的《复苏计划尺度报告》宣布：将铺设或更新 3000 英里输电线路，并为 4000 万美国家庭安装智能电能表——美国行将推动互动电网的整体革命。

2009 年 2 月，地中海岛国马耳他公布了和 IBM 公司达成的协议，双方同意建立一个"智能公用系统"，实现该国电网和供水系统数字化。IBM 及其合作伙伴将会把马耳他 2 万个普通电能表替换成互动式电能表。这样，马耳他的电厂就能实时监控用电，并制定利用分时计价来奖励节约用电用户的政策。这个工程价值高达 9100 万美元，其中包括在电网中建立一个传感器网络。这种传感器网络可以为电厂提供相关数据，让发电厂能更有效地进行电力分配并检测到潜在的问题。IBM 将会提供搜集分析数据的软件，帮助电厂发现机会，降低成本以及该国密集型发电厂的碳排放量。

2009 年 2 月，谷歌公司表示已开始测试名为"Google 电能表"的用电监测软件。这是一个测试版的在线仪表盘。这些设备正在成为信息时代的公用基础设施。

2010 年，日本政府在孤岛上大规模构建智能电网试验，验证太阳能发电的统一控制等问题。日本电气事业联合会发表了"日本版智能电网开发计划"，着重开发太阳能发电输出预测与蓄电池系统。

2012 年，欧洲发布的《至 2035 年的智能电网战略研究议程》介绍了促进欧洲电网和智能电力系统发展的技术优先研发和示范方向，包括分布式储能系统、实时能源消费计量等。

2022 年，日本在宣布了一项 1550 亿美元的资助计划，以促进智能电力网络的投资。印度启动了一项约 380 亿美元的方案，以支持电力分配公司并改善分配基础设施。美国宣布了"电网韧性创新伙伴关系"计划，提供 105 亿美元的资助机会，以支持美国电网的升级和扩展。

2022 年底，欧盟委员会于提出了"能源系统数字化"行动计划，预计到 2030 年，对欧洲电网的投资将达到约 5840 亿欧元，其中 1700 亿欧元用于数字化。

二、国内发展历史

2007 年 10 月，我国华东电网正式启动了智能电网可行性研究项目，并规划了从 2008 年至 2030 年的三步走战略：在 2010 年初步建成电网高级调度中心，2020 年全面建成具有初步智能特性的数字化电网，2030 年真正建成具有自愈能力的智能电网。该项目的启动标志着我国开始进入智能电网领域。

2009 年 2 月，作为华北电力公司智能化电网建设的一部分——华北电网稳态、动态、暂态三位一体的安全防御及全过程发电控制系统在北京通过专家组的验收。这套系统首次将以往分散的能量管理系统、电网广域动态监测系统、在线稳定分析预警系统高度集成，调度人员无须在不同系统和平台间频繁切换，便可实现对电网综合运行情况的全景监视并获取辅助决策支持。此外，该系统通过搭建并网电厂管理考核和辅助服务市场品质分析平台，有效提升了调度部门对并网、电厂管理的标准化和流程化水平。

2010 年 1 月，国家电网公司制定了《关于加快推进坚强智能电网建设的意见》，确定了建设坚强智能电网的基本原则和总体目标。

2011 年 3 月，国家电网洛川 750kV 变电站成功投运，这是当时世界最高电压等级的智能变电站，如图 6-39 和图 6-40 所示。

图 6-39　国家电网陕西洛川变电站（一）

图 6-40　国家电网陕西洛川变电站（二）

在"十三五"期间，我国智能变电站的投资规模达到了 366 亿元，与"十二五"期间基本一致。到 2020 年，110（66）kV 及以上的智能变电站占变电站总量约 65%。此外，智能变电站的发展趋势包括集成化、小型化和协同化。集成化是指将计算机技术集成到传统机电保护器中，以提高故障维修效率。小型化则是指采用小型化装置，实现保护就地化，提升保护的快速性、可靠性和抗干扰性。主厂站协同互动则是指采用更加开放的平台和服务化的通信协议，增强主厂站间信息交互程度，实现按需提供式服务、订阅推送式服务和请求响应式服务功能，提升运维管理和创新水平。

近年来，我国电网规模持续扩大，线路复杂度的提升倒逼产业智能化升级转型。2020 年末，我国已基本全面建成统一的坚强智能电网，技术和装备达到国际先进水平。根据《中华人民共和国国民经济和社会发展第十四个五年规划和 2035 年远景目标纲要》中的内容，我国下一步电力能源的发展方向将转向新能源方向。

6.3.2　智能电网的结构

从广义上来说，智能电网包括可以优先使用清洁能源的智能调度系统、可以动态定价的智能计量系统以及通过调整发电、用电设备功率优化、负荷平衡的智能技术系统，让电能得以从集中式发电厂流向输电网、配电网直至用户。此外，电网中还遍布各种形式的新能源和清洁能源，如太阳能、风能、地热能、潮汐能、生物质能、燃料电池等。另外，高速、双向的通信系统实现了控制中心与电网设备之间的信息交互；高级的分析工具和决策体系保证了智能电网的安全、稳定和优化运行。智能电网结构示意如图 6-41 所示。

在开放和互联的信息模式基础上，通过加载系统数字设备和升级电网网络管理系统，实现发电、输电、供电、用电、客户售电、电网分级调度、综合服务等电力产业全流程的智能化、信息化、分级化互动管理，是集合了产业革命、技术革命和管理革命的综合性的效率变革。它将再造电网的信息回路，构建用户新型的反馈方式，推动电网整体转型为节能基础设施，提高能源效率，降低客户成本，减少温室气体排放，创造电网价值的最大化。

图 6-41　智能电网结构示意图

6.3.3　智能电网的建设目标

　　智能电网的建设目标是实现电网运行的可靠、安全、经济、高效、环境友好和使用安全。

　　（1）智能电网必须更加可靠。智能电网不管用户在何时何地，都能提供可靠的电力供应。它对电网可能出现的问题提出充分的告警，并能忍受大多数的电网扰动而不会断电。它在用户受到断电影响之前就能采取有效的校正措施，以使电网用户免受供电中断的影响。

　　（2）智能电网必须更加安全。智能电网能够经受物理的和网络的攻击而不会出现大面积停电或者不会付出高昂的恢复费用。它更不容易受到自然灾害的影响。

　　（3）智能电网必须更加经济。智能电网运行在供求平衡的基本规律之下，价格公平且供应充足。

　　（4）智能电网必须更加高效。智能电网利用投资，控制成本，减少电力输送和分配的损耗，电力生产和资产利用更加高效。通过控制潮流的方法，以减少输送功率拥堵和允许低成本的电源包括可再生能源的接入。

　　（5）智能电网必须更加环境友好。智能电网通过在发电、输电、配电、储能和消费过程中的创新来减少对环境的影响，进一步扩大可再生能源的接入。在可能的情况下，在未来的设计中，智能电网的资产将占用更少的土地，减少对景观的实际影响。

　　（6）智能电网必须使用安全。智能电网不能伤害到公众或电网工人，也就是对电力的使用必须是安全的。

6.3.4　智能电网的关键技术

一、通信技术

　　建立高速、双向、实时、集成的通信系统是实现智能电网的基础，没有这样的通信系统，任何智能电网的特征都无法实现。智能电网的数据获取、保护和控制都需要这样的通信系统的支持，因此建立这样的通信系统是迈向智能电网的第一步。同时通信系统要和电网一样深入到千家万户，这样就形成了两个紧密联系的网络——电网和通信网络，只有这样才能实现智能电网的目标。图 6-42 显示了电网和通信网络的关系，其中绿色箭头表示电能传输方向，而红色箭头表示信息传输方向。高速、双向、实时、集成的通信系统使智能电网成为一个动态实时信息和电力交换互动的大型的基础设施。当这样的通信系统可以提高电网的供电可靠性和资产的利用率，繁荣电力市场，抵御电网受到的攻击，从而提高电网价值。高速双向通信系统的建成，智能电网通过连续不断地自我监测和校正，应用先进的信息技术，实现其最重要的特征——自愈特征。它还可以监测各种扰动，进行补偿，重新分配潮流，避免事故的扩大。高速双向通信系统使得各种不同的智能电子设备、智能表计、控制中心、电力电子控制器、保护系统以及用户进行网络化的通信，提高对电网的驾驭能力和优质服务的水平。在这一技术领域主要有两个方面的技术需要重点关注，其一就是开放的通信架构，它形成一个"即插即用"的环境，使电网元件之间能够进行网络化的通信；其二是统一的技术标准，它能使所有的传感器、智能电子设备以及应用系统之间实现无缝的通信，也就是信息在所有这些设备和系统之间能够得到完全的理解，实现设备和设备之间、设备和系统之间、系统和系统之间的互操作功能。这就需要电力企业、设备制造企业以及标准制定机构进行通力的合作，才能实现通信系统的互联互通。

图 6-42　智能电网的电能与信息传输示意图

图 6-43 所示为新型传感器外观图。

二、测量技术

参数测量技术是智能电网的基本组成部件，先进的参数测量技术获得数据并将其转换成数据信息，以供智能电网的各个方面使用。利用这些参数来评估电网设备的健康状

图 6-43　新型传感器外观图

况和电网的完整性，进行电能表计的读取、计算电费以及防止窃电、缓减电网阻塞并与用户进行沟通。

未来的智能电网将取消所有传统的电磁式电能表，取而代之的是可以使电力企业与用户进行双向通信的智能固态电能表。基于微处理器的智能电能表将有更多的功能，除了可以计量每天不同时段电力用户使用的电能和应交的电费外，还有储存电力企业下达的高峰电力价格信号及电费费率，并通知用户实施什么样的费率政策。更高级的功能还有用户自行根据费率政策，编制出用电时间表，自动控制用户内部电力使用的策略。

对于电力企业来说，参数测量技术给电力系统运行人员和规划人员提供更多的数据支持，包括电网功率因数、电能质量、电压电流相位关系、设备健康状况和输出功率、表计的损坏、故障定位、变压器和线路负荷、关键元件的温度、停电确认、电能消费等数据。新的软件系统将收集、储存、分析和处理这些数据，为电力企业的其他业务所用。

未来的数字继电保护将嵌入计算机代理程序，极大地提高可靠性。计算机代理程序是一个自治和交互的自适应的软件模块。广域监测系统、保护和控制方案将集成数字继电保护、先进的通信技术以及计算机代理程序。在这样一个集成的分布式的保护系统中，保护元件能够自适应地相互通信，灵活性和自适应能力将极大地提高可靠性，因为即使部分系统出现了故障，其他的带有计算机代理程序的保护元件仍然能够保护系统。

三、设备制造技术

智能电网广泛应用先进的设备技术，极大地提高了输配电系统的性能。未来的智能电网中的设备将充分应用在材料、超导、储能、电力电子和微电子技术方面的最新研究成果，从而提高功率密度、供电可靠性和电能质量以及电力生产的效率。

未来智能电网将主要应用电力电子技术、超导技术以及大容量储能技术三个方面的先进技术。通过采用新技术和在电网和负荷特性之间寻求最佳的平衡点来提高电能质量。通过应用和改造各种各样的先进设备，如基于电力电子技术和新型导体技术的设备，来提高电网输送容量和可靠性。配电系统中要引进许多新的储能设备和电源，同时要利用新的网络结构，如微电网。

经济的柔性交流输电装置，将利用比现有半导体器件更能控制的低成本的电力半导体器件，使得这些先进的设备可以得到广泛应用。分布式发电将被广泛应用，多台机组间通过通信系统连接起来形成一个可调度的虚拟电厂。超导技术将用于短路电流限制器、储能、低损耗的旋转设备以及低损耗电缆。先进的计量和通信技术将使得需求响应的应用成为可能。

四、控制技术

先进的控制技术是指智能电网中分析、诊断和预测状态并确定和采取适当的措施以消除、减轻和防止供电中断与电能质量扰动的装置和算法。这些技术将提供对输电、配电和用户侧的控制方法并且可以管理整个电网的有功功率和无功功率。从某种程度上说，先进控制技术紧密依靠并服务于其他多个关键技术领域，如参数测量技术、集成通信技术、先进决策技术。另外，先进控制技术可以支持市场报价技术以及提高资产的管理水平。

先进控制技术的分析和诊断功能被引入到预设的专家系统，在专家系统允许的范围内，采取自动的控制行动。这样所执行的行动将在秒一级水平上，这一自愈电网的特性将极大地提高电网的可靠性。当然先进控制技术需要一个集成的高速通信系统以及对应的通信标准，以处理大量的数据。先进控制技术将支持分布式智能代理软件、分析工具以及其他应用软件。

先进控制技术将使用智能传感器、智能电子设备以及其他分析工具测量的系统和用户参数以及电网元件的状态情况，对整个系统的状态进行评估，这些数据都是准实时数据，对掌握电网整体的运行状况具有重要的意义；同时，还要利用向量测量单元以及全球卫星定位系统的时间信号，来实现电网早期的预警。

准实时数据以及强大的计算机处理能力为软件分析工具提供了快速扩展和进步的能力。状态估计和应急分析将在秒级水平上完成分析，这给先进控制技术和系统运行人员足够的时间来响应紧急问题；专家系统将数据转化成信息用于快速决策；负荷预测将应用这些准实时数据以及改进的天气预报技术来准确预测负荷；概率风险分析将成为例行工作，确定电网在设备检修期间、系统压力较大期间以及不希望的供电中断时的风险的水平；电网建模和仿真使运行人员可认识准确的电网可能的场景。

高速计算机处理准实时数据，之后基于此数据由专家诊断来确定现有的、正在发展的和潜在的问题的解决方案，并提交给系统运行人员进行判断。

智能电网通过实时通信系统和高级分析技术的结合使得执行问题检测和响应的自动控制行动成为可能，它还可以降低已经存在问题的扩展，防止紧急问题的发生，修改系统设置、状态和潮流以防止预测问题的发生。

先进控制技术不仅给控制装置提供动作信号，而且也为运行人员提供信息。控制系统收集的大量数据不仅对自身有用，而且对系统运行人员也有很大的应用价值，而且这些数据将辅助运行人员进行决策。

6.4 新型电力系统

当今世界，百年未有之大变局加速演进，气候变化、局势动荡给全人类生存和发展带来严峻挑战，全球能源产业链供应链遭受严重冲击，国际能源价格高位震荡，能源供需版图深度调整，新一轮科技革命和产业革命深入发展，能源电力系统的安全高效、绿色低碳转型及数字化智能化技术创新已经成为全球发展趋势。党的十八大以来，电力行业深入贯彻党中央、国务院关于推进能源革命的战略部署，持续加快高质量发展和低碳转型升级，为社会经济快速发展和人民美好生活用电需求提供了坚强的电力保障。

6.4.1 新型电力系统的定义

2021年3月15日，习近平总书记在中央财经委员会第九次会议上对能源电力发展作出了系统阐述，首次提出构建新型电力系统。党的二十大报告强调加快规划建设新型能源体系，为新时代能源电力发展提供了根本遵循。新型电力系统是以确保能源电力安全为基本前提，以满足经济社会高质量发展的电力需求为首要目标，以高比例新能源供给消纳体系建设为主线任务，以源网荷储多向协同、灵活互动为坚强支撑，以坚强、智能、柔性电网为枢纽平台，以技术创新和体制机制创新为基础保障的新时代电力系统，是新型能源体系的重要组成和实现"双碳"目标的关键载体。

6.4.2 新型电力系统的特征

新型电力系统具备安全高效、清洁低碳、柔性灵活、智慧融合四大重要特征，其中安全高效是基本前提，清洁低碳是核心目标，柔性灵活是重要支撑，智慧融合是基础保障，这共同构建了新型电力系统。如图6-44所示，新能源通过提升可靠支撑能力逐步向系统主体电源转变，非化石能源发电将逐步转变为装机主体和电量主体，核、水、风、光、储等多种清洁能源协同互补发展，化石能源发电装机及发电量占比下降的同时，在新型低碳零碳负碳技术的引领下，电力系统碳排放总量逐步达到"双碳"目标要求。不同类型机组的灵活发电技术、不同时间尺度与规模的灵活储能技术、柔性交直流等新型输电技术的广泛应用，使骨干网架柔性灵活程度更高，可以支撑高比例新能源接入系统和外送消纳。新型电力系统以数字信息技术为重要驱动，呈现数字、物理和社会系统深度融合特点。为适应新型电力系统海量异构资源的广泛接入、密集交互和统筹调度，"云大物移智链边"等先进数字信息技术在电力系统各环节广泛应用，助力电力系统实现高度数字化、智慧化和网络化，支撑源网荷储海量分散对象协同运行和多种市场机制下系统复杂运行状态的精准感知和调节，推动以电力为核心的能源体系实现多种能源的高效转化和利用。

图6-44 新型电力系统图景展望

6.4.3 新型电力系统的发展现状与问题挑战

目前我国电力系统发电装机总容量、非化石能源发电装机容量、远距离输电能力、电网规模等指标均稳居世界第一，电力装备制造、规划设计及施工建设、科研与标准化、系统调控运行等方面均建立了较为完备的业态体系，为服务国民经济快速发展和促进人民生活水平不断提高提供了有力支撑，为全社会清洁低碳发展奠定了坚实基础。

我国新能源快速发展，系统调节能力和支撑能力提升面临诸多掣肘，新能源消纳形势依然严峻。如图 6-45 所示，新能源占比不断提高，快速消耗电力系统灵活调节资源，其间歇性、随机性、波动性特点使得系统调节更加困难，系统平衡和安全问题更加突出。部分网架薄弱、缺乏同步电源支撑的大型新能源基地，系统支撑能力不足，新能源安全可靠外送受到影响。近年来，虽然全国新能源利用率总体保持较高水平，但消纳基础尚不牢固，局部地区、局部时段弃风弃光问题依然突出。未来，新能源大规模高比例发展要求系统调节能力快速提升，但调节性资源建设面临诸多约束，区域性新能源高效消纳风险增大，制约新能源高效利用。

图 6-45　我国各类电源装机结构

高比例可再生能源和高比例电力电子设备的"双高"特性日益凸显，安全稳定运行面临较大风险挑战。相比于同步发电机主导的传统电力系统，"双高"电力系统低惯量、低阻尼、弱电压支撑等特征明显，且我国电网呈现交直流送受端强耦合、电压层级复杂的电网形态，送受端电网之间、高低压层级电网之间协调难度大，故障后易引发连锁反应。中东部地区多条直流集中馈入，本地电源支撑能力弱，电压频率稳定问题严峻，同时形成多个密集通道，电网安全风险突出。随着高比例新能源、新型储能、柔性直流输电等电力技术快速发展和推广应用，系统主体多元化、电网形态复杂化、运行方式多样化的特点愈发明显，对电力系统安全、高效、优化运行提出了更大挑战。

电力系统可控对象从以源为主扩展到源网荷储各环节，控制规模呈指数级增长，调控技术手段和网络安全防护亟待升级。如图 6-46 所示，随着数量众多的新能源、分布式电源、新型储能、电动汽车等接入，电力系统信息感知能力不足，现有调控技术手段无法做到全面可观、可测、可控，调控系统管理体系不足以适应新形势发展要求，需要不断深化电力体制改革和电力市场建设，提升新能源消纳能力和源网荷储灵活互动调节能力。电网控制功能由调控中心向配电、负荷控制以及第三方平台前移，电网的攻击暴露面大幅增加，电力系统已成为网络攻击的重要目标，网络安全防护形势更加复杂严峻，电力系统重点环节网络安全防护能力亟需提升。

图 6-46　电力系统安全稳定运行面临风险示意图
注：本图来源于《新型电力系统发展蓝皮书》（中国电力出版社出版）。

电力关键核心技术装备尚存短板，电力系统科技创新驱动效能还需持续提升。我国能源电力领域已形成具有较强国际竞争力的完整产业链、供应链和价值链，电力科技整

体水平实 现从跟跑向并行、领跑的战略性转变，但个别技术领域同世界能源电力科技强国相比仍有差距，先进核电、碳捕捉利用及封存（CCUS）、高效率低成本可再生能源发电装备、大功率柔性输变电装备、长时储能、燃料电池、大型燃气轮机、高温材料、高端电工材料、关键元器件等支撑新型电力系统构建的技术、装备、材料亟需攻关突破。需要加强政策引导，激发创新潜力，打造新型电力系统多维技术路线，推动能源电力全产业链融通发展。

思考题

6.1　简述电力系统的组成与功能。

6.2　试说明电力系统调度的主要任务。

6.3　核电厂与火力发电厂的主要区别在哪里？

6.4　简述变电站在电力系统中的作用和地位。

6.5　简述什么是智能电网。

6.6　简述什么是新型电力系统。

7 高电压与绝缘技术

本章导读

本章主要介绍了高电压与绝缘技术产生和发展、基本任务和特点、理论基础和主要研究内容，简单介绍了高电压新技术在其他领域的应用。

中国将破立并举、稳扎稳打，在推进新能源可靠替代过程中逐步有序减少传统能源，确保经济社会平稳发展。

——习近平

7.1 高电压与绝缘技术产生和发展

7.1.1 与高电压相关的事例

在电工科学领域，对高电压现象的关注由来已久。通常所说的高电压一般是针对某些极端条件下的电磁现象，并没有在电压数值上划分一个界限。

历史上有很多著名的实验和科学家与高电压有关。

在 1752 年的 6 月，闷热的夏季到来了，富兰克林望着变幻莫测的天空，一个大胆的想法闯入了他的脑际：借助一只普通的风筝就可以便利地进入带雷的云区，从而完成他期待已久的实验。于是，他立即与儿子威廉一起动手，精心制作了一只大风筝——两根木条拼装成风筝十字形的骨架，上面蒙上一块丝绸。然后，他们在风筝的上端固定了一根尖头的金属丝，在风筝的末端绑上一把金属钥匙。一天，天色阴沉，电闪雷鸣，富兰克林和威廉把风筝升入天空。忽然，富兰克林发现，风筝线尾端的麻绳纤维相互排斥地耸立起来，他感到一阵狂喜，下意识地伸手指向钥匙，结果受到了强烈的电击。大雨很快自天而降，当雨水打湿了麻绳时，他看到了美丽异常的电火花。而后，他又用这把钥匙为莱顿瓶充了电。发现雷电与摩擦电具有相同的性质。

1895 年 11 月 8 日，正当伦琴继续在德国慕尼黑伍尔茨堡大学实验室里从事阴极射线的实验工作时，一个偶然事件引起了他的注意。当时，房间一片漆黑，放电管用黑纸包严，突然他发现在不超过 1m 远的小桌上有一块亚铂氰化钡做成的荧光屏发出闪光。他很奇怪，就把荧光屏移远继续试验，荧光屏的闪光仍随放电过程的节拍断续出现。他取来各种不同的物品，包括书本、木板、铝片等，放在放电管和荧光屏之间，发现不同的物品效果很不一样，有的挡不住，有的起到一定的阻挡作用。伦琴意识到这可能是某种特殊的从来没有观察到过的射线，它具有特别强的穿透力。于是立刻集中全部精力进行彻底的研究。他把密封在木盒中的砝码放在这一射线的照射下拍照，得到了模糊的砝码照片；他把指南针拿来拍照，得到金属边框的痕迹；他把金属片拿来拍照，拍出了金属片内部不均匀的情况。他深深地沉浸在这一新奇现象的探讨中，达到了废寝忘食的地步。六个星期过去了，伦琴已经确认这是一种新的射线，于是取名"X 射线"。现在，我们知道，在实验室里 X 射线可以由具有阴极和阳极的真空管的 X 射线管产生，真空管的阴极用钨丝制成，通电后可发射热电子，阳极（也称靶极）用高熔点金属制成。用几万伏至几十万伏的高压加速电子，电子束轰击靶极，X 射线从靶极发出（见图 7-1）。直到 20 世纪初，人们才知道 X 射线实质上是一种比光波更短的电磁波，它不仅在医学中用途广泛（见图 7-2），而且还为今后物理学的重大变革提供了重要的证据。在 1901 年诺贝尔奖的颁奖仪式上，伦琴成为世界上第一个荣获诺贝尔物理学奖的人。人们为了纪念他，将 X 射线命名为伦琴射线。

图 7-1　X 射线的产生示意图

图 7-2　X 射线拍下的人手骨骼

自 E. 卢瑟福 1919 年用天然放射性元素放射出来的 α 射线轰击氮原子首次实现了元素的人工转变以后，物理学家就认识到要想认识原子核，必须用高速粒子来变革原子核。天然放射性提供的粒子能量有限，因此为了开展有预期目标的实验研究，几十年来人们研制和建造了多种粒子加速器。粒子加速器（Particle Accelerator）是用人工方法产生高速带电粒子的装置。粒子加速器按其作用原理不同可分为静电加速器、直线加速器、回旋加速器、电子感应加速器、同步回旋加速器、对撞机等。1932 年，J. D. 考克饶夫特和 E. T. 瓦尔顿在英国的卡文迪许（Cavendish）实验室开发制造了 700kV 高压倍加速器加速质子，实现了由多级电压分配器产生恒定的梯度直流电压，使离子进行直线加速。1930 年，E. O. 劳伦斯制作了第一台回旋加速器，1940 由 D. W. 科斯特利用电磁感应产生的涡旋电场发明了新型的加速电子的电子感应加速器。1945 年，V. I. 维克斯勒尔和 E. M. 麦克米伦分别提出了谐振加速中的自动稳相原理，从理论上提出了突破回旋加速器能量上限的方法，从而推动了新一代中高能回旋谐振式加速器如电子同步加速器、同步回旋加速器和质子同步加速器等的建造和发展。20 世纪 80 年代，我国陆续建设了三大高能物理研究装置——北京正负电子对撞机（见图 7-3）、兰州重离子加速器和合肥同步辐射装置。

图 7-3　北京正负电子对撞机

范德格拉夫起电机，简称范氏起电机，它是由美国物理学家范德格拉夫在 1931 年发明的，起电机以摩擦生电的原理，不断产生大量电荷。范德格拉夫起电机球形罩上的电荷能产生超过 1000 万 V 的电压。在核物理实验中，如此高的电压可用来加速各种带电粒子，如质子、电子等。

从上面的事例可知，研究如何获得高电压以及在高电压下介质及系统的行为是高电压应用的基础。

7.1.2　高电压与绝缘技术的产生

高电压技术起源于 20 世纪初，至今已成为电气工程学科的一个重要分支。当时的高电压技术，主要是为了解决高电压输电中的绝缘问题。可以说，高电压技术是随着高电压、大容量、远距离输电和高电压设备的需要而发展起来的一门电力科学技术。高电压与绝缘是相互依赖不可分割的整体，没有可靠的绝缘，高电压就无法实现。

火力发电需要煤、燃气或油作为动力的能源，为节省燃料的运输费，一般会将火力发电站建在燃料的产地，另外，水力发电站建立在远离负荷的江河上。为了把这些电站发出的电力既经济又安全地输送到用户，就需要建很多高压电网，制造许多高压电力设备。因此，高电压与绝缘技术是电力工业和电气设备制造工业所必须掌握和深入研究的一个重要的领域。

7.1.3 高电压与绝缘技术的发展

高电压与绝缘技术的发展始于 20 世纪初，在电力传输领域，"高压"的概念是不断变化的。国际上，一般将 1kV 以上、220kV 及以下的电压等级称为高压。交流 330～765kV、直流±500～±750kV 为超高压。交流 1000kV 及以上、直流±750kV 及以上称为特高压。在更宽泛的国际标准或某些特定语境下，直流超高压指的是电压等级在直流特高压以下，但远高于常规高压直流的电压范围。具体的电压界限会因不同的标准而有所差异。随着电力技术的不断发展，电压等级的定义和划分也可能会随之变化。在具体应用中，需要参考最新的标准或规范来确定直流超高压的具体电压范围。

随着电能应用的日益广泛，电力系统所覆盖的范围越来越大，输电电压等级不断提高，就世界范围而言，架空输电线路电压等级在不断提高，电压等级各个阶段的发展与高电压技术解决了输电线路的电晕现象、过电压的防护和限制以及静电场、电磁场对环境的影响等问题密切相关。而电压等级的提升和各种高电压装置的成功研制又会促进高电压技术的进步。

我国的输电线路建设，经历了 20 世纪 50～60 年代建成 110～220kV 高压、70 年代建成 330kV 超高压，2009 年晋东南—南阳—荆门 1000kV 第一条特高压交流试验示范线路建成，2010 年向家坝—上海±800kV 特高压直流输电投运，标志着我国特高压输电技术取得了实质性突破，走在了世界输电领域前列。图 7-4 所示为鄂东某 500kV 变电站。

图 7-4　鄂东某 500kV 变电站

20 世纪 60 年代以后，为了适应大城市电力负荷增长的需要，以及克服城市架空输电线路走廊用地的困难，地下高压电缆输电发展迅速，由 220、275、345kV 发展到 20世纪 70 年代的 400、500kV 电缆线路，同时为减少变电站占地面积和保护城市环境，气体绝缘全封闭组合电器（Gas Insulated Switchgear, GIS）得到越来越广泛的应用。

GIS 是将断路器、隔离开关、接地开关、电流互感器、电压互感器、避雷器、母线、进出线套管或电缆终端等元件组合封闭在接地的金属壳体内，充以一定压力的 SF_6

气体作为绝缘介质和灭弧介质所组成的成套开关设备（见图 7-5）。纯净的 SF_6 气体是一种无色、无味、基本无毒、不可燃的卤素化合物。其电气强度约为空气的 2.5 倍，相对密度在相同状态下约是空气的 5 倍。SF_6 气体的化学性质非常稳定，在空气中不燃烧，不助燃，与水、强碱、氨、盐酸、硫酸等不反应；在低于 150℃ 时，SF_6 气体呈化学惰性，极少溶于水，微溶于醇。对电器设备中常用的金属及其他有机材料不发生化学作用，只有在电弧或局部放电的高温作用下，SF_6 气体才会产生热离解或碰撞分离，从而会影响到设备运行安全。

图 7-5　某水电站 550kV GIS

7.1.4　超特高压建设电网

20 世纪 60~70 年代，世界经济快速发展，对电力需求提出更高的期望。为满足电力负荷的快速增长，实现远距离、大容量输电，美国、苏联、意大利、日本、加拿大和巴西等国开始了特高压输电技术探索，开展大量研究和试验工作，并建设了特高压输电工程。世界电工装备技术的进步、电网规模的扩大、大电网控制技术的成熟为发展特高压输电创造了条件，奠定了基础。现在世界上无论是交流输电，还是直流输电，总的趋势是输电电压等级越来越高。这种趋势形成的原因主要有以下几个点：

第一，从节约输电走廊方面的考虑。在幅员窄小、地价很高或线路走廊受地形限制时，这个因素就显得非常突出。经济性比较显示每提高一个电压等级，走廊输送电能的利用率可提高 2~3 倍。如特高压交流输电线路单位走廊输送能力约为同类型杆塔 500kV 线路的 2~3 倍，节省走廊 50% 以上。特高压直流单位走廊宽度输送容量约为超高压直流方案的 1.3 倍，节省 23% 的走廊资源。不同电压等级交流线路走廊宽度比较见图 7-6。

第二，从提高输送容量和增大送电距离方面考虑。如 1000kV 特高压交流输电线路的自然功率接近 500 万 kW，约为 500kV 交流输电线路的 5 倍；±800kV 特高压直流输电

图 7-6　不同电压等级交流线路走廊宽度比较

能力超过 640 万 kW，分别约为 ±500kV 和 ±620kV 直流的 2.1 和 1.7 倍。

同等长度下，1000kV 线路的电气距离是 500kV 线路的 1/4～1/5，输送相同功率时，前者最远送电距离约为后者的 4 倍，经济输送距离相应提高；±800kV 直流输电的经济输电距离可超过 2500km，为超长距离大规模电力送出创造条件。

第三，从改善电网结构和提高系统运行可靠性方面的考虑，发展高等级电压电网有利于分层分区布局，优化系统结构，从根本上解决短路电流超标等问题。系统允许短路电流的上限是由系统结构和断路器的开断能力决定的，由于更高的电压线路承担了主要的输电任务，因此较低电压线路中的短路电流不会增加，现有断路器的开断能力满足需求。此外，采用特高压联网的方式，可以增强电网之间的功率交换能力，有效解决超高压电网中出现的低频功率振荡问题，进而在更广阔的范围内实现资源的优化配置。

第四，从经济性方面考虑，采用高一级电压输电可以减少工程投资。节省约一半的导线材料、约 2/3 的铁塔用材，以及大量土地资源，降低电力建设成本。例如，1000kV 交流输电的单位输送容量综合造价约为 500kV 输电方案的 73%，节省投资 27%。±800kV 直流输电的单位输送容量综合造价为 ±500kV 直流输电方案的 72%，节省投资 28%。所以，在欧洲，即使幅员很小的国家如瑞士也采用高电压等级输电。

7.1.5　高电压与绝缘技术的作用

绝缘是高电压技术及电气设备结构中的重要组成部分，其作用是把电位不同的导体分开，使其保持各自的电位而没有电气连接。具有绝缘作用的材料称为绝缘材料，也叫作电介质。电介质在电场的作用下会发生极化、电导、损耗和击穿等现象。随着输电电压等级的升高，输电容量的提高，大型发电设备和输变电设备向着高压大容量的方向发展，这就要求绝缘材料具有更高的介电强度、更低的介电损耗与良好的耐电晕腐蚀能力。一方面，我们在电介质的电气特性、输电线和电气设备的绝缘结构、过电压防护和限制、高压试验技术，以及电磁场对环境的影响等方面进行深入的研究，为高电压与绝缘技术的发展奠定了越来越坚实的基础。另一方面，高电压与绝缘技术加强与其他学科相互渗透和联系，不断汲取其他科学领域的新成果，新材料（新型绝缘材料、超导材料、新型磁性材料等）在高压设备上得到迅速地推广应用和新技术（纳米技术、传感技术、微电子技术等）在高电压技术领域的应用无疑为推动高电压与绝缘技术的发展起到显著的作用。

电能与人类的生存、发展有密切关系，而高电压与绝缘技术是其中一个很重要的知识体系，它是支撑电能应用的一根有力的支柱。高电压与绝缘技术的发展不仅对电力工业、电工制造业有重大影响，也在电工以外的其他领域如近代和现代物理、航空与航天领域、机械加工、石油工业、生物医学、环境等得到广泛应用。因此，高电压与绝缘技术在电力行业和多种新兴学科领域都占有十分重要的地位。

7.2　高电压与绝缘技术基本任务及特点

7.2.1　高电压与绝缘技术的基本任务

高电压与绝缘技术是以试验研究为基础的应用技术，其基本任务是：研究在高电压作用下各种绝缘介质的性能和不同类型的放电现象，高电压设备的绝缘结构设计，高电压试验和测量的设备及方法，电力系统的过电压、高电压或大电流产生的强电场、强磁场或电磁波对环境的影响和防护措施，以及高电压在其他领域的应用等。

7.2.2　高电压与绝缘技术的特点

高电压与绝缘技术的特点：第一，实验性强。影响绝缘介质在高电压下的性能的因素很多，且相互间又互相影响，在某些特定条件下所得出的结论具有较大的局限性，因此，有必要通过实验研究得到反映事件本质的普遍性规律。高电压与绝缘领域不少现象至今不能用理论解释，只能通过实验研究。第二，理论性强。高电压与绝缘技术涉及的理论知识包括电磁场理论、电介质物理、等离子体物理学、气体动力学、基础热力学和材料学等，知识面广。例如，气体放电和击穿过程复杂，影响因素众多，要研究透彻需要很多理论知识。第三，交叉性强。高电压与绝缘技术在吸收其他学科如材料科学、计算机技术和核能技术的最新研究成果促进自身不断发展的同时，也不断地向其他学科渗透并成为新兴学科的理论和技术基础。如利用电子计算机计算电力系统的暂态过程和变电站的波过程，采用激光技术进行高电压下大电流的测量，采用光纤技术进行高电压的传递和测量，采用信息技术进行数据处理用于绝缘在线监测等。

高电压与绝缘技术已在粒子加速器、大功率脉冲发生器、受控热核反应、航空与航天领域的雷电和静电控制与防护、磁流体发电、激光技术、等离子体切割、电水锤进行海底探油、冲击加工成型、人体内结石的破碎，以及静电除尘、静电喷涂、静电复印等方面有着广泛的应用。

高电压与绝缘技术是工程综合性和实践性很强的一个电气工程学科的分支，大部分高电压技术理论都建立在试验研究的基础上，了解高电压与绝缘技术的产生和发展，认识高电压与绝缘技术的基本任务、学科特点和应用前景，对于我们今后学习和研究都有重要的指导作用。

7.3 高电压与绝缘技术理论基础及主要研究内容

7.3.1 高电压与绝缘技术的理论基础

电气绝缘是把不同的导体分隔开，使之在电气上不相连接。用作电气绝缘的材料称为绝缘体或电介质，这些材料通常具有 $10^9\Omega \cdot m$ 以上的电阻率，可以认为不导电。

绝缘介质按其存在的状态分为气体、液体和固体三种。绝缘材料有固体、液体、气体及其组合。各种状态的电介质在高电压作用下的表现是不同的。高电压与绝缘技术的理论基础是绝缘介质的放电和击穿理论与相关的理论知识，包括：

（1）气体（主要包括大气条件下的空气、压缩空气、SF_6 气体及高真空）放电过程的规律。

（2）不同电压形式下各种气体电介质的绝缘特性。

（3）绝缘子的沿面放电、污秽放电。

（4）液体、固体电介质的极化、电导与损耗以及击穿理论。

（5）液体、固体电介质的老化机理。

7.3.2 高电压与绝缘技术的研究内容

高电压与绝缘技术的主要研究内容可大致分为高电压绝缘特性研究和绝缘诊断，电力系统过电压及其防护技术，高电压试验设备、方法和测量技术等方面。

一、高电压绝缘技术

1. 高电压绝缘的研究意义

在高电压技术领域，不论是获得高电压还是研究高电压下系统的特性或随机干扰下电压的规律，都离不开绝缘的支撑。不论是绝缘材料还是绝缘结构，对高电压的实现都有着重要的意义，因此对电气绝缘的研究非常重要。

高压电工设备的绝缘承受着各种高电压的作用，包括交流和直流工作电压、雷电过电压和内部过电压。雷电过电压和内部过电压对输电线路和电气设备的绝缘是个严重的威胁。

2. 三类绝缘介质材类及其特性

电介质在电气设备中作为绝缘材料使用。实际应用中，对高压电气设备绝缘的要求是多方面的，单一电介质难以满足要求，因此实际的绝缘结构由多种介质组合而成。电气设备的外绝缘一般由气体介质（空气）和固体介质（绝缘子）联合构成，而设备的内绝缘一般由固体介质和液体介质联合构成。在电场的作用下，电介质中出现的电气现象可分为两大类：在弱电场的作用下（电场强度比击穿场强小得多），主要是极化、电导、介质损耗等；在强电场的作用下（电场强度等于或大于放电起始场强或击穿场强），主要有放电、闪络、击穿等。

由于气体绝缘介质不存在老化的问题，而且在击穿后有完全的绝缘自恢复特性，再加上其成本低廉，因此气体成为在实际应用中最常见的绝缘介质。架空输电线路的绝缘就是靠空气间隙和空气与固体介质的复合绝缘来实现的。气体击穿过程的理论研究虽然还不完善，但是相对于其他几种绝缘来说最为完整。

液体电介质在电气设备中起绝缘、传热、浸渍及填充作用，主要用在变压器、油断路器、电容器和电缆等电气设备中。在断路器和电容器中的绝缘油还分别有灭弧和储能作用。液体电介质与气体电介质一样具有流动性，击穿后有自愈性，但电气强度比气体的高。用液体介质代替气体介质制造的高压电气设备体积小，节省材料，但液体介质大多可燃，易氧化变质，产生水分、气体、酸、油泥等，导致电气性能变坏。电气设备对液体介质的要求首先是电气性能好，如绝缘强度高、电阻率高、介质损耗及介电常数小（电容器则要求介电常数高）；其次还要求散热及流动性能好，即黏度低、导热好、物理及化学性质稳定、不易燃、无毒以及其他一些特殊要求。液体电介质有矿物绝缘油、合成绝缘油和植物油三大类。实际应用中，也常使用混合油，即用两种或两种以上的绝缘油混合成新的绝缘油，以改善某些特性，如耐燃性、析气性、自熄性、局部放电特性等。

固体介质广泛用作电气设备的内绝缘，常见的有绝缘纸、纸板、云母、塑料等，而用于制造绝缘子的固体介质有电瓷、玻璃、硅橡胶等。以硅橡胶为主要材料的复合绝缘子如图7-7所示。电介质的电气特性，主要表现为它们在电场作用下的导电性能、介电性能和电气强度，它们分别以电导率（或绝缘电阻率ρ）、介电常数ε、介质损耗角正切$\tan\delta$和击穿电场强度E_b四个参数来表示。

3. 高压绝缘的主要研究内容

研究各种气体、液体和固体绝缘材料在不同电压下的放电特性、绝缘特性、介电强度和放电机理，研究如何提高气体绝缘的放电电压，在于揭示绝缘介质在强场强下的本质特征，以便合理解决电工设备的绝缘结构问题，从而有效提高介质的抗电强度。研究影响气体放电的各种因素，如间隙大小、电极形状、作用电压的极性和类型、气体的压力、温度、湿度和杂质等，对确保电工设备的经济合理和安全运行有重要的理论指导意义。

图 7-7 以硅橡胶为主要材料的复合绝缘子

高电压与电气绝缘的很多问题必须通过试验来解决。电气设备绝缘设计、故障检测与诊断等也都必须借助试验来完成。近年来，由于国民经济发展的要求，我国开始大力发展超高压、特高压输电技术，直流±800kV、交流1000kV的输电电压等级都是非常高的，电压等级的提高对电气设备绝缘的可靠性提出了更高的要求，很多技术问题没有任何可借鉴的经验，都必须依靠先进而完善的试验体系及试验方法才能得以很好地解决。

4. 电气设备的绝缘诊断技术及应用

电气设备的绝缘诊断技术，是通过对电气设备的试验和各种特性量的测量，了解、分析和评估设备在运行过程中的状态，从而早期发现故障的技术。电气设备的绝缘老化是由于设备在长期的运行中受到各种因素的作用，使绝缘材料逐渐劣化，绝缘性能下降甚至失去绝缘性能的现象。绝缘缺陷大致可分为两大类：① 集中性缺陷。例如，绝缘子瓷体内的裂缝、发电机定子绝缘介质因挤压磨损而出现的局部破损、电缆绝缘层内存在的气泡等。② 分散性缺陷。例如，电机、变压器等设备的内绝缘受潮、老化、变质等。当绝缘内部出现缺陷后，就会在它们的电气特性上反映出来。而绝缘诊断正是对上述现象进行监测、分析和判断，试验和测量是"诊"，分析和评估是"断"。

目前电气设备的监测有离线监测和在线监测之分。一般地，离线监测试验分为非破坏性试验（即绝缘特性试验）和破坏性试验（即耐压试验）两类。非破坏性试验是在较低电压或用其他不损害绝缘的方法测量绝缘的各种状态，包括绝缘电阻试验、介质损耗角正切试验、局部放电试验、绝缘油气相色谱分析等，测量的数据与绝缘的状态之间的关系主要依赖于经验建立。耐压试验的项目主要有交流耐压试验、直流耐压试验、雷电冲击耐压试验及操作冲击耐压试验等。耐压试验能够直接检测绝缘的电气强度，具有直观性，但大多数具有破坏性特征，试验过程有可能给试验对象带来不可逆转的绝缘破坏。离线监测试验存在需要停电、监测间隔周期较长、停电后的设备状态与运行时的不一致、影响诊断的正确性等缺点，因此在线监测技术的发展成为必然趋势。

绝缘的在线监测是一门多学科交叉融合的综合技术，伴随着传感器技术、信息处理技术和计算机控制技术的提高，电气绝缘在线监测与故障诊断的技术水平不断提高。目前，在线监测产品大量投入市场，正沿着两个方向延伸，一是多功能全自动的绝缘在线诊断系统的研发，它利用计算机控制能够实现全天候自动监测；二是便携式绝缘监测仪器的研发，工作人员可以很方便地带到现场对设备绝缘进行在线监测。

二、过电压及其防护技术

1. 电力系统过电压含义和分类

电力系统的过电压是电力系统运行中由于内、外原因引起的超过额定工作电压并对设备绝缘产生危害的电压升高现象。电力系统过电压分为外部过电压和内部过电压。外部过电压也称雷电过电压，是雷云放电致使电力系统的发电厂、供电线路和变电站的电气设备上出现的过电压，雷电过电压幅值远超过系统的额定工作电压，具有幅值高、频率高、作用时间短（微秒级）的特点。内部过电压则是因电力系统正常操作或故障等原因，系统出现幅值超过正常工作电压的过电压。研究过电压产生的机理，对不同的过电压类型采用不同的限制措施，是做好过电压防护的基础。

2. 雷电过电压的产生和防护

在雷雨季节，太阳使地面水分蒸发形成水蒸气，同时地面空气受热上升成为热气流。由于太阳几乎不能直接加热空气，空气温度随高度上升而下降，每上升 1km，空气温度约下降 10℃。热气流在高空遇冷，水蒸气凝结成小水滴，形成热雷云。雷云带电主要由潮湿热气流上升冷凝及水滴分裂带电造成。雷云与大地间形成强大电场，当电场强度超过临界值时（大气中约 30kV/cm，有水滴存在时约 10kV/cm），会发生放电现象，放电电流可达几十甚至几百千安，产生强烈的光和热，形成雷电（见图 7-8）。

图 7-8　雷电

根据过电压形成的物理过程，雷电过电压可以分为直击雷过电压和感应雷过电压，直击雷过电压是雷电直接击中目标，如杆塔、避雷线或导线，引起的线路过电压。直击雷过电压又分为反击和绕击两种情况。一种是雷击线路杆塔或避雷线时，雷电流通过雷击点阻抗使该点对地电位大大升高，当雷击点与导线之间的电位差超过线路绝缘的冲击放电电压时，会对导线发生闪络，使导线出现过电压。此时因为杆塔或避雷线的电位（绝对值）高于导线，故通常称为"反击"。另一种是雷电直接击中导线（无避雷线时）

或绕过避雷线击中导线，通常称为"绕击"，直接在导线上引起过电压。感应雷过电压，是雷击线路附近大地，由于电磁感应在导线上产生的过电压。

架空输电线路地处旷野，纵横交错，绵延数千里，很容易遭受雷击，雷击是造成线路跳闸停电事故的主要原因。此外，雷击线路形成的雷电过电压，沿线路传播侵入发电厂或变电站，由于线路绝缘水平高于发电厂或变电站设备，必须采取防护措施防止设备受损。雷击还会威胁高建筑物、通信线路、天线、飞机、船舶、油库等设施，对人类生活和工作造成影响。因此，对雷电的研究和防护具有重要意义。

对直击雷的防护，通常采用避雷针、避雷线、避雷带和避雷网，并且需要按规程正确安装这些避雷针、避雷线和接地装置（见图7-9），以尽量减小避雷设备的接地电阻，从而减少或避免绕击和反击的事故，提高防雷效果。

对侵入过电压波的防护，关键在于合理选择发电厂、变电站内避雷器的类型、参数、数量及其安装位置。同时，还应在线路进线段上采取辅助措施，以限制流过避雷器的雷电流并降低侵入波陡度，这样可以确保发电厂、变电站电气设备上过电压幅值保持在电气设备的雷电冲击耐受电压以下。

对于直接与架空线路相连的发电机，除了在电机母线上安装避雷器外，还应并联电容器，以降低电机绕组中侵入波的陡度，从而保护电机的匝间绝缘和中性点绝缘不受损害。随着 SF_6 绝缘全封闭变电站的出现、新型氧化锌避雷器的应用以及电子计算机数值

图7-9　直击雷防护产品和接地极

计算技术的进步，发电厂和变电站的过电压保护和绝缘配合领域焕发了新的活力，计算机的应用使得许多原本复杂难解的问题变得相对容易解决。

3. 内部过电压的产生和防护

因系统参数变化的原因是多种多样的，内部过电压的幅值、振荡频率、持续时间不尽相同。通常按产生原因将内部过电压分为工频过电压、操作过电压和谐振过电压三类。操作过电压即电磁过渡过程中的过电压，一般持续时间在 0.1s 以内，衰减较快，持续时间较短。工频过电压和谐振过电压，持续时间相对较长，产生的原因主要是空载长线路的电容效应、不对称接地故障、负荷突变以及系统中可能发生的线性或非线性谐振等。

操作过电压产生于因"操作"引发的系统过渡过程中。这里的"操作"包括断路器的常规动作，比如分合空载线路、空载变压器及电抗器等，也涉及各种类型的故障情况，如接地故障和断线故障。这类"操作"会导致系统运行状态发生突然变化，导致系统内部电感与电容元件间电磁能量的相互转换。操作过电压具有幅值高、高频振荡、阻尼强以及持续时间短的特点。操作过电压与系统结构、设备特性，特别是断路器的特

性有关。此外，操作过电压的幅值与系统额定电压直接相关，随着系统额定电压的提升，操作过电压的幅值也会急剧增加。

对于220kV及以下电压等级的系统，设备的绝缘结构设计通常已能承受可能出现的3~4倍过电压，因此无需特别的限制措施。而在330kV及以上的超高压系统中，则必须采取相应措施，以确保操作过电压被限制在可接受的水平之内。

电力系统中包括有许多电感和电容元件，作为电感元件的有电力变压器、互感器发电机、消弧线圈以及线路导线等，作为电容元件的有线路导线的对地电容和相间电容、补偿用的串联和并联电容器组以及各种高压设备的寄生电容等。在系统进行操作或发生故障时，这些电感和电容元件，可能形成各种不同的振荡回路，产生谐振现象，引起谐振过电压。

谐振过电压不仅会在进行操作或故障发生时产生，而且有可能在过渡过程结束后依然持续存在，直至有新的操作发生，谐振条件受到破坏才会消失。因此，谐振过电压相较于操作过电压，其持续时间更长。谐振过电压的严重程度既与其幅值大小有关，也与其持续的时间长短相关。谐振过程不仅会产生高幅值的过电压，威胁电气设备的绝缘安全，还可能引起持续的过电流，导致设备损坏。此外，它还可能影响过电压保护装置的正常工作，如影响避雷器的灭弧性能。

图7-10 高压避雷器

为了有效限制内部过电压，可以采取一系列措施，包括在系统中安装消弧线圈、在线路上设置并联电抗器或静止补偿器、使用带有并联电阻的断路器、采用导电性能良好的接地线，以及配置金属氧化物避雷器（见图7-10）等。

三、高电压试验技术

高电压与电气绝缘的很多问题必须通过试验来解释。电气设备绝缘设计、故障检测与诊断等，也需要借助试验来完成。我国大力发展超高压、特高压输电技术，电压等级的提高对电气设备绝缘可靠性提出了更高的要求，很多技术问题很难有可借鉴的经验，必须依靠完善的试验体系及试验方法，才能很好解决。电气设备的绝缘诊断技术，也是通过对电气设备的试验和各种特性量的测量，并分析、评估设备在运行过程中的状态，从而提早发现故障。因此，高电压试验设备、试验方法以及测量技术，在高电压与绝缘技术中占有重要的地位。

常见的高电压发生装置有：模拟雷电过电压或操作过电压的冲击电压发生器（见图7-11），利用高压硅堆和电容器进行倍压整流的直流高电压试验设备（见图7-12），由工频试验变压器及其调压设备等组成的交流高电压试验设备（见图7-13），模拟雷电大电流的冲击电流发生器（见图7-14）等。

交流高电压试验设备可以产生工频高电压，是用于测试电气设备绝缘的最常用装备，能考察被试设备在长时间工作电压及瞬间过电压下，能否可靠工作。另外，交流高电压也是试验研究高电压输电线路绝缘、电晕损耗、绝缘子闪络特性、电气设备内部局部放电及带电作业等试验项目的高压电源设备。

直流高电压试验设备也是进行高电压试验的一项基本设备。电气设备常需进行直流高电压下的绝缘试验，如直流高压下各种绝缘材料的特性检测、直流输变电设备的研制试验、型式试验、出厂试验等。

图 7-11　3000kV 冲击电压发生器

图 7-12　1200kV 直流电压发生器

图 7-13　1000kV 工频试验变压器

图 7-14　冲击电流发生器

冲击电压发生器用来检验高压电气设备在雷电过电压和操作过电压作用下的绝缘性能或保护性能。此外，电气设备遭受雷击过电压或者操作过电压时，不仅由于强电场会使设备的绝缘部件击穿，而且流过的大电流引起的焦耳热和电动力作用，也会对材料造成破坏。所以，需要有能够产生这些大电流的试验设备，即冲击电流发生器。

进行高电压试验，除了要有正确的试验方法外，还需要针对不同类型的高电压与大电流，采用不同的测量方法。常用的高电压测量装置有各种分压器、分流器、罗戈夫斯基线圈，以及数字示波器等数据采集设备等。相关新技术也得到很大的发展，如利用光电隔离测试技术测量高电压，特别是测量冲击高电压，除高压和低压测量仪器通过光纤进行了电气隔离外，还极大削弱了电磁场对低压测量系统的干扰。

7.4 高电压新技术及其应用

高电压新技术是一个涵盖范围广泛且不断发展的领域，有应用于传统电气工程领域的超/特高压输电技术、高电压绝缘新技术，高电压试验和测量新技术等，也有在其他领域得到广泛应用和蓬勃发展的脉冲功率技术、等离子体技术、线爆技术和液电效应技术等。以下分别介绍这些新技术及其应用。

7.4.1 高功率脉冲技术

高功率脉冲技术是研究高电压、大电流、高功率窄脉冲的产生和应用的技术。高功率脉冲系统的工作原理是，先将从低功率能源中获得的能量储存起来，然后将这些能量经高功率脉冲发生器转变成高功率脉冲，并传给负载。

高功率脉冲发生器由 Marx 发生器（或电容器组）和脉冲形成回路共同组成，又称脉冲发电机。最初是随着材料响应实验、闪光 X 射线照相及模拟核武器效应的需要而出现的。1962 年英国的 J. C. 马丁成功地将已有的 Marx 发生器与传输线技术结合起来，产生了持续时间短达纳秒级的高功率脉冲，从而开辟了这一崭新的领域。

我国著名科学家王淦昌院士曾经说过：脉冲功率技术是许多高科技的基础。该技术和国防尖端高能量武器的研究有密不可分的联系，它涉及核爆模拟、高功率微波武器、X 射线激光武器、定向束能武器、电磁轨道炮等。

现在脉冲功率技术在民用部门也得到广泛应用，如环保除尘、油井疏通、体内结石破碎等，使高功率脉冲技术成为极为活跃的研究领域之一。

当前，脉冲功率技术正向着高电压、大电流、窄脉冲、高重复率的方向发展。

7.4.2 等离子体技术

等离子体，是一种拥有离子、电子和核心粒子的不带电的离子化物质。等离子体包括有几乎相同数量的自由电子和阳极电子。等离子体是物质的第四态，即电离了的"气体"，它呈现出高度激发的不稳定态，其中包括离子（具有不同符号和电荷）、电子、原子和分子。在自然界里，炽热烁烁的火焰、光辉夺目的闪电以及绚烂壮丽的极光等都是等离子体作用的结果。对于整个宇宙来讲，几乎 99.9% 以上的物质都是以等离子体态存在的，如恒星和行星际空间等都是由等离子体组成的。

产生等离子体的方法很多，如核聚变、核裂变、气体绝缘击穿形成辉光放电或电弧放电可产生等离子体，利用大功率激光照射固体表面也可以产生等离子体。利用脉冲功率技术可产生高密度等离子体，所以，等离子体技术与脉冲功率技术密不可分。

由于等离子体中不断发生激励、游离和去游离，存在大量的离子、电子和活性粒子，且富含紫外线，因此，与通常的气体不同，等离子体具有各种各样的物理和化学性质，应用十分广泛。

等离子体在冶金方面的应用主要有：① 等离子体冶炼：用于冶炼用普通方法难于冶炼的材料，如高熔点的锆（Zr）、钛（Ti）、钽（Ta）、铌（Nb）、钒（V）、钨（W）等金属；还用于简化工艺过程，如直接从 ZrCl、MoS、TaO 和 TiCl 中分别获得 Zr、Mo、Ta 和 Ti；用等离子体熔化快速固化法可开发硬的高熔点粉末，如碳化钨-钴、Mo-Co、Mo-Ti-Zr-C 等粉末。等离子体冶炼的优点是产品成分及微结构的一致性好，可免除容器材料的污染。② 等离子体喷涂：用等离子体沉积快速固化法可将特种材料粉末喷入热等离子体中熔化，并喷涂到部件上，使之迅速冷却、固化，形成接近网状结构的表层，这可大大提高喷涂质量。③ 等离子体焊接：可用于焊接钢、合金钢；铝、铜、钛等及其合金。其特点是焊缝平整，可以再加工，没有氧化物杂质，焊接速度快，用于切割钢、铝及其合金，切割厚度大。

等离子体在环境方面的应用主要有：① 臭氧发生器：臭氧作为强氧化性气体广泛用于杀菌、氧化、漂白、除臭等。与其他常用氧化剂相比，具有无色、无恶臭、无强腐蚀性和毒性，制备原料（空气）易得等优点。臭氧产生的原理是突变电场（工频、高频或脉冲电场）作用下气体分子中原有少量载流子（电子和离子）从外电场中获得能量，使其加速运动与气体分子碰撞及电离，氧分子分解成氧原子并在瞬间重新结合成臭氧。高压脉冲技术可提高臭氧生产效率。② 等离子体水处理技术：高压脉冲放电等离子体水处理技术，其机理为高能电子轰击、臭氧杀菌、紫外线的光化学处理作用、放电等离子体中产生活性自由基的作用。高压脉冲放电等离子体水处理技术使放电生产的臭氧与水直接作用，不仅避免了臭氧质量随时间的衰减，而且充分发挥放电产生的活性粒子的净化作用。③ 脉冲电源静电除尘：传统静电除尘采用直流高压供电方式，因粉尘层等效电容效应造成反电晕现象而导致除尘率下降。采用脉冲供电时，除尘器粉尘层的等效电容在脉冲施加期间只充上很少的电荷。故脉冲供电电源除尘器的除尘效果优于直流电源供电的除尘器。脉冲静电除尘是一种先进的空气净化技术，如果将之与脱硫脱氮技术相结合，可实现脱硫脱氮技术与除尘技术一体化。目前国内外电除尘脉冲供电电源大多采用在直流基础电压上叠加脉冲电压的设计方案。④ 脉冲电晕等离子体法净化废气技术：亦称为纳秒级高压脉冲电晕放电产生等离子体化学技术（PPCP）。其机理是利用前沿陡峭、窄脉宽纳秒级的高压脉冲电晕放电，在常温下获得非平衡等离子体，即产生大量的高能电子和活性粒子，对工业废气中的有害气体分子进行氧化、降解等反应，使污染物转化为低毒或无毒物质。

在医学领域，利用低温等离子体技术产生的活性自由基、紫外线以及带电粒子来杀灭细菌或者病毒、治疗皮肤伤口细菌感染。

在新型农业领域，低温等离子体技术具有处理时间短、杀菌效率高的特点，能够保持被处理食品的新鲜度和品质，在食品非热加工领域具有广泛的应用前景。

7.4.3　线爆技术

线爆技术指的是，当强大的电流通过金属线时，会导致金属线经历熔化、气化、爆炸的过程，这一过程伴随着强烈的力学效应，以及光、电、热和电磁效应的产生。

线爆技术可以被用于难熔金属和难镀材料的喷涂工艺，通过线爆产生的高温高压环境，可以将这些材料熔化并喷射到基材表面，实现这些材料的有效附着，这种方法特别适用于那些传统喷涂方法难以处理的材料。

线爆技术也被应用于铁轨的焊接过程中。通过精确控制电流和金属线的位置，可以在铁轨接头处实现快速、高强度的焊接，提供了一种高效、牢固的连接方法，确保铁轨的连续性和稳定性。

线爆技术能够模拟高空核爆炸或地下核爆炸等极端条件下的物理过程，为相关研究提供重要的实验手段和宝贵的实验数据。有助于深入理解这些极端条件下物质的变化规律和效应。

线爆技术还可以在其他工业领域中得以应用，如金属加工、材料合成等。通过利用线爆产生的高温高压环境，可以实现一些传统方法难以达到的加工效果或合成新的材料。

7.4.4　液电效应技术

液电效应是高压强电场通过液体时产生的巨大能量瞬间释放，引发液体迅速汽化、膨胀并引起爆炸，伴随产生强烈的力、声、光、热等效应，液电效应技术是一种基于液电效应原理的高新技术。

液电效应装置一般由调压器、高压硅整流器、变压器、限流电阻及高压脉冲电容器等组成。这些设备共同工作，将具有较高密度的能量储存起来，进行快速压缩，并直接通过液体释放或转换产生高压强电场。

液电效应产生的冲击波可用于破碎各种材料，如导体材料、弹性材料、冶金渣、花岗石等。此外，它还可用于机械加工领域，如钻孔、切割非导体材料或石材等。

液电效应的冲击波作用到工件上可促使其成型，省去了庞大昂贵的冲压机械。同时，它还可用于锻压工艺，提高材料的机械性能。

利用液电效应产生的冲击波进行海底勘探，以寻找石油等矿物质的储藏，它还可用于水下目标如潜艇的探测等。

在医疗领域，液电效应技术被广泛应用于体外冲击波碎石治疗，通过高压脉冲放电产生的冲击波来粉碎肾结石等体内结石。

液电效应技术在环保领域也有重要应用，如用于处理有毒有害危险的有机物废水、污水等。通过液电过程中的热解、自由基反应等机制，这些有机物可被有效降解。液电效应技术还可用于食品杀菌、农业废物处理、土壤改良等多个领域。

思考题

7.1 高电压是如何产生的?

7.2 简述我国超高压、特高压电压发展。

7.3 高电压与绝缘技术的基本任务是什么?有哪些特点?

7.4 简述高电压与绝缘技术的理论基础。为什么说高电压与绝缘技术以试验技术为主?

7.5 高电压与绝缘技术的主要研究内容有哪些?

7.6 简述高功率脉冲技术和等离子体技术在其他领域的具体应用。

8

电力电子与电力传动技术

本章导读

　　本章分三个部分，第一部分介绍电力电子技术和电力电子学的基本概念、电力电子的核心技术、电力电子技术发展和特点、电力电子技术在现代工业中的地位，第二部分介绍电力传动技术基本概念、电力传动技术的分类与特点、电力传动技术的发展历程，第三部分介绍电力电子技术主要应用和智能电网中的电力电子技术。

　　科学家探索的是世界的本来面貌，工程师则是创造一个新的世界。

——卡曼

8.1　电力电子技术

8.1.1　电力电子技术和电力电子学科的基本概念

　　电力电子技术（Power Electronic Technology）是一门将电子技术和控制技术引入传统的电力技术领域，利用由半导体电力开关器件组成的各种电力变换电路对电能进行变换和控制的一门学科。20世纪60年代，该学科被国际电工委员会命名为电力电子学或功率电子学（Power Electronics），又称为电力电子技术。"电力电子技术"和"电力电子学"是分别从学术和工程技术两个不同的角度来称呼的。1974年，美国学者 W. E. 纽厄尔认为电力电子学是一门交叉于电气工程三大学科领域——电力（学）、电子学和控制理论之间的边缘学科，自此，国际上开始普遍接受这一观点。图8-1中的三角形较为形象地描述了电力电子技术这一学科的构成及其与其他学科的交叉关系。电力学、电子学、控制理论是电力电子技术的三根支柱，但这三根支柱的粗细并不一样。其中，电子学最粗，这说明电力电子技术和电子学具有密切关系。电力电子电路与电子电路的许多分析方法是一致的，它们的共同基础是电路理论，只是应用有所不同。电力电子用于功率转换，如电源、功率放大，输出都可看成电力电子电路，所以也可以把电力电子技术看成是电子技术的一个分支。这样，电子技术就可以划分为信息电子技术和电力电子技术两大分支，而信息电子技术又包括模拟电子技术和数字电子技术两部分。其次是电力学。控制理论最细，但控制理论在电力电子装置系统中得到了有机而广泛的应用，这与控制理论在其他工程中的应用并无本质上的差别。

图 8-1　电力电子技术学科的交叉构成关系

　　电力电子技术是应用于电力领域的电子技术。具体地说，电力电子技术是一门研究各种电力半导体器件，以及如何利用由这些电力电子器件构成的各种电路或装置、电路理论和控制技术高效地完成对电能进行处理、控制和变换的学科。因此，它既是现代电子学在强电（高电压、大电流）或电工领域的一个重要分支，也是电工技术在弱电（低电压、小电流）或电子领域的一个重要部分，因此可以说是一个强弱电相结合、弱电控制强电的新领域。

　　W. E. 纽厄尔提出的"电力电子学"

［IEEE Trans, IA-10-（1），1974，pp，7-11］

　　"Power Electroics is a technology which is interstitial to all three of major disciplines of electrial engineering. electronitcs, power, and control, as implied by the Fig. 8-1（图 8-1），but it also requires a peculiar fusion of the view points which characterize these different disciplines."

　　电力电子技术是以电力为对象的电子技术，是一门利用电力电子器件对电能进行转换与控制的交叉学科。一般说来，电力电子技术由电力半导体器件（电力电子器件）、电力电子成套装置及控制理论三大部分组成。

　　所谓电力半导体器件，是指应用半导体工艺制作的可承受或控制一定功率的半导体元件。电力半导体器件是指功率比较大的器件，而像 3DD4、3G12 这样的晶体管属于电子元件范畴。为了突出电力半导体是大功率电子器件这一点，有时又把电力半导体器件称为电力电子器件（Power Electronic Device）。没有采用半导体工艺制作的器件不能称为电力半导体器件，如接触器、变压器、电动机、水轮机、蒸汽机等。

电力半导体器件和电子器件有着共同的理论基础和相似的工艺，特别是现代电力半导体器件大都使用集成电路制造工艺。两者的主要区别在于应用场合，电力半导体器件用于电力变换和控制，而电子器件用于信息处理。

1957年晶闸管的发明开启了半导体电力电子技术的时代，从此电子技术分为微电子技术和电力电子技术两大分支。微电子技术以晶体管集成电路为核心，用于信息处理，集成度不断提高；而电力电子技术则以晶闸管为核心，用于电力处理，是能源变换和控制的基础。电力电子技术变换的电力功率范围广泛，从数百兆瓦到数瓦不等，为高新技术发展提供重要支撑。

电力电子技术中，电力半导体器件是基础。可以这样说，如果没有半导体整流器（Semiconductor Rectifier）的发明、晶闸管的问世以及各种新型电力半导体器件的不断涌现，也就没有电力电子技术。电力半导体器件工艺上历经五次突破，其每次突破，都为电力电子技术的发展作出了巨大贡献，促使了电力电子成套装置品质的提升。

目前，电力电子器件主要有硅整流二极管、晶闸管、双极型功率晶体管、功率场效应晶体管和绝缘基极的功率晶体管（IGBT）。它们正沿着功率化、快速化、模块化和智能化方向发展。在高电压大电流的应用中，晶闸管仍占主导地位，但在1000kW以下的低功率场合，绝缘基极功率晶体管因其快速开关和控制灵活而备受青睐。

电力电子技术的另一重要组成部分是电力电子成套装置，它根据生产机械要求，结合电力半导体器件和控制理论实现电气功能。随着电力电子成套装置技术对电力半导体器件不断提出新的、更高的要求，使得电力半导体器件不断进步和飞跃。如在电力电子成套装置中硅整流二极管的发明解决了缩小汞弧整流器过大的体积、改善污染环境的问题。据不完全统计，如今电力半导体器件已达40多个品种，这充分说明电力电子成套装置对半导体器件不断地提出新的更高要求实际上是一种重要的催化剂。

控制理论在电力电子技术中至关重要，它实现了弱电对强电的控制。对于电力电子成套设备，控制理论确保其输出与输入和负载要求相匹配，如在闭环控制系统中使用比例-积分调节器等方法。近年来，先进的控制手段如模糊控制、最优控制等也在电力电子设备中得到应用。

因此，电力电子技术的三个组成部分紧密相连，电力半导体器件与电力电子成套装置相互促进，控制理论则在其中起到关键作用。三者共同推动着电力电子技术的不断发展。表8-1说明电力、电子、控制三门学科各自的发展情况，从中也能看出电力电子技术的发展动向，表中电力部分偏重于电动机的进步。

表 8-1   电力、电子和控制三门学科各自的发展情况

年代	电 力	电 子	控 制
—		微处理机	环境控制
	晶闸管电动机	小型计算机	
	斩波器控制		生物系统控制
	逆变器传动		电子计算机控制
—	晶闸管"伦纳德"	晶闸管	矢量控制论
	霍尔电动机		状态变数法
	晶体管电动机	硅整流器	工作机械的数值控制
	磁放大器		取样值控制
1950	电动机放大器	锗整流器	根轨迹法
	旋转式自动调整器		
	交磁放大器	晶体管	电子式调节计
	科特霍尔整流机	电子计算机	
—	变压整流器		伺服机构
	接触变流机		
	闸流管电动机		
	无整流电动机	引燃管	奈奎斯特定理
		氧化亚铜整流器	通信系统的控制
	静止"伦纳德"	硒整流器	
	旋转变流机	闸流管	生产过程自动调节
		广播	航空器自动导航
—		二级真空管	
1900		三级真空管	
	感应电机	水银整流管	
	鼓形绕组电动机		李雅普诺夫定理
	环形绕组电动机		拉斯定理
1850	同步机		
—	直流机		
—	交流发电机		
—	法拉第法则		
—	电磁铁		
1800			瓦特的调速机

8.1.2   电力电子技术的核心技术

电力电子技术通过功率半导体器件实现功率变换、控制及开关功能，其中功率变换与控制为核心技术。功率变换涉及电压、电流、频率等参数的改变，而功率控制关注输出与控制输入的关系。电力电子技术主要应用于电力变换，特别是变流技术。可以认为变流技术是电力电子技术的核心和主体，见表 8-2。另外，所谓功率控制则是指控制电压、电流的大小及频率，它的关注点在于输出与控制输入的关系。图 8-2 描述了功率变换与控制的基本功能。

表 8-2   **功 率 变 换**

输出（负载侧） 输入（电源侧）	直 流	交 流
交 流	正变换（整流器）	交流功率调节
		频率变换（循环换流器）
直 流	直流转换（斩波器）	逆变换（逆变器）

图 8-2   功率变换与控制的基本功能

电力电子器件制造基于半导体物理，变流技术基于电路理论。电力需经过处理与变换以满足应用需求，涉及电压、电流频率等参数的变换。电力电子电路及装置常被称为变换器。按照电能变换功能分类，电力变换通常可分为四大类，即交流变直流、直流变交流、直流变直流和交流变交流。它们各可通过相应的变流器或变换器（Converter）来实现。四种变换及其对应的变换器列举如下：

（1）AC→DC：将交流电转换为固定的或可调的直流电（由交流到直流的变流）。这种变换是正变换，称为整流，所用的变换装置叫作整流器，用于如充电、电镀、电解和直流电动机的速度调节等。

（2）DC→AC：将直流电转换为频率和电压为固定的或可调的交流电（由直流到交流的变流）。这是与整流相反的变换，故称为逆变（换）。所用的变换器称为逆变器，其输出可以是恒频，如用于恒压恒频（CVCF）电源或不间断供电电源（USP）；也可以是变频（这时变流器叫变频器），如用于各种变频电源、中频感应加热和交流电动机的变频调速等。

（3）AC→AC：将交流电变换为频率和电压为固定的或可调的交流电（交流变流：由交流到交流的变流）。其中，交流电压有效值的调节称为交流电压控制或简称交流调压，所用装置称为交流调压器，用于如调温、调光、交流电动机的调压调速等。而将50Hz工频交流电直接转换成其他频率的交流电，称为交交变频，它是将固定的交流电变为电压、频率可调的交流电。在交流传动及许多特殊需要的电源中广泛使用。交交变频所用装置叫作频率变换器。

（4）DC→DC：将直流电的参数（幅值的大小或极性）加以转换（由直流到直流的变流）。即将恒定直流变成断续脉冲形状，以改变其平均值。当直流到直流变流器电路使用晶闸管时，称之为斩波器，主要用于直流电压变换、开关电源等，如电车、地铁、矿车、搬运车、蓄电池车等直流电动机的牵引传动。

因此，为了有效利用功率时刻变化的电力，必须采用改变直流电压大小的电路（斩波电路）、将交流变换为直流的电路（整流电路）、将直流变换为交流的电路（逆变电路）等。表8-2所表示的电力电子变换器输入输出的交直流关系可以用图8-3简单表示。

电能控制通过改变频率和电压，可以被精确调整以满足多样化的应用需求。这一过程不仅依赖于模拟与数字控制技术的支持，还融合了智能控制技术，如计算机网络技术和PLC测控技术等。微处理器在电力电子装置中的广泛应用，充分展现了微电子、计算机技术与现代控制技术之间的紧密融合，这种融合使得变换装置更加可靠、完善。电力电子技术对控制技术的要求极为严格，如高速控制器在调速系统中的精准应用。现代电力电子技术不仅能精确控制电能参数，还支持高新技术的发展，广泛应用于工业制造、交通运输、国防装备等多个领域。与微电子、计算机、现代控制技术的结合，不仅拓宽了电力电子技术的应用领域，还提升了自动化水平，对现代社会的生产和生活产生了深远而积极的影响。

图8-3 电能变换的
四种类型

8.1.3 电力电子技术的发展特点与历程

电力电子技术自诞生到发展壮大，经历了十分艰难的发展历程。电力电子技术本质属于强电电子技术的范畴，但实现强电变换的智能化、数字化及最优化控制却依赖于弱电技术。这一过程中，不断涌现出各种工程问题，成为推动电力电子学理论发展和新兴器件诞生的强大动力。电力电子装置的研发同样面临众多技术挑战，包括元器件选择、主电路拓扑设计、控制方案优化、结构布局与传热设计、可靠性、可维护性及冗余设计等，直至工程实施。而电力电子技术的进步也离不开相关理论的支撑。新型电力电子器件的不断推陈出新使得现代电力电子技术呈现出如下一些特点：

（1）全控化。全控化是由半控型普通晶闸管发展到各类自关断器件，是电力电子器件在功能上的重大突破。自关断器件实现了全控化，取消了传统电力电子器件的复杂换相电路，使电路大大简化。

（2）集成化。集成化是电力电子技术的重要发展方向，借鉴了集成电路技术的成功思路。集成对象均为电子电路，但电力电子集成技术处理能力，与集成电路技术有显著差异，涉及电压、热和电磁隔离等挑战。电力电子集成技术可分为三类，即单片集成、混合封装集成、系统集成，也可以说分成三个层次。单片集成是将主电路、驱动、控制电路及其他附属电路都集成在一个芯片上，这实际上是微电子技术领域的集成电路技术在电力电子领域的延伸。混合封装集成是把多个主电路芯片、驱动芯片和控制芯片集成在一起，适用于几百瓦甚至千瓦级的功率范围。混合封装技术是当前研究重点，有望在变频器和开关电源等领域取得突破。系统集成是把各种电力电子元器件、部件集成，组成一个系统。关于电力电子系统集成的概念目前还比较模糊，有人认为，系统集成还不能算作真正意义上的电力电子集成。电力电子集成技术思想的提出已有 20 多年的时间。大约 1997 年，美国海军首先提出电力电子积木的概念，这一概念主张在舰船和飞机上使用标准化的电力电子单位，一台电力电子装置将由许多这样的电力电子单元装配而成。由于设计的标准化和模块化，电力电子装置的维护变得十分方便，只要将出故障的基本电力电子单元更换即可。1998 年美国电力电子系统中心对系统作了比较并正式提出电力电子集成技术的思想，其核心是研制集成电力电子模块，它拥有很高的功率密度和优良的电气特性，集成了主电路、驱动和控制电路、传感器以及磁元件等无源元件。同时，这样一个模块是可以被自动化控制和生产的，其成本会因而大大降低。

新型的封装技术是电力电子技术的核心，而互联是封装技术的关键。目前针对有源功率模块而言，最为广泛的芯片互联方法是用铝丝互连。这种方法成本较低，技术上也最为成熟。但也存在一些不足之处，如并联的多根铝丝电流分配不均匀、有较大的局部寄生电感、较大的高频电磁应力等，以至影响键合寿命等。一些学者提出的 POL、EP 等芯片封装技术都在一定程度上降低了模块的寄生参数、改善了热性能并提高了功率密度。

电力电子集成技术的电磁分析与优化设计是关键环节。随着电力电子器件工作频率提升和集成模块功率密度增加，元件间相互影响加大，特别是功率电路对驱动控制的影响。对模块内寄生参数建模是电磁设计的基础，常用局部元件等效电路模型辅助设计。

同时，高效热管理技术对集成技术至关重要，散热方式不断创新。此外，减小无源元件体积，提高电源功率密度是集成技术的又一重要方面。磁集成技术能减小元件数量，提升性能。新型电力电子器件的涌现为集成技术带来革命性变化。我国已在电力电子系统集成方面取得显著进展，但仍需加强芯片研发。电力电子集成技术涉及多个领域的知识，如电路、传热和材料科学等，因而更加需要不同学科和知识背景的团体之间的合作。

（3）高频化。高频化是指随着器件集成化的实现，同时也提高了器件的工作速度，例如 GTR 可工作在 10kHz 频率以下，IGBT 工作在几十千赫兹以上，功率 MOSFET 可达数百千赫兹以上。

（4）高效率化。高效率化体现在器件和变换技术这两个方面。电力电子器件的导通压降不断减少，降低了导通损耗；器件开关的上升和下降过程加快，也降低了开关损耗；器件处于合理的运行状态，提高了运行效率；变换器中采用的软开关技术，使得运行效率得到进一步提高。

（5）变换器小型化。变换器小型化是指随着器件的高频化，控制电路的高度集成化和微型化，使得滤波电路和控制器的体积大大减小。电力电子器件的多单元集成化，进一步减小了主电路的体积。控制器和功率半导体器件等，采用微型化的表面贴技术使得变换器的体积更进一步减小。功率 10kVA，而体积却只有信用卡那样大。

（6）绿色化。电力电子技术的绿色化旨在显著节电和减少电网污染。通过采用 PWM 脉宽调制、SPWM 正弦波脉宽调制等技术，降低变换器谐波并提高其功率因数，实现绿色化。电力电子产品应避免成为电网污染源，通过有源滤波器和补偿器修正功率因数，为绿色电力电子产品的发展奠定基础。电力电子技术是高新技术的基础，有助于节能、降低材料消耗和提高生产效率。

（7）器件优化。新型半导体材料的研究正在取得不断的突破，碳化硅、金刚石等新材料用于电力电子器件，特别是金刚石器件与硅器件相比，功率可提高 106 个数量级，频率可提高 50 倍，导通压降降低一个数量级，最高结温可达 600℃。

（8）模块化。为提高电源可靠性，开发用户专用功率模块，减少传统引线连接，实现优化设计。大功率电源装置采用多模块并联和均流技术，提高系统可靠性和可用性。这种模块化设计已扩展至 UPS 系统，实现更大容量的电源系统。

（9）数字化。电力电子技术正逐步从模拟电路转向数字化。数字信号处理技术提供了计算机控制、避免信号失真、减少干扰和便于自诊断等优势。以 UPS 变频器为例，控制方式已从模拟电路演进到数字信号处理器控制。静止无功补偿装置、无功发生器和电力滤波器等也离不开高性能微处理器的支持。现代电力电子技术高效节能、实用性强，具有强大的渗透和基础性作用，推动自动化和智能化控制。随着新型电力半导体器件和更高开关频率电路拓扑的发展，电力电子技术将迅速进步，带动产品更新换代，开拓新应用领域，成为国民经济重要支柱和基础技术之一。

电力电子器件在电力电子技术中扮演着决定性的角色，现代电力电子技术的进步主要归功于电力半导体器件的不断革新。这些器件的进化历程与微电子技术的飞速发展紧密相连。因此，可以说电力电子技术的发展史，实质上也是电力电子器件从发明到不断完善的历程。

1876 年，硒镇流器出现，标志着电子技术萌芽。随后，1904 年真空管的发明，引领了通信技术、广播和无线电技术的革新，开启了电子技术的新篇章。

1911 年出现了水银封于管内的金属封装水银整流器，水银整流器的出现使得大电流得到了有效控制。20 世纪 30~50 年代，是水银整流器发展迅速并大量应用的时期。特别是 50 年代，可处理数百千瓦以上功率的大容量水银整流器进入了实用期，它广泛用于电化学工业、电源装置、电气化铁路、工业用电动机控制、直流输电等，形成了水银整流器时代。

1948 年，晶体管的发明为半导体固态电子学奠定了基础，逐渐取代了真空管在电子学中的地位。随后，集成电路、大规模集成电路和超大规模集成电路的陆续开发，使得微电子学进入了鼎盛时期。

1953 年，出现了锗功率二极管，1954 年又出现了硅二极管。普通的半导体整流器开始使用。1957 年，美国通用电气公司开发出了世界上第一只晶闸管（Thyristor）产品，并于 1958 年使其商业化，并且通用电气公司为该产品还起了一个商品名 SCR（Silicon Controlled Rectifier）。这一技术通过弱电控制强电变换电路，使电力电子技术进入功率领域，并逐渐取代了水银整流器。

进入 60 年代，功率半导体器件如二极管、晶体管、晶闸管等在大容量方面取得了进展，电力电子技术逐渐向功率控制扩展。普通晶闸管作为第一代电力电子器件，开启了整流时代。

20 世纪 70~80 年代，随着电力电子技术理论研究和制造工艺水平的不断提高，电力电子器件得到了很大发展，是电力电子技术的又一次飞跃。先后研制出以门极可关断晶体管（GTO）、电力双极型晶体管（GTR）、电力场效应晶体管（Power MOSFET）为代表的第二代自关断全控型器件迅速发展。在中大容量的变流装置中，传统的晶闸管逐渐被这些新型器件取代。这时的电力电子技术已经能够实现逆变。这一时期被称为逆变时代。

80 年代以来，微电子技术与电力电子技术的结合催生了高频化、全控型的功率集成器件，引领电力电子技术进入现代时代。特别是以绝缘栅双极型晶体管（IGBT）、静电感应式晶体管（SIT）、静电感应式晶闸管（SITH）、MOS 晶闸管（MCT）为代表的第三代复合型场控半导体器件的出现，为大中型功率电源的高频发展奠定了基础。IGBT是电力场效应管和双极结型晶体管的复合。它集 MOSFET 的驱动功率小、开关速度快的优点和 BJT 通态压降小、载流能力大的优点于一身，性能十分优越，使之成为现代电力电子技术的主导器件。

20 世纪 80 年代后期，复合型材料的应用促进了电力电子技术从传统向现代的过渡。此阶段电力半导体器件发展趋向模块化和集成化，使得电力半导体器件降低成本、缩小体积、提高可靠性。90 年代主要实现功率模块，便于电力电子装置的结构紧凑和体积减小。目前已有第四代电力电子器件——集成功率半导体器件（PIC），它将电力电子器件与驱动电路、控制电路及保护电路集成在一块芯片上，开辟了电力电子智能化的方向，应用前景广阔。

电力电子技术的发展经历了整流、逆变和变频时代，分为传统（1957~1980 年）和现代（1980 年至今）两个阶段。传统阶段以半控型晶闸管、相控电路和模拟电路为主；现代阶段则大量使用全控型器件，普及 PWM 变流电路，数字控制逐渐取代模拟电路。

随着半导体和交流技术的发展，电力电子器件要求不断提高，评价标准从大容量到高频化，再到高智能化。90 年代以来，电力电子器件研究进入高频化、标准模块化、集成化和智能时代。电力电子成套装置也经历了从晶闸管到绝缘栅控双极晶体管等双机理器件的过渡。

电力电子技术的发展史是围绕提高效率、性能、小型轻量化、消除电力公害、减少电磁干扰和电噪声的不懈研究史。

图 8-4 展示了电力半导体器件的形成与发展过程。

电力电子技术发展历史上的若干重要事件：

1897 年开发了三相二极管桥式整流器。

1901 年 P. C. 休伊特演示了玻璃壳水银整流器。

1926 年热阴极闸流管问世。

1930 年纽约地铁安装了用于直流传动的 3MW 栅控水银整流器。

1931 年德国铁路上引入了水银周波变换器，用于电动机牵引传动。

图 8-4 电力半导体器件的形成与发展过程

1934 年充气闸流管频率变换器-同步电动机（400 马力）安装于洛根发电站，用于引风机传动（第一次实现交流变频传动）。

1948 年贝尔实验室发明了晶体管。

1956 年硅功率二极管问世。

1958 年商用半导体晶体闸流管由通用电气公司引入市场。

1971 年矢量控制（或磁场定向控制）问世。

1975 年日本东芝公司将大功率的 BJT 引入市场。

1978 年 IR 公司将功率 MOSEET 引入市场。

1980 年大功率的 GTO 在日本问世。

1981 年二极管钳位的多电平逆变器问世。

1983 年 IGBT 在通用电气公司问世。

1983 年空间（电压）矢量 PWM 技术问世。

1986 年直接转矩控制技术（DTC）问世。

1987 年模糊逻辑首次应用于电力电子。

1991 年人工神经网络被应用于直流电动机传动。

1996 年 ABB 公司将正向阻断型 IGCT 引入市场。

图 8-5 展示了电力电子装置与所用电力电子器件的从属关系。

图 8-5　电力电子装置与所用电力电子器件的从属关系

8.2　电气传动技术

8.2.1　电气传动技术的概念和组成

　　生产过程自动化大致可以分为两类：一类是以电动机为执行机构，控制生产机械运动的系统，称为电气传动。由于是以电力为动力拖动生产机械，所以也称为电力传动或电力拖动。电气传动系统是将电能转化为机械能的装置，用以实现生产机械的启动、停止、速度调节以及各种生产工艺过程的要求。另一类则是以自动化仪表为执行机构、控制连续变化量的生产运动过程，称为仪表自动化。电气传动是电气传动自动化的简称，它主要是控制机械运动参量，如位置、速度、加速度、力和力矩等；仪表自动化则主要控制压力、温度、水位、流量等物理量。在实际生产中，这两类控制经常相互交叉、相互支持使用。在生产中也有部分生产机械采用气动或液压拖动，但由于电力拖动具有许多明显的优点，所以大多数生产机械都采用电力拖动。

　　电气传动系统主要由电动机、控制装置以及被拖动的生产机械组成，如图 8-6 所示。其主要特点是功率范围极大，单个设备的功率可从几毫瓦到几百兆瓦；调速范围极宽，转速从每分钟几转到每分钟几十万转，在无变速机构的情况下调速范围可达 1:10000；适用范围极广，可适用于任何工作环境和各种各样的负载。电气传动和国民经济、人民生活有着密切的联系并起着重要的作用，广泛用于冶金、机械、矿石、港口、石化和航空航天等各个行业以及人们的日常生活中。它既有轧钢机、起重机、风机、大型机床等大型调速系统，也有空调机、电冰箱、洗衣机等小容量调速系统。据统计，电气传动系统的用电量占我国总发电量的 60% 以上。一般认为，大至一个国家，小至一个工厂，它所具有的电气传动自动化技术水平直接反映了其现代化水平。

图 8-6　电气传动系统的构成

8.2.2　电气传动技术的分类与特点

一、分类

电气传动系统亦称运动控制系统，其种类繁多，用途各异，一般可将它分为以转速为被控参数的调速系统和以直线位移或角位移为被控参数的位置随动系统。如果带动工作机械的原动机是直流电动机，则称为直流电气传动；如果带动工作机械的原动机是交流电动机，则称为交流电气传动。从控制的角度，电气传动又可以分为两类，即断续控制系统和连续控制系统。前者控制不连续，一般只控制电动机的启动、制动或作不连续的运行速度控制；后者控制则是连续的，主要体现在对电动机能进行平滑的速度调节。

从调速方面来看，电气传动可细分为不调速和调速两大类。直流电气传动与交流电气传动在 19 世纪先后诞生，但当时的电气传动系统是不调速系统。随着社会化大生产的不断发展，生产制造技术越来越复杂，对生产工艺的要求也越来越高，这就要求生产机械能够在工作速度、快速启动和制动、正反转运行等方面具有较好的运行性能，从而推动了电动机的调速技术不断向前发展。

直流传动具有良好的调速性能和转矩控制性能，在工业生产中应用较早并沿用至今。早期直流传动采用有触点控制，通过开关设备切换直流电动机电枢或磁场回路电阻实现有级调速。1930 年以后出现电机放大器控制的旋转变流机组供电给直流电动机，后来又出现了磁放大器和水银整流器等供电，实现了直流传动的无触点控制。其特点是利用了直流电动机的转速和输入电压有着简单的比例关系的原理，通过调节直流发电机的励磁电流或水银整流器的触发相位来获得可变的直流调速系统，如今已不再使用。1957 年晶闸管问世后，采用晶闸管相控装置的可变直流电源一直在直流传动中占主导地位。由于电力电子技术与器件的发展和晶闸管系统所具有的良好动态性能，使直流调速系统的快速性、可靠性和经济性不断提高，在 20 世纪相当长的一段时间内成为调速传动的主流。今天正在逐步推广应用的微机控制的全数字直流调速系统具有高精度、宽范围的调速控制，代表着直流电气传动的发展方向。直流传动之所以经历多年发展仍在工业生产中得到广泛应用，关键在于它能以简单的手段达到较高的性能指标。图 8-7 所示为直线电动机的外观。

图 8-7　直线电动机的外观

与直流电动机相比，交流电动机具有结构简单，运行可靠，价格低廉，维修方便等优点，尤其是鼠笼式异步电动机更是广受青睐，故其应用范围非常广泛，几乎涵盖了所有无须调速的传动系统。尽管从1930年起，人们就致力于交流调速的研究，然而主要集中于利用开关设备来切换主回路，达到控制电动机启动、制动和有级调速的目的。交流调速进展缓慢的主要原因在于，交流电源频率的改变和电动机转矩的控制都是极为困难，因此交流调速的稳定性、可靠性经济性及效率均无法满足生产要求。随后出现的调速调频控制只控制了电动机的气隙磁通，而不能调节转矩；而转差频率控制能够在一定程度上控制电动机的转矩，但它是以电动机的稳态方程为基础设计的，并不能真正控制动态过程中的转矩。

随着电力电子技术的控制策略不断发展，交流电动机的控制方式也得到迅速发展和提高，具有高性能的交流驱动系统已成为现实，在许多应用场合已经取代直流电动机。交流传动的一些控制策略已经成熟地得到应用。例如，转速开环恒压频率控制，基于稳态模型的转速闭环转差频率控制，基于动态模型按转子磁通定向的矢量控制，基于动态模型保持定子磁通恒定的直接转矩控制，传感器高动态性能控制等。控制策略包括非线性控制自适应控制、滑模变机构控制、智能控制等。图8-8所示为交流机车牵引传动系统的构成。

图8-8　交流机车牵引传动系统的构成

21世纪是电力电子智能化的时代，其特点是电力电子器件进一步采用微电子集成电路技术，实现电力电子器件和装置的智能化。电力电子技术的进步有力地推动了电气传动调速系统的发展。随着自动化程度的不断提高，电气传动将成为更经济地使用材料、资源，提高劳动生产率的强有力手段，成为促进国民经济不断增长的重要技术基础。

二、特点

电气传动系统主要具有以下优点：

（1）适用功率范围极宽。目前，单个设备的功率可从几毫瓦到几百兆瓦。

（2）具有宽广的转速范围，转速从几转每小时到几十万转每分钟，调速范围在无变速机构的情况下可达1:10000。

（3）电动机的种类繁多，可以很方便地与各种各样的负载配合。结构上，它们可以用底座安装或用法兰盘安装，还可以用外部转子等。对那些由一根驱动轴和复杂的机械式内部传动装置构成的生产机械，以及有各种要求的联动工作机械，可用多台单独可调的电动机组传动装置协调控制，可在准确的地点、时间，以需要的形式产生机械功。

（4）电力拖动采用不同类型的电机，有各种运行特性以适应不同生产机械的需要。

（5）可以获得良好的动态特性和极高的稳速精度，定位精确。

（6）可实现四象限运行而不需要专门的可逆齿轮装置。在制动时，亦即工作在第二象限或第四象限时，传动装置通常处于再生工作状态，将能量回馈给电网。与内燃机或涡轮机相比，这一特点尤其吸引力。

（7）电动机空载损耗小、效率高，通常具有相当大的短时过载能力。

图 8-9 所示为现代交流传动电力机车结构。图 8-10 所示为丰田普锐斯（Prius）THS Ⅱ 代整车电气系统结构。图 8-11 所示为 Prius THS Ⅱ 功率控制单元。

图 8-9　现代交流传动电力机车结构示意图

图 8-10　丰田普锐斯（Prius）THS Ⅱ 代整车电气系统结构框图
HEV—Hybrid Electric Vehicle（混合动力汽车）

187

8.2.3 电气传动技术的发展历程

自从 19 世纪末电动机逐渐代替蒸汽机后，开始形成成组拖动，即由一个电动机拖动主轴，再经过皮带分别拖动许多生产机械。这种拖动方式能量损失大、效率低，无法进行电动机的调速，不便实现自动控制，也不安全。自 20 世纪 20 年代开始采用单机拖动，即由一台电动机拖动一台生产机械，减少了中间传动机构，提高了效率，可利用电动机的调速来满足生产机械的需要。这个阶段，电气传动主要研究的是单台电动机的自动控制。随着生产的发展和产品质量的高要求，一台机器上有

图 8-11　Prius THS II 功率控制单元

很多运行机构，如果仍用一台电动机来拖动，传动机构就会很复杂。从 20 世纪 30 年代开始采用多电动机拖动，用单独电动机分别拖动复杂机械的各个工作机构，每个电动机都有自己独立的控制系统，这些子系统必须相互协调、配合，服从总体的控制要求。这是从传动效率角度来看电力传动的演变过程。从控制设备角度看，电力传动由有触点的继电器控制发展到无触点的半导体器件控制，进而采用数字控制和计算机控制。从控制理论角度看，它是由开环控制发展到闭环反馈控制，控制性能有很大的提高。

现代电力电子技术的发展结合现代控制技术、计算机技术共同促进了电气传动技术的不断进步，而且随着新颖的电力电子器件、超大规模集成电路、新的传感器的不断出现，以及现代控制理论、计算机辅助设计、自诊断技术和数据通信技术的深入发展，电气传动正以日新月异的速度发展。

电力传动系统是电力电子技术的主要应用领域之一。各类电动机是电力传动系统的执行部件，为了便于控制，在常规的恒压交流电源与电动机之间需配备电源变换装置。

微处理器引入控制系统，促进了模拟控制系统向数字控制系统的方向转化。从 8、16 位的单片机，到 16、32 位的数字信号处理器，再到 32、64 位的精简指令集计算机位数增多，运行速度加快，控制能力增强。例如，以 32、64 位 BISC 芯片为基础的数字控制模板能够实现各种算法。同时，Windows 操作系统的引入使自由设计图形编程的控制技术有很大发展。

数字化技术使复杂的电机控制技术得以实现，它不仅简化了硬件，降低了成本，还显著提高了控制精度，从而拓宽了交流传动的应用领域。该技术主要体现在节能调速技术的发展上，从根本上改变了风机、水泵等传动系统过去因交流电动机缺乏调速功能而不得不依赖挡板和阀门来调节流量的低效模式。而传统的传动系统几乎占工业电气传动系统总量的一半，采用交流调速技术，每台风机、水泵可节能 20%，带来的经济效益相当可观。此外，对特大容量、极高转速负载的拖动，交流调速弥补了直流调速的不足。可以预见，随着高性能交流调速系统的发展和完善，其会取代直流传动系统，成为工业电气传动领域的主要力量。

8.3 电力电子技术的地位和应用

8.3.1 电力电子技术在现代工业中的重要地位

电力电子技术专注于电能形态转换、控制、分配与应用，其研究成果已广泛应用于军事、工业及民用等领域的电子设备、数字信息系统与通信系统中。电能作为现代文明的优质能源，其高效利用极大地推动了工业化和信息化社会的快速发展。电力电子技术的兴起与发展，彻底革新了电能的利用方式，使得电能通过先进的电力电子装置进行高效变换、精确调节与智能控制成为可能。在全球范围内，电力电子技术在用电总量中的占比，即经过电力电子装置处理的电能比例，已成为评估一个国家工业化程度与发达水平的关键指标。随着半导体技术、电子科学、计算机科学与通信产业的飞速发展，电力电子技术及其相关产业也迎来了前所未有的发展机遇，为电力电子技术的广泛应用与持续创新提供了强大的动力。

电力电子技术是工业化的坚实基础，是信息化带动工业化的关键环节。信息技术好比人体的大脑，那么电力电子技术就是人体的消化系统，为国民经济提供高效、清洁的绿色能源，成为信息化带动工业化的关键环节。随着电力电子技术的不断发展和普及，我国经过变换后使用的电能比例正在逐年提高。特别是近年来，随着新能源发电、智能电网等领域的快速发展，电力电子技术的应用范围更加广泛，对电能的转换和控制也更加精细和高效。电力电子技术已广泛应用于多个领域，如铁路、汽车、飞机、计算机等，例如，举世闻名的三峡工程，将直流 ±500kV、3000MW 的绿色能源输送到一千里以外的上海。全国大城市的变频调速和直流斩波地铁、上海浦东的悬磁浮列车、每年节电亿度的系列变频设备都成为电力电子技术对国民经济的重大贡献。2022 年，全球每年电力电子产品以高于 3% 的增长率增长，充分说明电力电子技术已成为当今世界经济的重要支撑。

电力电子技术的持续创新与发展，不仅提升了电能的变换灵活性和利用效率，也为现代社会的各个领域带来了深远影响，是未来可持续发展的关键所在。

8.3.2 电力电子技术的应用

电力电子技术的应用已深入到工业生产和社会生产的各个方面。典型的用途如电化学、直流传动、交流传动、电机励磁、电镀及电加工、中频感应加热、交流不间断电源、稳定电源、电子开关、高压静电除尘、直流输电和无功补偿等。电力电子技术已成为传统产业和高新技术领域不可缺少的关键技术，可以有效地节约能源，并成为新能源（燃料电池、太阳能和风力发电等）与电网的中间接口。

电力电子技术不仅遍布工农业生产的各个领域，而且渗透到各个角落，并与人们的日常生活密不可分。例如，上班乘坐的交流变速地铁、下楼所用的交流调速电梯、进屋后用的变频调速空调、照明用的高频振荡荧光灯、计算机用的开关电源和 UPS、家用的电炊具均为感应加热的电磁炊具。

随着汽车向机电一体化发展，一部高级汽车需要许多电机控制、自动检测、诊断和调节，电子化汽车的许多功能均要通过斩波器、逆变器或专用功率集成电路来实现。近来，超导磁浮铁道系统受到许多国家的重视，这一系统采用线性同步机，可以达到 500km/h 以上的高速，同步机要采用 50~100MVA 的大容量的逆变器，逆变器由许多大功率 GTO 并联而成。这些都充分说明了电力电子技术的普遍应用。以下介绍电力电子技术的典型应用。

一、在发电系统中的应用

在发电系统，电力电子技术扮演着重要角色，电力电子技术在发电环节的应用以改善发电机组等多种设备的运行特征为主。大型发电机励磁控制中，采用晶闸管整流自并励静止励磁，它结构简单、可靠性高、造价低，已为世界各大电力系统广泛采用。这种控制系统省去中间惯性环节励磁机，故调节快速，利于先进的控制规律发挥作用并产生良好的控制效果。

对于水力、风力发电机，电力电子技术实现了变速恒频励磁，使机组能够变速运行，从而获取最大的有效功率。变速电源通过调节转子励磁电流频率，与转子转速叠加后保持定子频率恒定，确保输出频率的稳定性。

此外，电力电子技术还应用于发电厂风机水泵的变频调速。发电厂的厂用电率平均为 8%，而风机水泵耗电量约占火电设备总耗电量的 65% 且运行效率低，采用变频调速器可有效节能。

二、在输配电系统中的应用

电力电子技术在输配电中拥有巨大应用潜力，可提升节能效果与用电效率。现代电力系统需维持电压、频率稳定，满足负荷要求，并具备故障应对能力。随着电力电子器件和技术的飞速发展，其在输配电中的应用展现出强大生命力。

现代电力系统的控制必须包括下列两个方面的要求：① 维持电压和频率的稳定，满足负荷的要求。特别要求系统具有良好的高峰/低谷调节能力，并能满足对电能质量的要求，即稳定的电压、频率、三相对称，低的谐波分量等。② 在系统发生故障时，系统具有自动防止故障扩大和消除故障的能力，以保护系统免于崩溃。

电力电子技术在输电系统应用广泛，如柔性交流输电技术、高压直流输电技术和静止无功补偿器。柔性交流输电技术能灵活调节系统参数，降低输电损耗，提高系统稳定性。高压直流输电具有输出功率大、损耗小、线路投资低等优势。静止无功补偿器则通过快速控制电抗器和电容器，改善输电系统性能。

（1）20 世纪 80 年代中期，美国电力科学研究院 N.G. 辛格瑞利博士首次提出柔性交流输电技术（FACTS）的概念。近年来柔性交流输电技术在世界上发展迅速，已被国内外一些权威的输电工作者预测确定为"未来输电系统新时代的三项支持技术（柔性输电技术、先进的控制中心技术和综合自动化技术）之一"。现代电力电子技术、控制理论和通信技术的发展为 FACTS 的发展提供了条件。采用 IGBT 等可关断器件组成的

FACTS 元件可以快速、平滑地调节系统参数，从而灵活、迅速地改变系统的潮流分布。电力电子技术与现代控制技术相结合的柔性交流输电技术对电力系统电压、参数、相位角、功率潮流的连续调控可大幅度降低输电损耗，提高输电能力和系统稳定水平。

（2）远距离高压直流输电优越性很多。相同的电压和导线截面下输出极限功率大，传送相同的功率时损耗小、压降低，线路投资低。但直流输电线路首末端要接入晶闸管相控整流和有源逆变器，它们都以三相全控桥电路为基本单位，即由多个三相桥变换器串并联组合成基本单位，这些基本单位可以进一步通过串并联组合成复合结构变换器。

（3）静止补偿器以晶闸管为基本元件的固态开关快速、频繁地控制电抗器和电容器来改变输电系统导纳。

（4）用户电力技术与 FACTS 技术作为电力电子技术和现代控制技术在配电与输电系统中的应用，是快速发展的姊妹型新技术。它们的共同基础是电力电子技术，控制器结构功能相似，主要差异在于额定电气值。FACTS 技术强化交流输电系统的可控性，提升传输能力；而用户电力技术则针对配电系统，增强其可靠性和供电质量，两者正逐渐融合。

（5）电力系统拖动系统是全国用电量的主要消耗者，同时也是节能潜力巨大的领域。特别是中电压大功率电机系统，其调速节能技术的实现仍面临诸多挑战。当前，采用 IGBT 构建的多电平、级联式、无污染的变频器以及永磁无刷电动机及其直流调速系统备受瞩目。永磁无刷电动机以永磁替代外励磁，利用转子位置信号实现电子换相，其调速范围广、低速转矩大、启动迅速、噪声低，已在多领域取代交流异步电动机的变频调速系统，广泛应用于工业、军工及家用电器等领域，甚至在先进水下武器中也有应用。我国在此领域虽起步晚，但发展迅速。

（6）电力电子技术的发展对电能质量控制至关重要。随着电力需求增长和非线性电子设备对电力质量要求的提高，电力电子装置在配电和电能质量控制中的应用日益重要，其中电压调节、无功谐波控制等技术成为关键。电力调节器、静止无功发生器、有源滤波器等设备广泛应用。

此外，同步开断技术、直流电源、不间断电源和全固态化交流电源等也是电力电子技术在电力系统中的重要应用，共同推动电力系统的进步与发展。

图 8-12 所示为电力电子技术的应用领域。

三、在电车控制中的应用

电车（地铁及城市近郊电车）用设置在电车车底下面的功率变换电路控制来自架空线的直流电流，对电动机进行调速。

早期的电车，包括现在仍有一部分在使用的，采用了切换电阻的方法来调节施加在直流电动机上的电压，从而实现速度控制。这种方法速度变化不够平滑，乘坐时会带来不适感。此外，在加速和减速过程中，电阻会产生大量的功率损耗，降低了能源利用效率。在功率半导体器件实用化之后，采用斩波电路通过高频导通与关断来控制电压，以替代切换电阻，这种电车电压控制可连续进行，行驶速度可平滑调节，乘坐舒适；同时也无电阻损耗，提高了效率，能做到节能运行。但是直流电动机有电刷和换向器，需要

图 8-12   电力电子技术的应用领域

定期保养检查，且在高速旋转时面临挑战。在早晚上下班高峰时，电车的运行时间间隔要缩短，并需要频繁进行加速及减速运行，且运行速度也需要不断提升。

逆变型电车采用了逆变器技术，将直流电转换为可变频率的交流电，以驱动笼形异步电动机。这种方式不仅克服了直流电动机的局限性，而且通过精确控制交流电的频率和电压，可实现更高效的能源利用和更平滑的速度调节。

永磁同步电机（PMSM）因其高效率、高功率密度和优秀的控制性能，在电车领域逐渐得到应用。它能够提供稳定的转矩输出，并且在宽速范围内都能保持高效率，这对于城市电车的频繁启停和速度调节非常有利。永磁同步电机还具有良好的动态响应性能和调速性能，能够满足电车在不同工况下的需求。随着技术的不断进步和环保要求的提高，电车中电力电子技术将继续发展创新，为城市交通的可持续发展贡献力量。

四、在节能与照明领域的应用

据统计，在美国，大约有 10% 的发电量消耗于照明负荷，有 60%~65% 的发电量用于电动机的驱动。近年来，由于美国应用高度发达的电力电子技术对白炽灯和各种电机驱动装置进行改造，使电能节省 15%~20%。另外，日本科技厅关于电力电子技术应用的调查报告声称，由于广泛采用了功率变频技术，可以把全国发电量的 10% 节约下来。

从 1957 年国内第一只功率晶闸管（SCR）制成至今，我国电力电子技术从无到有，得到了很大的进步，在应用电力电子节能方面做了不少工作，一大批轧机、无轨电车、电焊机、电镀和电解电源以及风机和水泵等机电设备，采用电力电子技术进行改造后，其效率大大提高。总的来说，可以节省电能 20%~30%。此外，电力电子技术的节能效应已经应用于人们的日常生活中，如上班乘坐的交流调速地铁、上下楼用的交流调速电梯、室内用的变频调速空调、计算机用的开关电源和 UPS，以及家用电炊具中的电磁炉等。利用电力电子技术不仅使这些新型设备的工作效率大大提高，而且还使这些新型设备的能耗得以降低，实现了节能环保的目的，其效果是非常可观的。

照明是电力电子技术应用的另一个重要领域，对于缓解能源压力和环境保护都有积极的作用。据统计，2022 年我国照明用电量占全国发电量的 12%~14%，照明用电的迅速增加不但要增加大量的电力投资，而且还会产生大量污染。照明在能源及其环境污染上的严重问题引起了人们的共识，为此工业发达国家纷纷制定了绿色照明工程计划。美国环境保护署（Environmental Protection Agency，EPA）在1991年提出的"绿色照明"计划，通过提高照明能效，节约照明用电量，减少温室气体排放。EPA联合社会各界参与者，以签署备忘录的形式，鼓励参与者提高照明能效，节约照明用电。参与者承诺在项目实施的5年内，至少90%的照明设备更新为节能产品。项目实施到后期，逐步扩展到建筑整体节能，并与墙体绝缘、建筑设备节能、室内电器节能等归为一体。目标是使美国照明用电量节约一半，总计可节电155亿kWh，合计电费8.9亿美元。达到这一目标后，可减少二氧化碳的排放，相当于4300万辆燃油汽车排出的废气总和。

在照明领域，电力电子技术的发展非常迅速，各种新型电光源和电子整流器已经开始被广泛使用。最近发展起来的固态照明技术是一个重要的发展领域。即使在2002年经济低迷的时候，高流明发电二极管仍然取得50%的增长，产值达到18亿美元，而且目前依然保持持续发展。高亮度LED的一个广泛应用的领域是交通信号灯，这是一个典型的通过AC-DC电源提高产品附加值的例子。白色高亮度LED的光效应早就可以与白炽灯相比，但是如果没有有效的功率因数校正，那么所使用的电源将会阻止LED的实际应用。早期的LED交通灯的功率因数只有0.6，由于各种鼓励项目，目前功率因数超过0.9的产品已经十分普遍。同时，LED的光输出对温度很敏感，所以常常需要能补偿这种温度影响。

8.3.3 智能电网中的电力电子技术

一、我国电网建设发展面临的主要问题

我国煤炭资源主要储存于华北、西北地区，水力资源主要分布在西南地区，石油、天然气资源主要储存在东、中、西部地区和海域，而主要能源消耗区集中在东南沿海经济发达地区，资源储存与能源消费地域存在明显差别。电源中心一般距东部负荷中心超过两三千公里，因此造成了输电规模大、距离长。采用传统的高压交流输电，由于交流系统有一定的电抗，输送的功率有一定的极限，如果超过该极限，送端的发电机和受端的发电机可能失去同步而造成系统的解列，进而会威胁到电网的稳定运行。

为了优化能源结构，提高能源效率，改善生态环境实现可持续发展，政府加强了风能、太阳能等可再生能源的开发。对于具有大规模可再生能源的西北地区，当地的需求并不足以消耗掉所有电能，因此有必要通过长距离电网向电力负荷中心传送多余的电能。由于可再生能源的间歇性和波动性与电力系统需要实时平衡之间存在矛盾，因而可再生能源的并网运行对电网本身提出了更高的要求。

二、智能电网中先进电力电子发展路线

智能电网对电能质量和电网工作状况的稳定有较高要求。由于我国能源发电中心和负荷中心距离太远，势必需要大范围远距离电能输送，同时需要解决由此带来的潮流控制、系统振荡、电压偏移等诸多问题。发展先进电力电子技术可以解决或更好地解决这些问题。表8-3为我国先进电力电子技术的发展路线图。

表 8-3 先进电力电子技术的发展路线图

电力电子技术	2010 年	2020 年	2030 年
直流输电技术	全面突破常规直流输电关键技术问题；实现百兆级柔性直流输电工程示范；提出新型直流输电的构想	实现直流联网及特高压直流输电核心装置的自主知识产权；柔性直流输电系统的技术成熟并在全国范围内推广应用，新型直流输电进入试验阶段	建立基于智能电网的直流输电体系，在直流输电技术领域发挥引领作用
灵活交流输电技术	实现特高压电网中可控串补、可控电抗器等典型装置的工程示范；完成现有 FACTS 装置的智能化关键技术的研究	完成新型 FACTS 装置在智能电网中的广泛应用；实现 FACTS 技术本身及其应用的智能化升级	电力电子技术及其产品实现模块化、单元化、智能化，建立完整的系统理论体系
电能质量技术	完成智能化配电网中定制电力技术的优化配置研究；完成主要定制电力产品的技术规范的制定；完成定制电力园区的工程示范	解决智能配电网的关键技术问题，实现新型配电网的智能化；实现定制电力产品的规范引导和约束机制，实现标准化；全国范围内推广使用定制电力园区	完全标准化的定制电力产品和电能质量分级体系；大规模实现定制电力技术
能量转换技术	实现抽水储能启动电机工程示范；完成利用电力电子技术实现大规模风电并网关键技术的研究	实现大规模储能系统的快速可调能源转换；实现千兆瓦级风电场高效可靠地并网运行及核心装置标准化生产	形成标准化、可配置的通用能源转化模块；在系统中推广应用大规模风电接入技术

三、电力电子技术在智能电网中的应用

电力电子技术在智能电网中的应用主要有以下四个方面。

1. 柔性交流输电技术在智能电网中的应用

柔性交流输电技术是指以电力电子设备为基础，结合现代控制技术来实现对原有交流输电系统参数及网络结构的快速灵活控制，从而达到大幅提高线路的输送能力和增强系统稳定性、可靠性的目的。随着电力电子器件的发展，FACTS 技术已从原有的基于半控器件的静止无功补偿器（Static Var Compensator，SVC）、可控串补（Thyristor Controlled Series Compensator，TCSC）技术发展到现在的基于可关断器件的静止同步补偿器（Static Synchronous Compensator STATCOM）、统一潮流控制器（Unified Power Flow Controller，UPFC）等技术。

（1）SVC 技术在智能电网中的应用。SVC 是一种典型的灵活交流输电装置，其主要作用如下：调节系统电压，保持电压稳定；控制无功潮流，增加输送能力；为直流换流器提供无功功率；提高系统的静态和暂态稳定性；加强对系统低频振荡的阻尼。它是解决我国电网输电瓶颈的一个重要技术手段。20 世纪 80 年代，我国从国外引进了 6 套 SVC 装备电网。2004 年在国家电网公司主持下，由中国电力科学研究院自主研发的辽

宁鞍山红一变 100Mvar SVC 示范工程顺利投运，标志着我国完全掌握了 SVC 的系统设计制造技术。随后，川渝电网 3 套 SVC 装置的顺利投运标志着 SVC 在我国电力系统中的推广应用。SVC 具有无功补偿和潮流优化功能，能够提高电网的输电能力和电能输送效率、改善电网的安全稳定性和电能质量，并且适用于各种电压等级电网。SVC 为我国电网向着坚强、安全、智能化发展发挥了重要作用。截至 2022 年，我国整个无功补偿装置市场的规模达到了 420 亿元，而 SVC 在无功补偿装置市场中的占比约为 28%，发挥着巨大的社会经济效益。

（2）TCSC 技术在智能电网中的应用。可控串补技术是在常规串补技术发展起来的一种灵活交流输电技术，主要由晶闸管阀、金属氧化物限压器（Metal Oxide Varistor，MOV）、电容器组和阻尼器构成。它不仅可以提高现有线路的输送能力，提高系统稳定性，还可以有效减少阻尼系统低频振荡、抑制次同步谐振、优化系统运行方式和降低输电损耗。我国自 20 世纪 90 年代开始系统地研究可控串补技术，并于 2004 年底建成投运我国第一个国产化 TCSC 工程——甘肃碧成 220kV 可控串补工程，使我国成为世界上第 4 个完全掌握可控串补设计制造技术的国家，2007 年 10 月伊冯 500kV 可控串补投运，这是当时世界上容量最大、额定电压最高的可控串补装置。以可控串补技术为代表的灵活交流输电技术，代表世界先进输电技术的发展方向，它利用先进电力电子技术提高电网输电能力、提升电网安全稳定水平，适用于超/特高压各等级电网，有力推动了我国交流输电技术的创新进程和产业升级。截至 2008 年底，我国自主研发的串补装置已在国内外 25 条输电线路上应用 33 套，总容量已超过 10.870Gvar，因采用该技术节省投资约 40 亿元、节省线路走廊 3200km。伊冯串补装置全景如图 8-13 所示。

图 8-13　伊冯串补装置全景

（3）其他柔性交流输电系统技术在智能电网中的应用。随着我国电网规模的不断扩大，出现了一些新问题，如系统短路电流超标、超/特高压线路容性充电功率较高等，同时基于全控型器件柔性交流输电系统装置的进步，客观促进了柔性交流输电系统技术在我国的进一步应用。2006 年，我国第一套 50Mvar 链式 STATCOM 在上海投运。我国自主研发的首套 500kV 分级可控并联电抗器（Stepped Control Shunt Reactor，SCSR）和首套 500kV 磁控并联电抗器（Magnetically Control Shunt Reactor，MCSR）分别于 2006 年 9 月在山西忻都开关站、2007 年 9 月在湖北江陵换流站投运成功。

2. 直流输电技术在智能电网中的应用

超高压直流输电技术在远距离大容量输电、异步联网、海底电缆送电等方面具有优势，因而得到了广泛应用。而特高压直流输电更可以有效节省输电走廊，降低系统损耗，提高送电经济性，它为我国解决能源分布不均、优化资源配置提供了有效途径。

采用直流输电方式，例如我国的特高压直流输电线路建设，其送电端的整流阀和受电端的逆变阀一般都采用晶闸管变流装置。类似这种基于电力电子技术的设备在输电网中的应用，可提高电网的输送容量和可靠性。

2007 年底，向家坝—上海±800kV/6400MW 特高压直流示范工程开工建设，这是世界上第一条基于 6 英寸晶闸管阀的特高压直流工程。2009 年投运的灵宝 Ⅱ 扩建工程是世界上首次开展基于 6 英寸晶闸管提升至 4.5kA 换流阀的工程实践，为超/特高压直流输送进一步提升容量做好了技术储备。

超大容量直流输电的成功条件之一是受端有强大的交流系统，提供足够的短路电流（换相电流），而受端负荷过大将直接影响直流系统的稳定。受端系统接受能力的研究是今后的重要课题。向家坝—上海±800kV 特高压直流输电示范工程奉贤换流站工程如图 8-14 所示。

图 8-14　向家坝—上海±800kV 特高压直流输电示范工程
奉贤换流站工程

为了实现可持续发展，我国正在大力推广风力发电，10GW 大规模风力发电并网目前存在许多难以解决的问题，对电网的安全稳定造成了一定影响。柔性直流输电是解决大规模风电并网问题的一个重要手段。

3. 能量转换技术在智能电网中的应用

能量转换技术是智能电网的核心技术之一。在智能电网的发展规划中，智能电网正朝着低污染、低能耗、低排放的低碳节能方向发展。目前，太阳能、风能等可再生资源的利用为国际上研究的重点，太阳能发电和风力发电属于发展较快的新能源，但它们受环境制约较大，发出的电力质量较差，需要储能装置缓冲以改善电能质量，这就需要电力电子技术。小水电站用的大型电动机的启动和调速也需要电力电子技术。另外，由于各地区的资源与负荷分布并不均衡，常常采用分布式发电以及微网技术。微网中的分布式电源包括微型燃气轮机、燃料电池、光伏电源、风力发电机、蓄电池和高速飞轮等，当需要把这些和大电网相连并彼此互联时，也离不开电力电子技术。这已成为一个重要的发展趋势，并将在新能源和分布式发电领域里得到更为明显的体现。微网互联示意图如图 8-15 所示。

图 8-15　微网互联示意图

国外对能量转换的研究由来已久，而我国对能量转换技术还属于初步的研究阶段，仅对抽水蓄能启动变频技术、轨道交通能馈系统和风力发电机组变流器控制技术有一定的研究。现如今，我国还处在开发大规模风电场的阶段，相关的技术还需要进一步的研究。能量转换技术的发展趋势主要在于太阳能、风能等可再生能源的利用以及间歇性、大规模的电源和微网等进行并网，再开始运行。大规模间歇式电源技术、规模化大电流充电技术、抽水蓄能启动变频技术、电动汽车与电网能量双向转换技术、聚群功率调节器技术、中压大功率风机变流器技术、轨道交通的能馈系统技术等都在能量转换技术中有着广泛的应用。

4. 电能质量技术在智能电网中的应用

电能质量技术是指通过一系列技术手段和方法，对电力系统中存在的电能质量问题进行检测、评估、改善和控制的综合性技术。电能质量技术不仅关注电压、电流和频率等基本参数的稳定性，还关注电压波动、谐波、三相不平衡、电压暂降、中断、暂升以及供电连续性等电能质量问题。它旨在通过技术手段，使电力系统的电能质量达到用户和设备的要求，保障电力系统的安全、稳定和经济运行。

随着电力系统规模的不断扩大和电力负荷的增加，以及新能源的大规模接入和电力电子设备的广泛应用，电能质量问题日益突出，成为制约电力系统安全稳定运行和电能利用效率的重要因素。在发达国家，如美国、日本等，对电能质量技术的研究已经比较深入，达到了国际先进水平。我国电能质量技术正处于快速发展阶段，面临着技术上、标准体系上和市场竞争等诸多方面挑战与机遇。

智能电网对电能质量和电网工作状况的稳定有较高要求。在技术研究领域，需要利用电力电子器件，对电力系统中的电能进行变换和控制，以改善电能质量。如静止无功补偿器（SVC）、静止同步补偿器（STATCOM）等用于无功补偿，有源电力滤波器（APF）用于谐波抑制。同时，引入智能算法和控制策略，对电能质量进行智能化监测、评估和控制。如利用人工智能技术实现电能质量问题的自动监测和诊断。还需要建立综合评估指标体系，对电能质量进行全面、客观的评估，为制定改善措施和进行决策提供依据。在技术应用领域，电源端需配备相应的电能质量监测和治理设备，电网端需加强电能质量监测和管理，确保电网的稳定运行和供电质量。在用户端，则需要采取相应的电能质量治理措施，以保障设备的正常运行和用电安全。我国未来需加强技术创新和标准化建设，推动电能质量技术的发展和电能质量治理行业的持续健康发展。

思考题

8.1　电力电子技术的基本概念是什么？

8.2　电力电子技术有几个主要的组成部分？各部分作用是什么？

8.3　电力电子技术与信息电子技术区别和联系是什么？

8.4　电力电子技术的核心技术是什么？为什么？

8.5　电力电子技术用于电能变换有哪些主要形式？

8.6　电力电子技术的发展呈现出什么样的特点？你认为电力电子技术发展的关键是什么？

8.7　电气传动技术有哪些重要作用？如何分类的？

8.8　简述电力传动技术的发展，电力传动技术与电力电子技术如何联系的。

8.9　列举两种典型的电力电子技术应用场景并加以介绍。

8.10　智能电网中有哪些电力电子技术，如何应用的？

9

电 力 通 信 技 术

本章导读

本章分为三部分，包括通信系统、电力通信网以及电力通信的现状与发展等内容。

> 我们了解过去，但无法控制它；我们控制未来，但无法了解它。
> ——克劳德·艾尔伍德·香农

一般认为，人类生活的三大基本要素是物质、能源和信息。人们所进行的信息传递和交流就是通信。传统意义上的通信是指由一地向另一地进行信息的传递，现代通信一般定义为利用电子技术等手段，借助各种传输媒质实现两地之间的信息传递。

人类进行通信的历史十分久远。早在远古时期，人们就通过简单的语言和在洞穴的墙壁上画草图等方式来交换和传递信息。千百年来，人们一直在用语言、图符、钟鼓、烟火、竹简、纸书等传递信息，古代人的烽火狼烟、飞鸽传信、驿马邮递就是这方面的例子。现在还有一些国家的个别原始部落，仍然保留着诸如击鼓鸣号这样古老的通信方式。在现代社会中，交通警的指挥手语、航海中的旗语等不过是古老通信方式进一步发展的结果。这些信息传递基本上都是依靠人的视觉与听觉，即通过听别人说话，看代表某种意义的字母和符号来得到信息。随着科学技术的不断发展，通信手段越来越先进，传递信息的数量、速度及范围等方面都有了迅速的发展，人们克服了距离的障碍，实现了长距离的可靠通信。人类通信史上革命性变化的标志是将电作为信息载体。

现代社会已经跨入了信息时代。信息已经成为最为重要的资源，信息传递则构成社会和经济发展的生命线。目前，人类最伟大的创举之一就是建成了覆盖世界上多数国家的高速信息网。

9.1 通 信 系 统

9.1.1 通信系统的组成

信息有许多不同的形式，如文字、语言、符号、音乐、数据、图片、活动图像等。因此，根据所传递的信息形式的不同，目前的通信业务可分为电报、电话、传真、数据传输及可视电话等。从广义的角度看，也可以将广播、电视、雷达、导航、遥测遥控等信息传输的方式列入通信的范畴。

实际上，基本的点对点通信就是将发送端的信息传递到接收端。据此可以得出通信系统的一般模型，如图 9-1 所示。

图 9-1　通信系统的一般模型

在图 9-1 中，信源即信息源，也称发送端，其作用是将传输的信息转换成原始电信号，如电话系统中电话机可看成是信源。为了将信源和信道匹配起来，将信源产生的原始电信号，即基带信号，转变为适合在信道中传输的信号，就需要接入发送设备。信道是指传输信号的通道，既可以是有线的，也可以是无线的，甚至还可以包含某些设备。在接收端，接收设备的作用和发送设备刚好相反，任务是从带有干扰的接收信号中恢复出相应的原始电信号来；而信宿，也称收信者，则是将复原的原始电信号转换成相应的信息。

9.1.2 通信技术的发展

众所周知，信息通信业是发展潜力最大、对经济和社会影响最广泛的行业之一，同时也是最富有挑战性的行业之一。

1837 年莫尔斯发明了电报，他利用由点、划、空格适当组合的代码表示字母和数字，进行信息的传输。1876 年贝尔发明了电话，直接将声音信号转变为电信号沿导线传送。19 世纪末，人们又致力于研究利用能够以电磁波形式在空间传输的无线电信号来传送信息，即所谓的无线电通信。1895 年意大利的 G. 马可尼（G. Mmarconi）首次利用电磁波实现了无线电通信，开辟了无电技术的新领域。随着各类电子器件的出现，无线电通信技术迅猛发展，继而出现了无线电广播、传真和电视。到 20 世纪 30 年代中期以前，无线电通信方面已完成了利用电磁波来传递电码、声音和图像的任务。也就是在这个时期，里夫斯（A. H. Reeves）提出了脉冲数字编码调制（PCM）数字通信方式。20 世纪 40 年代末期美国制造出了第一台实验用 PCM 多路通信设备，首次实现了数字通信，至此通信技术有了新的飞跃。

随着社会的发展和科学技术的进步，各种技术之间相互渗透、相互利用，相继出现了综合业务数字网（ISDN）、多媒体通信技术（MMT）、综合移动卫星通信（M-SAT）、个人通信网以及智能通信网（IN 或 AIN）等。特别是多媒体通信以通信技术、广播电视技术、计算机技术为基础，突破了计算机、电话、电视等传统产业的界限，将计算机的相互性、通信网的分布性和电视广播的真实性融为一体，向人们提供了综合的信息服务，成为一种新型的、智能化的通信方式。

21 世纪是信息化社会，信息技术和信息产业是新的生产力增长点之一，因此在信息技术中，全球信息高速公路将会成为将来高度信息化社会的一项基本设施。"国际信息基础工程"计划，即俗称的信息高速公路工程，目前正在世界不少国家和地区部署和实施。"信息高速公路"是以光缆为"路"，集电脑、电视、录像、电话为一体的多媒体为载体，向大学、研究机构、企业及普通家庭实时提供所需数据、图像、声音传输等多种服务的全国性高速信息网络，是多门学科的综合。从技术角度讲，它涉及了计算机科学技术、光纤通信技术、数字通信技术、个人通信技术、信号处理技术、光电子技术、半导体技术、大容量存储技术、网络技术、信息安全技术等信息技术，是一项规模巨大、意义重大的工程。因此，各国投入大量的人力、物力，积极研究、实验、实施这项计划，但还有许多关键技术及社会问题尚待解决。可以说，这一切仅仅是一个开始，还需人们不断地探索和研究。

一、电话的发展

电报的发明，拉开了电信时代的序幕，引起了通信方式的彻底变革，并且开创了人类利用电来传递信息的历史。从此，信息传递的速度大大加快了。"嘀-嗒"一响（1s），电报便可以载着人们所要传送的信息绕地球走上七圈半。这种速度是以往任何一种通信工具所望尘莫及的。

电报传送的是符号。要发送一份电报，得先将报文译成电码，再用电报机发送出去；在收报一方，则要经过相反的过程，即将收到的电码译成报文，然后送到收报人的手里。这不仅手续麻烦，而且也不能及时地进行双向信息交流。因此，人们开始探索一种能直接传送人类声音的通信方式，这就是现在家喻户晓的"电话"。

欧洲对于远距离传送声音的研究，始于 18 世纪，在 1796 年，休斯提出了用话筒接力传送语音信息的办法。虽然这种方法不太切合实际，但他给这种通信方式起了一个名字——Telephone（电话），一直沿用至今。

1861 年，德国教师的原始电话机虽然利用声波原理实现了短距离通话，但尚未实用化。亚历山大·贝尔在设计助听器时他观察到电流变化引起的螺旋线圈噪声，这一发现使贝尔突发奇想——"用电流的强弱来模拟声音大小的变化，从而用电流传送声音"。经过不懈努力，贝尔与助手在 1875 年 6 月 2 日成功实现了人类历史上首次电话传送声音，开启了声音转换为电信号并通过物理连接实现即时远距离双向通信的新时代。

1877 年，波士顿至纽约之间架设的 300km 电话线路开通，完成首次长途通话实验，也就是在这一年，有人首次通过电话向《波士顿环球报》发送新闻。一年之内，贝尔共安装了 230 部电话，建立了贝尔电话公司，即后来美国电报电话公司（AT&T）的前身。电话传入我国是在 1881 年，英籍电气技师皮晓浦在上海十六铺沿街架起了一对露天电话，支付 36 文制钱可通话一次，这是我国的第一部电话。1882 年 2 月，丹麦大北电报公司在上海外滩洋泾路办起我国第一个电话局，用户 25 家。

自从贝尔发明了电话机，人人都能手拿一个"话柄"和远方的亲朋好友谈天说地了。电报和电话的相继发明，使人类获得了远距离传送信息的重要手段。但是，电信号都是通过金属线传送的，线路架设到的地方，信息才能传到，这大大限制了信息的传播范围，特别是在大海、深山。于是，人们希望找到一种能让信息无线传播的办法。

1956 年，在英国和加拿大之间的大西洋海底铺设完成了电话电缆，使远距离的电话通信成为现实；1962 年，美国研究成功了脉码调制设备，用于电话的多路化通信；1965 年，第一部由计算机控制的程控电话交换机在美国问世，标志着一个电话新时代的开始；1969 年，美国国防高级研究计划署（ARPA）提出了研制 ARPA 网的计划，当年建成并投入运行，改变了传统的专用信道的传输方式，标志着计算机通信的发展进入了一个崭新的纪元；1970 年，世界上第一部程控数字交换机在法国巴黎开通，标志着数字电话的全面实用和数字通信新时代的到来。

进入 20 世纪 90 年代，随着数字技术和因特网技术的成熟，出现新的电话通信手段，其中网络电话（Internet Phone，IP）是最具代表性的技术，提高了通话容量，并大幅度降低通话费用，使电话通信进入了一个崭新的时代。

IP 电话是现在最为流行的电话通信技术，被评为电子商务十大趋势之一。IP 电话简单来说就是通过 Internet 进行实时的语音传输服务。它是利用 Internet 为语音传输的媒介，从而实现语音通信的一种全新的通信技术。由于其通信费用的低廉，所以也有人称之为廉价电话。其原理是将普通电话的模拟信号进行压缩打包处理，通过 Internet 传输，到达对方后再进行解压，还原成模拟信号，对方用普通电话机等设备就可以接听。

目前，国际上许多大的电信公司推出了普通电话与普通电话之间的 IP 电话，普通电话客户通过本地电话拨号上本地的互联网电话的网关（Gateway）进行连接，远端的网关通过当地的电话网呼叫被叫用户，从而完成普通电话客户之间的电话通信。这种通过 Internet 网从普通电话到普通电话的通话方式就是人们通常讲的 IP 电话，也是目前发展得最快而且最有商用化前途的电话。

二、微波通信的发展

从无线电频谱的划分看，将频率为 $0.3 \times 10^3 \sim 300 \times 10^3$ MHz 的射频称为微波频率。微波通信（Microwave Communication），就是使用波长在 0.1mm ~ 1m 之间的电磁波——微波进行的通信。微波通信不需要固体介质，当两点间直线距离内无障碍时就可以使用微波传送。

微波通信是 20 世纪 50 年代的产物。由于其通信的容量大而投资费用省（约占电话电缆投资的 1/5），建设速度快，抗灾能力强等优点而取得迅速的发展。20 世纪 40 ~ 50

年代产生了传输频带较宽、性能较稳定的微波通信，成为长距离大容量地面干线无线传输的主要手段，模拟调频传输容量高达 2700 路，也可同时传输高质量的彩色电视，而后逐步进入中容量乃至大容量数字微波传输。20 世纪 80 年代中期以来，随着频率选择性色散衰落对数字微波传输中断影响的发现，以及一系列自适应衰落对抗技术与高状态调制与检测技术的发展，数字微波传输产生了一个革命性的变化。特别应该指出，20 世纪 80~90 年代发展起来的一整套高速多状态的自适应编码调制解调技术与信号处理及信号检测技术的迅速发展，对现今的卫星通信、移动通信、全数字 HDTV 传输、通用高速有线/无线的接入，乃至高质量的磁性记录等诸多领域的信号设计和信号的处理应用，起到了重要的作用。

微波通信由于其频带宽、容量大，可以用于各种电信业务的传送，如电话、电报、数据、传真以及彩色电视等。微波通信具有良好的抗灾性能，对水灾、风灾以及地震等自然灾害，一般都不受影响。但微波经空中传送，易受干扰，在同一微波电路上不能使用相同频率于同一方向，因此微波电路必须在无线电管理部门的严格管理之下进行建设。此外，由于微波直线传播的特性，在电波波束方向上，不能有高楼阻挡，因此城市规划部门要考虑城市空间微波通道的规划，使之不受高楼的阻隔而影响通信。图 9-2 所示为微波通信系统示意图。

图 9-2　微波通信系统示意图

近 10 年来，国内信息网络的发展对通信基础设施提出了越来越高的要求，各种网络接入技术越来越受到人们的重视。网络接入大致可分为网络接入和单机接入两类。

三、移动通信的发展

通信技术的另一个亮点是移动通信。移动通信，简单地说就是移动体之间的通信，或移动体与固定体之间的通信。移动体既可以是人，也可以是汽车、火车、轮船、收音机等处于移动状态中的物体。

移动通信从无线电通信发明之日起就产生了。现代移动通信技术的发展始于 20 世纪 20 年代，大致经历了五个发展阶段。

第一阶段为 20 世纪 20~40 年代，为早期发展阶段，以美国底特律警察使用的 2MHz 车载无线电系统为代表。这一时期的移动通信特点是专用系统开发，工作频率较低，主要服务于船舶、汽车以及军事用途等，通信设备体积庞大、笨重，而且通信效果很差。

第二阶段从 20 世纪 40 年代中期至 60 年代初期。这期间移动通信有了进一步的发展，公用移动通信业务开始问世。1946 年，美国圣路易斯建立了全球首个公用汽车电话网，采用三个频道的单工通信。随后，联邦德国、法国、英国等国相继研制了公用移动电话系统。这一阶段的特点是从专用移动网向公用移动网过渡，接续方式为人工，网的容量较小。

第三阶段从 20 世纪 60 年代中期至 70 年代中期。这期间移动通信因晶体管的发明而向小型化、便携化和个人化发展。美国推出的改进型移动电话系统（IMTS）和德国的 B 网均使用了 150MHz 和 450MHz 频段，实现了无线频道的自动选择和自动接续至公用电话网，标志着移动通信系统的显著改进和完善。

第四阶段从 20 世纪 70 年代中期至 80 年代中期，这是移动通信蓬勃发展时期。由于集成电路技术、微型计算机和微处理器的快速发展，以及由美国贝尔实验室推出的蜂窝系统的概念和其理论在实际中的应用，使得美国、日本等国纷纷研制出陆地移动电话系统，从而使得移动通信真正进入了个人领域。这一时期的技术以模拟调频、频分多址为主，使用 800/900MHz 频段，建立了蜂窝式模拟移动通信系统，也称为第一代移动通信系统。1978 年，美国 AMPS 的成功研制和商用，以及随后在芝加哥和华盛顿的部署，标志着蜂窝通信网的成熟。其他国家如日本、德国、英国、法国和加拿大也相继开发了自己的蜂窝通信系统。

第五阶段从 20 世纪 80 年代中期开始，这是数字移动通信系统发展和成熟时期。

进入 21 世纪，移动通信技术以惊人的速度发展，成为现代社会的核心组成部分。4G 技术的广泛普及和 5G 技术的持续推进，使得全球移动用户数量激增至数十亿，尤其在我国，移动用户已超过 10 亿。这一技术的飞速进步不仅极大地丰富了人们的沟通方式，也深刻影响了生活和工作的各个方面。未来，随着技术的持续革新，移动通信预计将推动社会进一步迈向智能化、高效化和全面的互联互通时代。

四、光纤通信的发展

光纤的发明，引领了通信技术的革命，成为 21 世纪信息社会的关键元素。1966 年，高锟提出利用石英玻璃纤维（光纤）传输光信号，实现长距离、大容量通信。1970 年，他研制出损耗为 20dB/km 的光纤。这一研究的突破是通信发展史上里程碑式的成功，引起了当时整个通信界的震动，世界发达国家开始投入大量人力、物力对光纤通信这个新兴领域进行研究。1976 年，美国贝尔实验室建立了世界上第一条实用化光纤通信线路，速率为 45Mbit/s。20 世纪 70 年代末，单模光纤和半导体激光器的成功研发，使光纤通信系统展现出其优越性。理论上，光纤通信在 $1.3\mu m$ 和 $1.55\mu m$ 波长窗口的容量至少有 25000MHz，而要进一步地提升光纤通信的速度自然会想到采用多波长的波分复用技术 WDM（Wavelength Division Multiplexing）。1996 年 WDM 技术取得突破，美国 MCI 公司在 1997 年开通了商用的 WDM 线路。图 9-3 所示为光通信系统的基本组成结构。

图 9-3　光通信系统的基本组成结构图

　　1978 年改革开放后，光纤通信的研发工作大大加快。在 20 世纪 80 年代中期，数字光纤通信的速率已达到 144Mbit/s，可传送 1980 路电话，超过同轴电缆载波。于是，光纤通信作为主流被大量采用，在传输干线上全面取代电缆。现在，我国已敷设光缆总长约 250 万 km，光纤通信已成为我国通信的主要手段。

　　光纤通信在我国的发展也经历了一系列的波折和发展。1973 年，我国邮电部武汉邮电科学研究院开始了光纤通信研究，由于采用了石英光纤、半导体激光器和编码制式通信机这个正确的技术路线，所以我国在发展光纤通信技术上少走了不少弯路，从而使我国在光纤通信技术与发达国家差距缩小。1978 年后，研发速度加快，80 年代中期数字光纤通信速率达 144Mbit/s，传输能力超过同轴电缆。光纤通信迅速成为主流，广泛应用于传输干线，取代了电缆。目前，我国已敷设光缆约 6432 万 km，光纤通信成为我国通信的主要方式。

五、卫星通信的发展

　　卫星通信方面，从 1945 年克拉克提出三颗对地球同步的卫星可覆盖全球的设想以来，卫星通信真正成为现实经历了 20 年左右的时间。先是诸多低轨卫星的试验，而 1957 年 10 月 4 日苏联成功发射的世界上第一颗距地球高度约 1600km 的人造地球卫星，实现了对地球的通信，这是卫星通信历史上的一个重要里程碑。1961 年，肯尼迪（J. F. Kennedy）提出了利用卫星开展商用通信业务的概念。1962 年在最初的通信卫星条例基础上，建立了美国通信卫星公司（Communications Satellite Consortium，COMSAT）。1964 年 3 月 COMSAT 与休斯航空公司签订合同建造两颗自旋稳定卫星。在 1964 年成立的国际通信卫星组织（International Telecommunications Satellite Consortium，INTELSAT）中，COMSAT 占有 50% 以上的股份。1965 年 4 月 6 日发射的"晨鸟"（Early Bird）号静止卫星标志着卫星通信真正进入了实际商用阶段，并纳入了世界上最大的商业卫星组织 INTELSAT 的第一代卫星系统 IS-I。国外商业卫星通信市场呈现出强劲的增长态势，市场规模有望在 2029 年增长至 2972.5 亿美元，复合年增长率达 8.99%。全球卫星通信行业迅猛发展，尤其是低轨宽带/高通量卫星。同时，卫星发射数量快速增长，通信卫星成为航天器类型的主流。我国华为等科技巨头也将卫星通信视为未来发展的重要方向，其在 5G-Advanced 和 6G 网络中的关键作用预示着商业卫星通信将在全球范围内持续扩大影响力。图 9-4 所示为通信卫星。图 9-5 所示为移动通信卫星。

图 9-4　通信卫星

图 9-5　移动通信卫星

从卫星通信系统技术和支持业务方面来看，技术经历了从初期的模拟（调频）通信到数字通信的过程；支持业务也从初期的窄带话音、电视转播，到目前的"直接到户"（用于电视、数据广播接收）、直接个人系统（提供 Internet 业务）、移动通信业务〔如由 66 颗低轨卫星的"铱（Iridium）"系统支持的手持机〕和宽带综合业务；频段方面已从最初的 C 波段发展到 Ku、Ka 波段。

近年来，我国信息网络的发展势头强劲，尤其是卫星通信系统作为国家信息基础设施的关键组成部分，取得了令人瞩目的成就。随着地球同步轨道和低地球轨道卫星网络的逐步部署，不仅为偏远地区、海洋、航空等特殊场景提供了宽带互联网接入服务，还实现了天地一体化信息网络的构建，极大地扩展了网络的覆盖范围和服务的可达性。在技术创新层面，我国成功研发并发射了多颗高吞吐量卫星，这些卫星显著提升了数据传输速率和带宽，能够支持高清视频直播、大规模数据传输等高带宽需求的应用。我国政府的政策扶持和国际竞争力的增强，使得卫星通信系统的应用领域不断拓宽，涵盖了物联网、智能交通、环境监测等多个领域，为经济社会发展提供了新的动力。展望未来，我国将继续推动卫星通信技术的发展，加强国际合作，致力于打造更加完善的信息网络体系，以支撑数字中国建设的宏伟蓝图，并在全球网络覆盖和信息服务领域发挥更加重要的作用。

9.2　电力通信网

9.2.1　电力通信网的定义及价值

电力系统通信的一般定义是：利用有线电、无线电、光或其他电磁系统，对电力系统运行、经营和管理等活动中需要的各种符号、信号、文字、图像、声音或任何性质的信息进行传输与交换，满足电力系统要求的专用通信。按照上述定义，电力系统通信即为"电力专用通信"。电力专用通信按通信区域范围不同，分为"系统通信"和"厂站通信"两大类。系统通信也称站间通信，主要提供发电厂、变电站、调度、公司本部等单位相互之间的通信连接，满足生产和管理等方面的通信要求。厂站通信又称站内通信，其范围为发电厂或变电站内，与系统通信之间有互连接口，其主要任务是满足厂（站）内部生产活动的各种通信需要，对抗干扰能力、通信覆盖能力、通信系统可靠性等也有一些特殊的要求。狭义的电力系统通信仅指系统通信，不包括厂站通信。广义的电力系统通信则包括系统通信和厂站通信。为避免混淆，通常把广义的电力系统通信称为"电力通信"，其含义不仅包括系统通信和厂站通信这两类专用通信，也泛指利用电力系统的通信资源提供的各种通信。如果不涉及社会公众电信市场，电力通信与电力系统通信、电力专用通信同义。

电力通信网是伴随着电力系统的发展而建立的独立的通信系统，是电力系统稳定运行的保证。目前电力系统的安全稳定运行取决于电力通信网系统、安全稳定控制系统、调度自动化系统这三个重要的环节。其中由于电力通信网衔接了各个电力网络和系统，成为各个网络和系统之间相互沟通和交流的纽带，因此其意义显得尤为重要。

电力系统的特殊性决定了其所要求的通信网络提供高度的可靠性，使保护控制信息在第一时间以最快的速度传递到控制终端，以便工作人员与控制系统及时作出决策，应对出现的问题和可能存在的隐患。所以世界上很多的大型电力公司都有属于自己的电力通信网。

一般来说，电力通信的主要作用是：

（1）传送电力系统远动、保护、负荷控制、调度自动化等运行、控制信息，保障电网的安全、经济运行。

（2）传输各种生产指挥和企业管理信息，为电力系统的现代化提供高速率、高可靠性的信息传输网络。

9.2.2 电力通信的几种主要方式

电力通信网涉及从发电、输电、变电到配电的一系列环节，在网络覆盖面、传输速度、带宽、户外环境、传输介质的电磁兼容问题等方面都有其特殊的要求，所以采用的相关传输方式都应该满足电力通信的特点。经过多年的探索和实践，现在世界上主要应用的电力通信的方式为微波通信、电力线载波通信、无线通信和光纤通信。此外，电力系统中还应用着明线电话、音频电缆及新兴的扩频通信等通信传输方式。本节将主要介绍微波通信、电力线载波通信、无线通信、光纤通信的技术特点和在电力系统中的应用。

一、微波通信

微波通信是指使用波长在 0.1mm～1m 之间的电磁波进行数据传输的通信方式。微波通信不需要特定的传输介质，当传输的两点之间的直线没有障碍时，微波通信就可以实现。

利用微波通信可以进行远距离传输，其传输数据量非常大。微波的频率非常高，在直线传播中遇到阻碍会发生阻碍或阻断，所以一般实现微波通信是在视距以内进行的，超过视距就要采用中继的手段进行通信。

微波通信由于对传输介质的要求很低，所以在各种天气和环境中具有很高的传输能力。它的不足之处在于，无线电波、无线网络会影响微波通信的传输效果。当其在城市内传播时由于高楼的阻碍往往会阻断了微波通信。

经历了几十年的实践和探索，微波通信在我国已经进入了成熟应用阶段，无论从微波通信线路的覆盖面、接入技术，还是监测系统，都已经成熟。然而在实践中，我们发现电力微波通信线路在管理和维护上还存在着很多的问题需要去解决。

二、电力线载波通信（PLC）

电力线载波（Power Line Carrier，PLC）通信，俗称"电力线上网"，是电力系统的一种基本的通信方式，是电力系统的中枢神经，主要是指利用高压电力线（通常指35kV 及以上电压等级）、中压电力线（指 10kV 电压等级）或低压配电线（380/220V用户线）作为信息传输媒介进行语音或数据传输的一种特殊通信方式。由于电力载波具有依靠现行的电力线传递调度指令，不需专门架设线路，线路、杆路牢固可靠，投资省等特点，因此在电力系统中得到广泛的应用。

电力线载波通信技术始现于 20 世纪 20 年代初期，它以电力线路为传输通道，通过载波的方式将模拟信号或数字信号进行传输。50Hz 的工频电能通过电力线传送到了千家万户，而直接利用这些广泛分布的电力线无须额外铺设通信线路进行通信传输，因而具有下述优点：

（1）投资少。电力网是现成的，遍布城市、乡村，用于通信不要花钱铺设电话线、电缆线、光缆等传输线路，这种一线两用方式，减少了基础设施投资，成本低。

（2）传输速率高。该技术使用低压电力网传送数据和进行网络访问的速度，比当时最快的家用系统与普通电话线连接的高速调制解调器快 180 倍。

（3）使用方便。从理论上讲，只要有公共电力网的地方，就可以直接连通互联网。

（4）使用费低。电力线上网不是按上网时间收费，而是根据波载的数据量收费，用户每月只需付极少的费用就可以不限时地使用。

（5）方便数据收集。利用 PLC 技术可以远程自动读出水、电、煤的数据。

（6）能组建家庭局域网。通过各个房间的电源插座，可以将音视频设备、智能家电联网。

总之，电力线载波通信对运营商和用户有益，也减少了通信基础设施的投资。

电力线载波通信也存在着一些缺点，如用电量变化、电压波动引起通信的稳定性差，家用电器产生的电磁波对通信产生干扰，电力线载波通信影响短波收音机的效果等问题，人们正在为克服这些缺点进行研究。若这些缺点得到克服，电力线载波通信将值得广泛应用，其价格比宽带有线电视还便宜。

交流市电存在电网杂波干扰大、不便于跨变压器传输等特点，使其应用受到较大限制。以前 PLC 主要用于一个变压器供电范围内单位、居民住宅区内部简易载波电话。

在高压输电线路中，工频电压很高、电流很大，其谐波分量也很大。当进行直接语音传输时，谐波分量会严重影响语音信号，导致语音信号不能被还原。利用电力线载波通信技术，首先将语音信号调制成 40kHz 以上的高频信号，通过专业设备传输到电力线上去，信号从一个终端沿着电力线传输到另一个终端后，再采用滤波器将高频信号和 50Hz 的工频信号分开。由于采用了高频信号，在传输中对于信号的干扰就会变得相对较小，使语音信号还原后能够被使用。

由于在电力系统中存在着电弧、电火花放电等会产生较大干扰的噪声，为了提高通话的语音质量，使用的电力线载波通信设备发信电平一般比较高。同时电力线载波设备还具有自动电平调节系统，应对电力系统的损耗。

随着互联网技术的发展，利用 220V 低压电力线传输高速数据的 PLC 技术受到关注，其优势在于无须布线、覆盖广泛、连接便捷，被视为解决"最后一公里"接入难题的竞争力技术。发达国家如德国、英国等已在此领域取得重大进展，而我国虽较早应用 PLC 技术，但面临谐波干扰和稳定性挑战。未来，国内外均需致力于开发新型电力线载波通信技术，提升传输效果，并拓展其在不同电压等级下的应用，以促进电力通信网的稳定与发展。

三、无线通信

全球科技日新月异，当有线通信发展到一定规模的同时，无线通信已经开始崭露头角。近几年来，无线通信的应用领域正不断地扩大，不断有新的无线通信的技术发展成熟，其中 5G 网络、物联网技术、人工智能等已经被广泛地应用于各个领域。

无线网络的覆盖不需要像有线网络那样铺设大规模的电缆，具有覆盖面广泛、覆盖无缝化的特点，用户可以随时随地接入宽带无线网络。随着技术的不断发展，高速宽带网络将会取代现有的窄带、低速的网络，为数据实时高速传输提供更有力的保证。宽带网络的无线接入技术，为电力系统的户外作业提供了强大的技术支持，能够有效地帮助工程师分析可能出现的问题。同时随着协同软件的开发，无线的视频会议、无线的数据传输更加提高了管理系统的工作效率，人们可以及时掌握各种情况、处理各种问题。

作为通信领域内的一颗新星，无线通信技术在这几年中得到了极大的发展，各种新技术的涌现更是让它显出了勃勃生机。但对比现阶段无线通信技术发展的水平和我国电力通信网的传输要求，不管在带宽容量、传输速度，还是覆盖范围、投资成本等方面，无线通信技术都只能作为电力通信网的辅助通信方式。如果能解决带宽、稳定性等瓶颈问题，其在电力通信领域还是拥有着广阔的发展空间。

四、光纤通信

电力通信是电力行业的一部分，但在技术上又受到电信技术发展的影响，处于两大行业的一个交叉点。它随着电网的延伸而延伸，随着通信技术的进步而进步。而近 20 年来，通信领域发展最快的就是光纤通信了，对电力通信而言，随着电力特种光缆在电力系统的广泛应用，在大部分地区电力通信中，光纤通信逐步取代了微波通信。

光纤通信以其频带宽、大容量、低损耗等优势在电力系统中得到广泛应用。特别是 OPGW（光纤复合架空地线）和 ADSS（全介质自承式光缆）技术，使得在电力线路上架设通信光缆成为可能。OPGW 结合了地线与通信功能，适用于新建高压输电线路，如

220、330、500kV等级；而ADSS则因其轻便、独立性，适合已建及新建线路，特别是在110kV等级中。我国在"十五"期间建立了全国性的通信光缆网，其中OPGW技术扮演了关键角色，推动了电力通信的发展。

由于光纤通信网采用了光为传输载体，光纤为传输介质，避免了电力系统中的电磁干扰和谐波干扰，同时具有绝缘性强的特点，在电力系统中的发展前景广阔。21世纪电力通信网正在向着光纤化发展，国外多家著名的电信公司的光纤化率已经超过了80%，甚至一些发展迅速的电信公司达到了100%的光纤化率。这样的发展趋势预示着光纤通信将成为未来信息通信的重要传播方式。

"十四五"时期，我国光纤网络建设规划重点在于推进光纤宽带网络和5G网络深度覆盖，扩大千兆光纤网络覆盖范围，加快光纤接入技术演进升级，推进城市及重点乡镇万兆无源光网络（10G-PON）设备规模部署，以支撑我国数字经济发展。

9.2.3　电力通信网的特点

电力系统的特殊性突出表现在电力生产的不容许间断性、故障出现的快速性，以及电力对国民经济影响的严重性。电力生产是连续的，发电机一旦启动，就将在相当长的时间内日夜运转，将电能经电网送出；电力系统故障，特别是输电线路的故障，往往是在瞬间发生，并且不可预知，一旦因故障中断供电，将使得供电区域陷入瘫痪，给国民经济和社会生活带来严重的影响。正因为如此，电力系统总是把安全生产放在第一位。

为了保证电力系统安全运行，就需要有一个有效、可靠的控制系统，借此及时发现系统故障，并迅速采取相关的应急措施。而电力系统覆盖面积辽阔，这些控制信息必须借助于快速、可靠的通信网才能准确、及时地予以传送。因此，电力通信具有以下特点：

（1）稳定性。建立电力通信网的主要目的就是为了保证电力系统的安全运行。电力通信网是电力系统安全稳定运行的三大支柱之一，是电网调度自动化和网络运营的基础。所以对电力通信网稳定运行的要求很高，只有在确保电力通信网稳定运行的条件下才能保证电力系统稳定、安全运行。电力通信网一旦发生问题，各种监控数据不能及时地传递，就非常容易造成电力系统调度的误操作；同时，不能及时传递故障信息，造成操作人员不能及时地排除故障，从而导致故障的扩大，造成更大面积的故障，将给社会稳定和经济发展带来巨大的负面影响。

（2）实时性。电力系统通信需要为关键运行业务提供远动信号，为数据采集与监视控制系统、能量管理系统、继电保护等提供数据传输，这些数据包括数字信息、图像信息和一些话路通信，信息量一般要求较少，但对数据传输的实时性要求很高。因为只有当数据被及时地传递，特别是发生故障时的数据，才能有效地控制故障发生、及时地解决问题，为应对方案的快速实施提供可靠的保障。面对日趋复杂的电力通信设备，电力通信系统必须能对电力载波、微波、光纤通信设备等范围广泛的各种通信设备进行实时动态综合监控，这样才能发挥复合式电力通信网的作用。

（3）复杂性。电力通信网用来传输语音信号、继电保护信号、电力复合信息、电力系统自动控制指令信息等，数据种类复杂，各量之间有各种多重逻辑关系，同时电力通信系统中拥有各种不同的通信方式和不同的通信设备，在建成了一个复合式的电力通信网的同时也大大增大了电力通信网结构的复杂性。

（4）广泛性。电力通信网是为了电力系统的稳定运行而建立开发的，同时电力通信网的建设也依靠了现有的电力系统的电力杆塔、输电线等资源，所以电力通信网的覆盖面很广。同时电力通信网服务的对象有发电厂、变电站、供电所等网点，往往很多变电站地处偏远，需要设置长距离的电力通信设备。电力通信系统的广泛性决定了通信设备维护的困难，同样也对通信设备的可靠性提出了更高的要求。

（5）连续性。由于电力生产的不间断性，电力系统的许多信息（如远动信息）是需要占用专门信道、长时间连续传送的，这在公网通信中难以实现。

在电力系统中，很多自动化控制系统需要连续不间断地传送信息，及时地检测电力系统的运行情况，其中最具代表性的就是电力调度自动化系统。电力调度自动化系统是基于计算机、通信、控制技术的自动化系统，是在线为各级电力调度机构生产运行人员提供电力系统运行信息、分析决策工具和控制手段的数据处理系统。电力调度自动化系统一般包含安装在发电厂、变电站的数据采集和控制装置，以及安装在各级调度机构的主站设备，通过通信介质或数据传输网络构成系统。电网调度自动化系统是一个总称，由于各级调度中心的任务不同，调度自动化系统的规模也不同，但无论哪一级调度自动化系统，都具有监视控制和数据收集的功能。对于电力系统这样一个复杂的拓扑结构系统而言，保证每一级调度中心的通信传输的畅通，保证第一线的信息长时间、连续传递，对于电力系统的稳定运行有着极其重要的意义。

此外，像 GPS 检测系统、继电保护系统等，在检测和处理故障中，都需要长时间地占用信道进行数据传输，都对电力通信系统的连续性提出了很高的要求。

（6）自动化程度高。由于通信点的分散性，同时一些通信网的数据量较少，所以大部分的电力通信站点采用无人值守方案。这对于电力通信设施的自动化程度提出了很高的要求，同时也由此带来了通信设备维护方面的问题。

（7）信息量较少。电力通信网主要是传送电力系统的生产、控制、管理信息，传输的信息量比公网小，且电力通信网也只需延伸至基层变电站。上述因素都决定了电力通信系统的信息量较少。

网络建设可利用电力系统独特的资源。电力系统拥有庞大的电力网络资源，依托现有的电力网设施建设电力通信网络，将电力通信网覆盖到电力系统涉及的每一个地方，这是电力系统建设通信网的一个突出优势。正如上面所提到的 OPGW 光缆将光纤放置在架空高压输电线的地线中，建成了输电线路上的光纤通信网，将光纤通信网和电力传输网融为一体。在电力通信网的建设中还有很多类似的案例，比如利用高压输电线进行的电力载波通信，利用电力杆塔架设 ADSS 光缆等。利用电力系统独特的资源建设电力通信网，在建设中可以大大降低建设成本，在管理上可以减少相关的管理成本，同时还可以利用电力通信网增强对电力系统的保护，可谓一举多得。

9.3 电力通信的现状与发展

9.3.1 我国电力通信的现状

经过几十年、整整两代人的努力，我国电力通信网已颇具规模。通过卫星、微波、电力线载波光缆、无线通信等多种手段，我们成功建成了一个覆盖全国的立体交叉的电力通信网，并取得了显著成就。

（1）电力通信网的网络结构得到了显著的演变和优化。电力通信网的网络结构已经由早期的简单拓扑结构转变为更复杂更灵活的结构，增加了冗余设计，通过构筑设备级保护、链路级保护和网络保护三道防线，有效应对了各种复杂场景下的故障，确保了电力通信网的运行安全，提高了网络的可靠性。

（2）电力通信技术在多个层面上实现变革和创新。我国电力通信技术经历了从纵横交换到程控交换、从明线和同轴电缆到光纤传输、从模拟网到数字通信网、从定点通信到移动通信的快速发展阶段。同时，我国还积极推动电力通信与大数据、云计算等技术的融合，通过构建智能化的数据分析平台，提高了电网运行的效率和安全性。

然而，我国电力通信网仍然存在着诸多挑战。

（1）电力通信网络管理标准尚不完善。电力通信网的管理和更新存在一定的滞后性，难以适应新技术和日益提高的电力系统要求。

（2）电力通信发展尚存在不平衡现象。一些地区已经实现了数字化和光纤化，而其他地区则因地理和经济因素制约，发展滞后，这种差异导致了不同地区之间在电力系统运行效率、安全性和服务质量上存在显著差距。

（3）电力通信网的安全问题日益突出。随着电力通信网络规模的不断扩大，黑客攻击和数据泄露等网络安全事件的风险不断上升，对电力系统的稳定运行和电力供应的可靠性构成威胁。

我国电力通信网面临着更多的机遇与挑战，我国电力系统的建设也越来越重视电力通信网的配套发展，投入大量的资金和人力，开发新的技术，解决存在的诸多问题。未来电力通信网的发展和相关新技术的发展，必将给我国电力通信网带来新的发展和机遇。

9.3.2 我国电力通信的发展趋势

近年来，全球范围内电信体制改革，放松管制、打破垄断、引入竞争已成为势不可挡的潮流；同时，我国的改革开放正在步步深入，其中电力和电信的改革已经走在了前列。

作为全国最大的专网之一，电力通信网在走向市场参与竞争中有其得天独厚的优势，如电力系统有着较为完善的通信基础设施和潜力巨大的路由资源，有着强大的科研、设计、施工、运行管理队伍和健全的组织机构等。我国电力通信网首要的任务是发展专用通信。提高各种通信的技术手段，了解通信的技术发展趋势，是更好地建设我国电力通信网的基础。

一、通信技术的提高

（1）电力线载波通信。电力线载波通信曾经兴盛一时，成为 20 世纪 50~60 年代主要的电力通信方式。然而，随着通信技术的不断发展，各种通信手段的兴起提供了更加优质的通信效果，电力载波通信逐渐淡出了人们的视线。近几年来，对于电力载波通信技术的开发使其成为一个日益被看好，将来可以解决"最后一公里"互联网接入的应用方案。

"十四五"期间，电力通信规划特别强调电力线载波通信技术的重要性。国家电网公司和南方电网公司计划在"十四五"期间分别投资约 2.2 万亿元和 6700 亿元，加速电网数字化转型，其中电力线载波通信技术将在配电网建设中发挥关键作用。电力线载波通信技术主要用于智能电表和集中器等用电信息采集终端，随着技术进步和市场竞争加剧，预计电力载波通信行业将持续增长。

（2）微波通信。微波通信由于建设周期短、抗灾难性环境能力强，对于我国各省市复杂的地形环境提供了很好的通信解决方案，得到了广泛的应用。我国电力通信网曾经大力建设了微波通信网络，覆盖面很广，多用于长距离传输。

新的数字微波通信技术也正在被不断地研究和开发出来，网格编码调制及维特比检测技术就是其中的代表。采用维特比算法解码，从而应用网格编码调制技术，可以解决频带利用率的下降问题。在未来发展前景上，微波通信可以作为干线光纤传输的备份和补充、可以支持城市内的短距离支线的连接，开发多点分配业务提供宽带接入服务。

（3）无线通信。作为世界通信的一个新领域，无线通信的新技术不断闪现，包括 3G、UWB、MMDS 等，充分利用这些新技术可强化当前我国电力通信网，满足我国电力通信网不断提升的带宽、传输速度等一系列的要求。

第五代移动通信技术（5G）是目前市场上最为热门的技术之一，其高速率、低延迟和高连接密度的特性正在重塑我们的生活和工作方式。5G 的三种主流制式，即 NSA（非独立组网）、SA（独立组网）、5G-FDD（频分双工），在技术层面上都已经基本成熟，具备了大规模应用的条件。5G 技术不仅能够提供高达 10bit/s 的下载速度，而且其响应时间低至毫秒级别，这对于需要即时反应的应用场景，如自动驾驶汽车、远程医疗手术和实时游戏等，都是革命性的改进。

（4）光纤通信。光纤通信在我国起步较晚，但其发展趋势却非常迅猛。光波分复用技术、光弧子通信技术、光纤接入技术的开发使得光纤通信给整个通信领域带来了一场新的革命，它的高速稳定成为现阶段一种重要的通信技术，同时也具有很好的开发前景。

目前，面对世界光纤通信的高速发展，我国已经在积极地开发电力系统光纤通信的许多相关技术，很多新技术已经取得了实验成功，为将来的进一步应用打下了良好的基础。"十三五"期间，我国实现了从铜缆接入到光纤接入的全面替换升级，升级后普遍具备百兆以上的接入能力。"十四五"期间提出，要建设高速、智能、低延时的骨干网络，加强城域网、骨干网、应用平台等各环节协同扩容和升级。自 2020 年开始，我国开始规模引入部署 200G 光传输系统和 G.654E 光纤光缆，中国移动打造了国内首张200G 商用骨干网，中国电信在上海—广州之间建成国内首条全 G.654E 陆地干线光缆。"十四五"期间，我国将结合光缆更新换代在长距离骨干网推广 G.654E 光纤光缆，在长距离传输网中引入 400G 超大容量光传输系统，提升骨干网络承载能力。

二、网络带宽增加

从需求方面来说，随着社会经济发展的不断深入，随着电力系统发展的不断复杂化，随着电力系统规模不断扩大，公司业务和接入用户对于通信业务都有了更高的要求。例如随着电力系统往大容量、大网络的不断发展，自动化水平的不断提高，对统一标准时间提出了更高的要求。GPS 等各种新型的检测系统由于其高精度的定时功能，必将在电力系统得到更加广泛的应用。而 GPS 等各种新型的检测系统在电力系统中实现流畅运行需要大量的实时数据传输，提高网络带宽也是大势所趋。所以，在可预见的未来解决大容量的数据传输问题是我国电力通信网络主要的发展目标。

从我国通信事业的战略布局上来说，"十四五"期间，我国继续推进高速宽带网络的建设和优化，加强 5G 网络的全面部署和应用，加强农村和偏远地区的网络覆盖，缩小城乡数字鸿沟，建设高速泛在、集成互联、智能绿色、安全可靠的新型数字基础设施，全面提升赋能经济社会数字化转型升级的能力。

从技术方面而言，电力载波通信的发展、光纤通信的出现和各种技术手段的不断提高，使得建立高宽带的电力通信网成为可能。ATM 技术、波分复用技术（WDM）等高新技术为电力通信的宽带化提供了实用且具有可持续发展的通信技术手段。而在开发和实践中的诸如第四代移动通信技术、本地多点分配接入技术等，为其带宽进一步增长提供了更多技术支持。

9.3.3 我国电力通信的发展目标和战略布局

电力信息化是目前我国电力通信发展的最为主要的目标。电力信息化是指电子信息技术在电力工业中的应用，是电力工业在信息技术的驱动下由传统工业向高度集约化、高度知识化、高度技术化工业转变的过程。其核心是电力工业管理信息系统（MIS）的建设，主要内容是各级电力企业信息化的实现，其中包括生产过程自动化和管理信息化。

我国的电力信息化从 20 世纪 60 年代起步，开始主要应用在发电厂和变电站自动监测/监制方面，20 世纪 80~90 年代进入电力系统专项业务应用，即进入了电网调度自动化、电力负荷控制、计算机辅助设计、计算机仿真系统等的使用。进入 20 世纪 90 年代后信息技术应用进一步发展到综合应用，由操作层向管理层延伸，实现管理信息化，建立各级企业的管理信息系统；同时，其他专项应用系统也进一步发展到更高的水平。到目前为止，电力系统的规划设计、基建、发电、输电、供电等各环节均有信息技术的应用。然而我国现有的电力通信的应用层面和通信技术依然面临信息化的挑战，数智化转型与深化的需求非常强烈和迫切。

9.3.4 国外电力通信系统的发展趋势

从世界范围看，各国电力通信系统的发展过程基本相似，但是发达国家的发展时期普遍要比国内早一段时间。20 世纪 20 年代初期，电力线载波通信逐渐进行研究和应用，并且随着电力电子技术的发展，自动化通信系统开始出现；从 20 世纪 50 年代开始微波中继通信逐步被采用；到 20 世纪 80 年代电力系统特有的架空地线复合光缆等光纤通信技术开始出现，20 世纪末已在世界上许多国家的电力系统中得到普遍应用；20 世纪 90 年代，监控与数据采集系统（SCADA）开始广泛应用于电气工业，SCADA 系统通过传感器和工业过程进行连接，实现对工业过程的实时监控和数据采集，使得电力系统的运行以及管理更加方便与高效。通信方式也从点对点专线发展到了交换式网络。

在 20 世纪的最后 10 年中，世界上许多国家电力通信都得到史无前例的大发展，成为这 10 年中的一个普遍现象。这一普遍现象呈现两大特征：一是电力专用通信装备水平和服务质量大幅度提高，为电力系统安全、稳定、经济运行提供了更加可靠的保障；二是充分利用电力系统资源优势和电力通信富余能力，参与社会电信市场竞争，已经成为国际上电力公司的普遍趋势。

思考题

9.1　通信系统一般由哪几部分组成？

9.2　通信领域有哪些新技术？各有哪些特点？

9.3　电力通信网的特点是什么？一般来说，电力通信的主要作用是什么？

9.4　国内外电力通信系统的发展趋势是什么？

10

自　动　化

本章导读

　　本章介绍自动化的基本概念和应用领域、自动控制技术的历程、自动控制系统的组成和类型、自动化专业及与相关电气类专业的关系，以及自动化技术的现状与未来等内容。

　　自动化是现代化的催化剂。

——茅以升

10.1　自动化概念和应用

10.1.1　自动化的概念

　　自动化（Automation），是指机器设备，或生产过程、管理过程，在没有人直接参与的情况下，经过自动检测、信息处理、分析判断、操纵控制，实现预期的目标。简而言之，自动化是指机器或装置在无人干预的情况下按规定的程序或指令自动地进行操作或运行。广义地讲，自动化还包括模拟或再现人的智能活动。

　　自动化是新的技术革命的一个重要方面。自动化是自动化技术和自动化过程的简称。自动化技术主要有两个方面：第一，用自动化机械代替人工的动力方面的自动化技术；第二，在生产过程和业务处理过程中，进行测量、计算、控制等，这是信息处理方面的自动化技术。

　　自动化有两个支柱技术：自动控制和信息处理。它们是相互渗透、相互促进的。自动控制（Automatic Control）是与自动化密切相关的一个术语，两者既有联系，也有一定的区别。自动控制是关于受控系统的分析、设计和运行的理论和技术。一般地说，自动化主要研究的是人造系统的控制问题，自动控制则除了上述研究外，还研究社会、经济、生物、环境等非人造系统的控制问题，例如，生物控制、经济控制、社会控制及人口控制等，显然这些都不能归入自动化的研究领域。不过人们提到自动控制，通常指的是工程系统的控制，在这个意义上自动化和自动控制是相近的。

社会的需要是自动化技术发展的动力。自动化技术是紧密围绕着生产、生活、军事设备控制以及航空航天工业等的需要而形成并在科学探索中发展起来的一种高技术。美国发明家斯托特在读书时，为了不交房费替房东看管锅炉，每天清晨 4 点钟只要闹钟一响，他就要从睡梦中醒来，跑到地下室，打开锅炉炉口，把锅炉烧旺。这当然是谁也不怎么爱干的苦差事。为了摆脱这份劳苦，他想出一个主意：用一根绳子，一头挂在锅炉门上，一头拉到卧室里，当闹钟一响，只要拉一下绳子就行了。后来，他干脆把闹钟放到地下室锅炉边上，做一个类似老鼠夹子的东西。当闹钟一响，与发条相连的夹子就动作，夹子带动一根木棍，木棍倒下，炉门便自动打开了。后来，他在此基础上发明了钟控锅炉。这个小故事说明，自动化技术很多是从我们身边生活和生产中发展起来的，而这一技术发展之后又广泛地应用于生活、生产的各个领域中。自动化技术发展至今，可以说已从人类手脚的延伸扩展到人类大脑的延伸。自动化技术时时在为人类"谋"福利，可谓无所不在。

10.1.2　自动化技术常见的应用领域

自动化技术广泛用于工业、农业、国防、科学研究、交通运输、商业、医疗、服务以及家庭等各方面，如图 10-1 所示。采用自动化技术不仅可以把人从繁重的体力劳动、部分脑力劳动以及恶劣、危险的工作环境中解放出来，而且能扩展、放大人的功能和创

(a)

(b)

图 10-1　自动化技术的主要应用领域（一）

（a）军事领域；（b）航空航天领域

图 10-1　自动化技术的主要应用领域（二）

（c）机器人；（d）医疗诊断；（e）交通运输；（f）农业领域

造新的功能，极大地提高劳动生产率，增强人类认识世界和改造世界的能力。自动化技术的研究、应用和推广，对人类的生产、生活方式产生深远影响。因此，自动化技术水平是一个国家或社会现代化水平的重要标志。

　　自动化技术已渗入家庭生活中，比如用电脑设计、制作衣服；全自动洗衣机，不用人动手就能把衣服洗得干干净净；电脑控制的微波炉，不但能按时自动进行烹调，做出美味可口的饭菜，而且安全节电；电脑控制的电冰箱，不但能自动控温，保持食物鲜美，而且能告诉你食物存储的数量和时间，能做什么佳肴，用料多少；还有，空调机能为你提供温暖如春的环境，清扫机器人能为你打扫房间等。

　　在办公室里广泛地引入微电脑及信息网络、文字处理机、电子传真机、专用交换机、多功能复印机和秘书机器人等技术和设备，推进了办公室自动化。利用自动化的办公设备，可自动完成文件的起草、修改、审核、分发、归档等工作，利用信息高速公路、多媒体等技术进一步提高信息加工与传递的效率，实现办公的全面自动化。

工厂自动化主要有两个方面：一是使用自动化装置，完成加工、装配、包装、运输、存储等工作，如用机器人、自动化小车、自动机床、柔性生产线和计算机集成制造系统等；二是生产过程自动化，如在钢铁、石油、化工、农业、渔业和畜牧业等生产和管理过程中，用自动化仪表和自动化装置来控制生产参数，实现生产设备、生产过程和管理过程的自动化。

自动化技术还有许多其他的应用。在交通运输中采用自动化设备，实现交通工具自动化及管理自动化，包括车辆运输管理、海上及空中交通管理、城市交通控制、客票预订及出售等；在医疗保健事业及图书馆、商业服务行业中，在农作物种植、养殖业生产过程中，都可以实现自动化管理及自动化生产；在现代和未来的战场上，飞机、舰艇、战车、火炮、导弹、军用卫星以及后勤保障、军事指挥等，都要求实现全面的自动化。

自动化技术是发展迅速、应用广泛、最引人瞩目的高技术之一，是推动高技术革命的核心技术，是信息社会中不可缺少的关键技术。

10.2 自动化技术发展历程

自古以来，人类就有创造自动装置以减轻或代替人劳动的想法。自动化技术的产生和发展经历了漫长的历史过程。

自动化技术的发展经历了几个典型的历史时期。18 世纪以前的自动装置的出现和应用时期，18 世纪末至 20 世纪 30 年代的自动化技术形成时期，20 世纪 40~50 年代的局部自动化时期，20 世纪 50 年代的综合自动化时期，以及现代的智能控制自动化时期。

10.2.1 自动装置的出现和应用时期

古代人类在长期的生产和生活中，为了减轻自己的劳动，逐渐利用自然界的风力或水力代替人力、畜力，以及用自动装置代替人的部分繁难的脑力活动和对自然界动力的控制，经过漫长岁月的探索，他们造出了一些原始的自动装置。

公元前 14 世纪至公元前 11 世纪，我国就出现了一种自动计时装置——刻漏，为人类研制和使用自动装置之始。刻漏也被称为漏壶或漏刻，刻漏的最初形式只有两个壶，上面的壶滴水到下面的受水壶，液面使浮箭升起以指示时间。随着时间的推移，刻漏经过不断改进，发展成了三级刻漏，采用了自动装置来调节液位，如 1135 年我国的燕肃在一种名叫莲花漏的三级刻漏中就采用了自动装置。图 10-2 所示为制造于公元 1799 年的清朝铜壶滴漏。

与我国类似，古埃及和巴比伦也出现了刻漏，这些装置通过水的流动来测量时间，展示了古代人们对自动化计时的追求和应用。公元 1 世纪，古希腊有一位名叫希罗的技师，经常向阿基米德等科学家请教、学习。他发明了很多机器，如神殿自动门、铜祭司

图 10-2 清朝铜壶滴漏

自动洒圣水机、里程表等。神殿自动门的动作过程是当有人拜神时，点燃祭坛上的油火，油火产生的热量就会使一个箱子里的空气膨胀，然后膨胀的空气就会推动大门，使大门打开；当拜神的人把油火熄灭后，空气受冷缩小，大门于是就会关闭。

公元 2 世纪，东汉时期的张衡利用齿轮、连杆和齿轮机构制成浑天仪。它能完成一定系列有序的动作，显示星辰升落，可以把它看成是古代的程序控制装置。公元 220～280 年，我国出现计里鼓车，见图 10-3。公元 235 年，三国时期的马钧研制出用齿轮传动的自动指示方向的指南车，见图 10-4。这是一辆真正的指南车，从现在观点看，指南车属于自动定向装置。公元 1088 年，我国苏颂等人把浑仪（天文观测仪器）、浑象（天文表现仪器）和自动计时装置结合在一起建成了具有"天衡"自动调节机构和自动报时机构的水运仪象台。公元 1637 年，我国明代的《天工开物》一书记载有程序控制思想萌芽的提花织机结构图。

图 10-3 计里鼓车复原模型

(a)　　　　　　　　(b)

图 10-4 指南车的复原模型

17 世纪以来，随着生产的发展，在欧洲的一些国家相继出现了多种自动装置，其中比较典型的有：1642 年法国物理学家 B. 帕斯卡发明能自动进位的加法器；1657 年荷兰机械师 C. 惠更斯发明钟表，利用锥形摆作调速器；1681 年，D. 帕潘发明了带安全阀的压力釜，实现压力自动控制；1694 年德国 G. W. 莱布尼茨发明能进行加减乘除的机械计算机；1745 年英国机械师 E. 李发明带有风向控制的风磨； 1765 年俄国机械师 И. И. 波尔祖诺夫发明浮子阀门式水位调节器，用于蒸汽锅炉水位的自动控制。

10.2.2　自动化技术形成时期

1660 年意大利人发明了温度计。1680 年法国人巴本在压力锅上安装了自动调节机构。1784 年瓦特在改进的蒸汽机上采用离心式调速装置，构成蒸汽机转速的闭环自动调速系统，见图10-5。瓦特的这项发明开创了近代自动调节装置应用的新纪元，对第一次工业革命及后来控制理论的发展有重要影响。

图 10-5　瓦特离心式调速器对蒸汽机转速的控制

在这一时期中，由于第一次工业革命的需要，人们开始采用自动调节装置，来应对工业生产中提出的控制问题。这些调节器都是一些跟踪给定值的装置，使一些物理量保持在给定值附近。自动调节器应用标志着自动化技术进入新的历史时期。1830 年英国人尤尔制造出温度自动调节装置。1854 年俄国机械学家和电工学家 К. И. 康斯坦丁诺夫发明电磁调速器。1868 年法国工程师 J. 法尔科发明反馈调节器，并把它与蒸汽阀连接起来，操纵蒸汽船的舵。他把这种自动控制的气动船舵称为伺服机构。20 世纪 20～30 年代，美国开始采用比例-积分-微分（Proportional Integral Derivative，PID）控制器，并且至今 PID 控制器仍然是一种广泛应用于工业控制系统中的反馈控制方法。PID 控制器因其简单性、有效性和鲁棒性而备受青睐，能够处理各种工业过程中的控制问题，如温度、压力、流量、液位和速度等的控制。

蒸汽机配备的离心式调速系统，在历经七十余载的持续改良后，却意外出现了"晃动"现象，即现代术语中的不稳定状态。面对这一挑战，英国杰出物理学家 J. C. 麦克斯韦（电磁理论的奠基人）运用高等数学工具，深入剖析了"晃动"现象的根源。随后，在 1876 年，俄国机械学家 И. А. 维什涅格拉茨基在前人基础上，对调节器理论进行了系统性总结。他巧妙地运用线性微分方程对整个系统建模，将问题聚焦于齐次方程通解所揭示的运动特性上，从而简化了问题，使调节系统的动态稳定性仅由两个关键参量决定，并据此推导出了确保系统稳定的条件。

1877 年英国的 E. J. 劳斯、1885 年德国的 A. 赫尔维茨分别提出判别系统是否会产生"晃动"的准则（称为稳定判据），为设计研究自动系统提供了可靠的理论依据，这一准则至今尚在使用。1892 年俄国数学家 A. M. 李雅普诺夫提出稳定性的严格数学定义并发表了专著。李雅普诺夫第一法又称一次近似法，明确了用线性微分方程分析稳定性的确切适用范围。李雅普诺夫第二法又称直接法，不仅可以用来研究无穷小偏移时的稳定性（小范围内的稳定性），而且可以用来研究一定限度偏移下的稳定性（大范围内的稳定性）。他的稳定性理论至今仍是研究分析线性和非线性系统稳定性的重要方法。

进入 20 世纪以后，工业生产中广泛应用各种自动调节装置，促进了对调节系统进行分析和综合研究工作。这一时期虽然在自动调节器中已广泛应用反馈控制的结构，但从理论上研究反馈控制的原理则是从 20 世纪 20 年代开始的。1927 年美国贝尔电话实验室的电气工程师 H. S. 布莱克在解决电子管放大器失真问题时首先引入反馈的概念。1925 年，英国电气工程师 O. 亥维赛将拉普拉斯变换应用于电网络问题的求解中，这一方法不仅简化了计算过程，还催生了运算微积（即拉普拉斯变换在微积分运算中的应用）的概念。随后，基于拉普拉斯变换，传递函数被引入到自动调节系统或元件的分析中，成为研究系统动态特性的重要工具。1932 年美国电信工程师 N. 奈奎斯特提出著名的稳定判据（称为奈奎斯特稳定判据），可以根据开环传递函数绘制或测量出的频率响应判定反馈系统的稳定性。1938 年前，苏联电气工程师 A. B. 米哈伊洛夫提出根据闭环（反馈）系统频率特性判定反馈系统稳定性的判据。

1833 年英国数学家 C. 巴贝奇在设计分析机时首先提出程序控制的原理。他想用法国发明家 J. M. 雅卡尔设计的编织地毯花样用的穿孔卡方法来实现分析机的程序控制。1936 年英国数学家图灵 A. M. 提出著名的图灵机，用来定义可计算函数类，建立了算法理论和自动机理论。1938 年美国电气工程师 C. E. 香农、日本数学家中岛以及 1941 年苏联科学家 B. И. 舍斯塔科夫，分别独立地建立了逻辑自动机理论，用仅有两种工作状态的继电器组成了逻辑自动机，实现了逻辑控制。

可以说，1922 年 N. 米诺尔斯基发表《关于船舶自动操舵的稳定性》、1934 年美国科学家 H. L. 黑曾发表《关于伺服机构理论》，1934 年苏联科学家 И. H. 沃兹涅先斯基发表《自动调节理论》，1938 年苏联电气工程师 A. B. 米哈伊洛夫发表《频率法》，这些论文标志着经典控制理论的诞生。

10.2.3　局部自动化时期

在第二次世界大战期间，德国的空军优势和英国的防御地位，迫使美国、英国和西欧各国科学家集中精力解决了防空火力控制系统和飞机自动导航系统等军事技术问题。在解决这些问题的过程中形成了经典控制理论，设计出各种精密的自动调节装置，开创了系统和控制这一新的科学领域。这些经典控制理论对战后发展局部自动化起了重要的促进作用，使得自动化技术得到了飞速的发展。为提高自动控制系统的性能，维纳创立了控制论，提出了反馈控制原理。直到今天，反馈控制仍是十分重要的控制原理。这一时期出现了自动防空火炮、自动飞向目标的 V-2 导弹等自动化系统和装置。

1945 年，美国数学家 N. 维纳把反馈的概念推广到生物等一切控制系统。1948 年他出版了名著《控制论》一书，为控制论奠定了基础。1954 年，我国科学家钱学森全面总结和提高了经典控制理论，在美国出版了用英语撰写的、在世界上很有影响的《工程控制论》一书。

1948 年，W. 埃文斯的根轨迹法，奠定了适宜用于单变量控制问题的经典控制理论的基础。频率法（或称频域法）成为分析和设计线性单变量自动控制系统的主要方法。

第二次世界大战后工业迅速发展，随着对非线性系统、时滞系统、脉冲及采样控制系统、时变系统、分布参数系统和有随机信号输入的系统控制问题的深入研究，经典控制理论在 20 世纪 50 年代有了新的发展。

战后在工业控制中已广泛应用 PID 控制器，并且电子模拟计算机用来设计自动控制系统。当时在工业上实现局部自动化，即单个过程或单个机器的自动化。在工厂中可以看到各种各样的自动调节装置或自动控制装置。这种装置一般都可以分装两个机柜，一个机柜装各种 PID 控制器，另一个机柜则装许多继电器和接触器，作启动、停止、连锁和保护之用。当时大部分 PID 控制器是电动的或机电的，也有气动的和液压的（直到 1958 年才引入第一代电子控制系统），因而在结构上显得相当复杂，控制速度和控制精度都有一定的局限性，可靠性也不是很理想。

生产自动化的发展促进了自动化仪表的进步，出现了测量生产过程的温度、压力、流量、物位、机械量等参数的测量仪表。最初的仪表大多属于机械式的测量仪表，一般只作为主机的附属部件被采用，结构简单，功能单一。20 世纪 30 年代末至 40 年代初，出现了气动仪表，统一了压力信号，研制出气动单元组合仪表。20 世纪 50 年代出现了电动式的动圈式毫伏计，电子电位差计和电子测量仪表，电动式和电子式的单元组合式仪表。

1943~1946 年，世界上第一台基于电子管的电子数字计算机（Electronic Digit Computer）——电子数字积分和自动计数器（ENIAC）问世。1950 年美国宾夕法尼亚大学莫尔（Moore）小组研制成世界上第二台存储程序式电子数字计算机——离散变量电子自动计算机（EDVAC）。电子数字计算机内部元件和结构，经历了电子管、晶体管、集成电路和大规模集成电路的四个发展阶段。电子数字计算机的发明，为 20 世纪 60~70 年代开始的在控制系统广泛应用程序控制、逻辑控制以及应用数字计算机直接控制生产过程，奠定了基础。我国也在 20 世纪 50 年代中叶开始研制大型电子数字计算机——国产巨型"银河"电子数字计算机系列，见图 10-6。目前小型电子数字计算机或单片计算机已成为复杂自动控制系统的一个组成部分，以实现复杂的控制和算法。

10.2.4　综合自动化时期

经典控制理论这个名称是 1960 年在第一届全美联合自动控制会议上提出来的。在这次会议上把系统与控制领域中研究单变量控制问题的学科称为经典控制理论，研究多

图 10-6　国产巨型"银河"电子数字计算机系列（1983 年 12 月 22 日）

变量控制问题的学科称为现代控制理论。

20 世纪 50 年代以后，经典控制理论有了许多新的发展。高速飞行、核反应堆、大电网和大化工厂提出的新的控制问题，促使一些科学家对非线性系统、继电系统、时滞系统、时变系统、分布参数系统和有随机输入的系统的控制问题进行了深入的研究。到了 20 世纪 50 年代末就发现把经典控制理论的方法推广到多变量系统时会得出错误的结论，即经典控制理论的方法有其局限性。

1957 年，苏联成功地发射了第一颗人造卫星，继之又出现很多复杂的系统，迫切需要加以解决，用古典控制理论很难解决其控制问题，于是现代控制理论产生了。通过对这些复杂工业过程和航天技术的自动控制问题——多变量控制系统的分析和综合问题的深入研究，使得现代控制理论体系迅速发展，形成了系统辨识、建模与仿真、自适应控制和自校正控制器、遥测、遥控和遥感、大系统理论、模式识别和人工智能、智能控制等多个重要的分支。

系统辨识是根据系统输入、输出数据为系统建立数学模型的理论和方法。系统仿真是在仿真设备上建立、修改、复现系统的模型。

自适应控制是在对象数学模型变动和系统外界信息不完备的情况下改变反馈控制器的特性，以保持良好的工作品质。自校正控制器具有对被控对象的参数进行在线估计的能力，并借此对控制器参数进行校正，使闭环控制系统达到期望指标。

遥测就是对被测对象的某些参数进行远距离测量。一般是由传感器测出被测对象的某些参数并转变成电信号，然后应用多路通信和数据传输技术，将这些电信号传送到远处的遥测终端，进行处理、显示及记录。遥控就是对被控对象进行远距离控制。遥控技术综合应用自动控制技术和通信技术，来实现远距离控制，并对远距离被控对象进行监测。而遥感是利用装载在飞机或人造卫星等运载工具上的传感器，收集由地面目标物反射或发射出来的电磁波，再根据这些数据来获得关于目标物（如矿藏、森林、作物产量等）的信息。以飞机为主要运载工具的航空遥感发展到以地球卫星和航天飞机为主要运载工具的航天遥感以后，人们能从宇宙空间的高度上大范围地、周期性地、快速地观测地球上的各种现象及其变化，使人类对地球资源的探测和对地球上一些自然现象的研究进入了一个新的阶段，现已应用在农业、林业、地质、地理、海洋、水文、气象、环境保护和军事侦察等领域。

20 世纪 60 年代末，生产过程自动化开始由局部自动化向综合自动化方向发展，出现了现代大型企业的多级计算机管理和控制系统（如大型钢铁联合企业），大型工程项目的计划协调与组织管理系统（如长江三峡施工组织管理系统），全国性或地区性的供电网络的调度、管理和优化运行系统，社会经济系统，大都市的交通管理与控制系统，环境生态系统以及航天运载火箭、洲际导弹等典型的大系统。所谓大系统就是规模宏大、结构复杂的系统。对于这类大系统的建模与仿真、优化和控制、分析和综合，以及稳定性、能控性、能观测性和鲁棒性等的研究，统称为大系统理论研究。大系统理论研究的对象是规模庞大、结构复杂的各种工程或非工程系统的自动化问题。大系统理论的重要作用在于对大系统进行调度优化和控制优化，通过分解−协调以较短时间计算出优化结果，使需要在线及时求取的大系统优化解并实施优化控制成为可能。目前大系统的研究中，主要有三种控制结构方案，即多级（递阶）控制、多层控制和多段控制。

现代控制理论的形成和发展为综合自动化奠定了理论基础。在这一时期，微电子技术有了新的突破。1958 年出现晶体管计算机，1965 年出现集成电路计算机，1971 年出现单片微处理机。微处理机的出现对控制技术产生了重大影响，控制工程师可以很方便地利用微处理机来实现各种复杂的控制，使综合自动化成为现实。20 世纪 70 年代以来微电子技术、计算机技术和机器人技术的重大突破，促进了综合自动化的迅速发展。一批工业机器人、感应式无人搬运台车、自动化仓库和无人叉车成为综合自动化的强有力的工具。

过程控制方面，1975 年开始出现集散型控制系统，使过程自动化达到很高的水平。制造工业方面，在采用成组技术、数控机床、加工中心和群控的基础上发展起来的柔性制造系统（FMS）及计算机辅助设计（CAD）和计算机辅助制造（CAM）系统成为工厂自动化的基础。柔性制造系统是从 20 世纪 60 年代开始研制的，1972 年美国第一套柔性制造系统正式投入生产。20 世纪 70 年代末到 80 年代初柔性制造系统得到迅速的发展，普遍采用搬运机器人和装配机器人。20 世纪 80 年代初出现用柔性制造系统组成的无人工厂。

柔性制造系统是在生产对象有一定限制的条件下有灵活应变能力的系统，其着眼点主要放在具体的硬件设备上。为了进一步实现生产的飞跃，自动机械上用的软件就成为突出的问题。最终的目标就是要使整个生产过程软件化，这就要研究计算机集成制造系统（CIMS）。它是指在生产中应用自动化可编程序，把加工、处理、搬运、装配和仓库管理等真正结合成一个整体，只要变换一下程序，就可以适用于不同产品的全部加工过程。

10.2.5　智能自动化的发展

模式识别使用电子数字计算机并使它能直接接受和处理各种自然的模式信息，如语言、文字、图像、景物等。早期的人工智能研究是从探索人的解题策略开始，即从智力难题、弈棋、难度不大的定理证明入手，总结人类解决问题时的心理活动规律和思维规律，然后用计算机模拟，让计算机表现出某种智能。人工智能的研究领域涉及自然语言理解、自然语言生成、机器视觉、机器定理证明、自动程序设计、专家系统和智能机器人等方面。20 世纪 60 年代末至 70 年代初，美、英等国的科学家们注意到将人工智能的所有技术和机器人结合起来，研制出智能机器人。智能机器人会在工业生产、核电站设备检查及维修、海洋调查、水下石油开采、宇宙探测等方面大显身手；随着人工智能研究的发展，人们开始将人工智能引入到自动控制系统，形成智能控制系统。

"智能控制（Intelligent Control）"概念由美国普渡大学电气工程系的美籍华人傅京孙（K. S. Fu）教授于 20 世纪 70 年代初提出来的。智能控制是在当时的控制理论在实际应用中面临着严峻挑战的时期，自动控制工作者为自动控制理论寻求新出路而提出来的，它是人工智能和自动控制交叉的产物，是当今自动控制科学的出路之一。

智能控制理论及系统具有下面几个鲜明的特点：第一，在分析和设计智能控制系统时，重点不在传统控制器的分析和设计上，而在智能机模型上；第二，智能控制的核心是高层控制，其任务在于对实际环境或过程进行决策和规划，实现广义问题求解；第三，智能控制是人工智能、自动控制、运筹学和信息论四元结构的交叉学科；第四，智能控制是一个新兴的研究和应用领域，有着极其诱人的发展前景。

智能控制是以控制理论、计算机科学、人工智能、运筹学等学科为基础，扩展了相关的理论和技术，具有交叉学科和定量与定性相结合的分析方法和特点。其中应用较多的有模糊逻辑、神经网络、专家系统、遗传算法等理论，以及自适应控制、自组织控制、自学习控制等技术。

10.3　自动控制系统的组成和类型

10.3.1　自动控制系统的基本组成

自动控制的目的是应用自动控制装置延伸和代替人的体力和脑力劳动。自动控制装置是由具有相当于人的大脑和手脚功能的装置组成的。相当于人大脑的装置，在自动控制中的作用是对控制信息进行分析计算、推理判断，产生控制作用。它通常是由电脑或控制装置来承担。相当于人手脚的装置，其作用是执行控制信号，完成加工、操作和运动等。它通常是由机械机构或机电机构来完成，其中包括放大信息的装置，产生动力的驱动装置和完成运动的执行装置。没有控制就没有自动化。控制是自动化技术的核心，而反馈控制又是控制理论的最基本原理。

老鹰捕捉飞跑的兔子就是一个反馈控制的例子。鹰先用眼睛大致确定兔子的位置，就朝这个方向飞去。在飞行中，眼睛一直盯住兔子，测出自己与兔子的距离和兔子逃跑的方向，大脑根据与兔子的差距，不断作出判断，通过改变翅膀和尾部的姿态，改变飞行的速度和方向，使与兔子之间的距离越来越小，直到抓到兔子为止。

在这里，眼睛是测量机构，大脑是控制机构，驱动机构（执行机构）是翅膀，被控对象是老鹰的身体，目标是兔子。老鹰用眼睛盯住兔子的同时，又反过来把自己的位置与兔子的位置比较，找出与兔子之间的距离差，这就是反馈作用。老鹰根据这个偏差来不断控制自己的身体，不断减小偏差，这称为反馈控制。由于这种反馈是使误差不断减小，所以又称负反馈控制。图 10-7 所示为鹰捉兔子的飞行过程。

图 10-7　鹰捉兔子的飞行过程

反馈控制的最基本优点是不管偏差的来源，都可以利用这一控制方法，使偏差消除掉或基本消除掉，从而使被控制对象达到预定目标。用导弹击落飞机和鹰捉兔子完全相似：电脑是导弹的大脑，红外线导引装置就是它的眼睛，舵机及其调节机构能控制弹体运动的速度和方向，相当于鹰用翅膀控制老鹰的身体一样。导弹用负反馈控制跟踪目标，直到击中目标。当然，真正的反馈控制系统比这复杂多了，但基本原理是一样的。

10.3.2　自动控制系统的主要元件与作用

任何一个自动控制系统都是由被控对象和控制器有机构成的。自动控制系统根据被控对象和具体用途不同，可以有各种不同的结构形式。除被控对象外，控制系统一般由给定环节、反馈环节、比较环节、控制器（调节器）、放大环节、执行环节（执行机构）组成。这些功能环节分别承担相应的职能，共同完成控制任务。

图 10-8 所示为一个典型的自动控制系统，由下列几部分组成：

（1）给定环节：用于产生给定信号或控制输入信号。

（2）反馈环节：对系统输出（被控制量）进行测量，将它转换成反馈信号。

（3）比较环节：用来比较输入信号和反馈信号之间的偏差，产生误差（Error）信号，它可以是一个差动电路，也可以是一个物理元件（如电桥电路、差动放大器、自整

图 10-8　自动控制系统的各环节功能

角机等）。

（4）控制器（调节器）：根据误差信号，按一定规律产生相应的控制信号。控制器是自动控制系统实现控制的核心部分。

（5）放大环节：用来放大偏差信号的幅值和功率，使之能够推动执行机构调节被控对象，如功率放大器、电液伺服阀等。

（6）执行环节（执行机构）：用于直接对被控对象进行操作，调节被控量，如阀门，伺服电动机等。

（7）被控对象：一般是指生产过程中需要进行控制的工作机械、装置或生产过程。描述被控对象工作状态的、需要进行控制的物理量就是被控量。

（8）扰动：指除输入信号外能使被控量偏离输入信号所要求的值或规律的控制系统内、外的物理量。

10.3.3　自动控制系统的类型

按照给定环节给出的输入信号的性质不同，可以将自动控制系统分为恒值自动调节系统、程序控制系统和随动系统（伺服系统）三种类型。

恒值自动调节系统的功能就是克服各种对被调节量的扰动而保持被调节量为恒值。图 10-9 所示炉温自动控制系统。由给定环节给出的电压 u_r 代表所要求保持的炉温，它与表示实际炉温的测温热电偶的电压 u_f 相比较，产生误差电压 $\Delta u = u_r - u_f$。当 u_f 偏离给定炉温时，Δu 通过反馈控制环节的放大器，带动电动机 M 向一定方向旋转，使调节器提高或降低电压，使炉温保持恒定。

程序控制系统的功能是按照预定的程序来控制被控制量。自动控制系统的给定信号是已知的时间函数，即系统给定环节给出的给定作用为一个预定的程序。如铣床的加工过程，执行机构根据运算控制器送来的电脉冲信号，操作机床的运动，完成切削成型的要求。

在反馈控制系统中，若给定环节给出的输入信号是预先未知的随时间变化的函数，这种自动控制系统称为随动系统。国防上的炮跟踪系统、雷达导引系统和天文望远镜的跟踪系统等都属于随动系统。随动系统的功能是，按照预先未知的规律来控制被控制量，即自动控制系统给定环节给出的给定作用为一个预先未知的随时间变化的函数。

图 10-9　炉温自动控制系统

10.4　自动化技术的现状与未来

　　自动化技术已渗透到人类社会生活的各个方面。自动化技术的发展水平是一个国家在高技术领域发展水平的重要标志之一，它涉及工农业生产、国防建设、商业、家用电器等诸多方面。下面就工业自动化技术关键技术的领域来讨论自动化技术未来的发展。

　　自动化技术在工业中的应用尤为重要，是当今工业发达国家的立国之本。自动化技术更能体现先进的电子技术、现代化生产设备和先进管理技术相结合的综合优势。总之，自动化技术属于高新技术范畴，发展迅速。目前国际上工业发达国家都在集中人力、物力，促使工业自动化技术不断向集成化、柔性化、智能化方向发展。

　　我国对自动化技术非常重视，前几个五年计划中对数控技术、CAD 技术、工业机器人、柔性制造技术及工业过程自动化控制技术开展了研究，并取得了一定成果。当然，也应看到，我国是一个发展中国家，尽管我国在工业机器人、智能控制系统等方面，取得了一系列重要进展。但与发达国家相比，我国自动化技术的开发与应用还有较大差距。需要加强核心技术研发，推动高端装备的国产化，继续深化智能制造在各个领域的应用推广，提高智能制造的普及率和应用水平。同时，加强智能制造标准体系的建设和完善，为智能制造的规范化、标准化发展提供有力保障。

　　未来，工业自动化技术呈现出智能化升级、网络化与互联互通、绿色可持续发展、国产化替代与技术创新、服务模式创新以及标准化与安全性等多方面发展趋势，将推动工业自动化技术的快速发展和广泛应用。

10.4.1　机械制造自动化

　　机械制造自动化技术自 20 世纪 50 年代至今，已经历了自动化单机、刚性生产线、数控机床、加工中心和柔性生产线、柔性制造三个阶段，目前，机械制造自动化正在向计算机集成制造（CIM）全面推进。随着微电子技术不断引入，数控机床的更新换代，以及智能制造和工业 4.0 的推进，CIM 系统不断进步和完善，其智能化、柔性化和云端化的特点更加符合现代制造业的需求。

一、数控技术和数控系统

在市场经济的大潮中，产品的竞争日趋激烈，为在竞争中求得生存与发展，各企业纷纷在提高产品技术档次、增加产品品种、缩短试制与生产周期和提高产品质量上下功夫。即使是批量较大的产品，也不可能是多年一成不变，因此必须经常开发新产品，频繁地更新换代。这种情况使不易变化的"刚性"自动化生产线在现代市场经济中暴露出致命的弱点。在产品加工中，单件与小批量生产的零件约占机械加工总量的80%以上，对这些多品种、加工批量小、零件形状复杂、精度要求高的零件的加工，采用灵活、通用、高精度、高效率的数字控制技术就显现出其优越性了。数控技术是一门以数字的形式实现控制的技术。传统的数控系统，是由各种逻辑元件、记忆元件组成的随机逻辑电路构成，采用固定接线的硬件结构，由硬件来实现数控功能的。随着半导体技术、计算机技术的发展，数字控制装置已经发展成为计算机数字控制装置。计算机数字控制系统是由程序、输入/输出设备、计算机数字控制装置、可编程序控制器（PC）、主轴驱动装置和进给驱动装置等组成的，由软件来实现部分或全部数控功能。

数控技术在近年来获得了极为迅速的发展，它不仅在机械加工中越来越普遍得到应用，而且在其他设备中也广泛应用。值得一提的是数字控制机床，它是一种综合应用了自动控制、精密测量、机床结构设计和工艺等各个技术领域里的最新技术成就而发展起来的、具有广泛的通用性的高效自动化新型机床。数控机床的出现，标志着机床工业进入了一个新的发展阶段，也是当前工业自动化的主要发展方向之一。

二、柔性制造系统

柔性制造系统（Flexible Manufacturing Systems，FMS）是在计算机直接数控基础上发展起来的一种高度自动化加工系统。它是由统一的控制系统和输送系统连接起来的一组加工设备，包括数控机床、材料和工具自动运输设备、产品零件自动传输设备、自动检测和试验设备等。它不仅能进行自动化生产，而且还能在一定范围内完成不同工件的加工任务。

柔性制造系统一般包括以下要素：

（1）标准的数控机床或制造单元（制造单元是指具有自动上下料功能或多个工位的加工型及装配型的数控机床）。

（2）在机床和装卡工位之间运送零件和刀具的传送系统。

（3）发布指令，协调机床、工件和刀具传送装置的监控系统。

（4）中央刀具库及其管理系统。

（5）自动化仓库及其管理系统。

柔性制造系统是在成组技术、数控技术、计算机技术和自动检测与控制技术的迅速发展的基础上产生的综合技术产物，是当前机械制造技术发展的方向。它具有高效率、高柔性和高精度的优点，是比较理想的加工系统，能解决机械加工高度自动化和高度柔性化的矛盾。

三、计算机集成制造系统

计算机集成制造系统（Computer Integrated Manufacturing System，CIMS）是在计算

机集成制造思想指导下，逐步实现企业生产经营全过程计算机化的综合自动化系统。

计算机集成制造的初始概念产生于 20 世纪 50 年代。数字计算机及其相关新技术的出现，对于制造业产生了积极的影响，促进了数控机床的产生。接着陆续出现了各种计算机辅助技术，如计算机辅助设计（CAD）、计算机辅助制造（CAM）等。到了 20 世纪 60 年代早期，现代控制理论与系统论概念和方法迅速发展，并运用于制造业中，产生了利用计算机不仅实现单元生产柔性自动化，并把制造过程（产品设计、生产计划与控制、生产过程等）集成为一个统一系统的设想，同时试图对整个系统的运行加以优化。这样，计算机集成制造的概念在 20 世纪 60 年代后期便产生了。当前，我国的 CIMS 已经发展为现代集成制造系统（Contemporary Integrated Manufacturing System）、在广度与深度上拓展了原 CIMS 的内涵。其中，"现代"的含义是计算机化、信息化、智能化。"集成"有更广泛的内容，包括信息集成、过程集成及企业间集成三个阶段的集成优化，企业活动中"三要素"及"三流"的集成优化，CIMS 有关技术的集成优化及各类人员的集成优化等。CIMS 不仅仅把技术系统和经营生产系统集成在一起，而且把人（人的思想、理念及智能）也集成在一起，使整个企业的工作流程、物流和信息流都保持通畅和相互有机联系，所以，CIMS 是人、经营和技术三者集成的产物。

从功能层方面分析，CIMS 大致可以分为生产/制造系统、硬事务处理系统、技术设计系统、软事务处理系统、信息服务系统和决策管理系统六层。CIMS 的技术构成包括：① 先进制造技术（Advanced Manufacturing Technology，AMT）；② 敏捷制造（Agile Manufacturing，AM）；③ 虚拟制造（Virtual Manufacturing，VM）；④ 并行工程（Concurrent Engineering，CE）。

计算机集成制造系统是多学科的交叉，涉及许多不同的技术领域。涉及的自动化技术包括：

（1）数控技术。

（2）计算机辅助设计（CAD）与计算机辅助制造（CAM）。

（3）立体仓库与自动化物料运输系统。

（4）自动化装配与工业机器人。

（5）计算机辅助生产计划制定。

（6）计算机辅助生产作业调度。

（7）质量监测与故障诊断系统。

（8）办公自动化与经营辅助决策。

我国在 1987 年开始实施"863 高技术计划"的 CIMS 主题，这一时期国外 CIMS 技术强调计算机集成制造系统的核心是"集成系统体系结构"，我国也不可避免地受其影响。实施计算机集成制造系统的企业需要具有相当好的技术基础与管理基础，需要有比较高的经济效益支持。另外，计算机集成制造系统的实施需要高的投入，当时我国绝大多数企业不具备这些条件。经过多年的努力，我国取得了一些成绩，如在高校、企业已经培养了一大批掌握计算机集成制造系统技术及相关技术的人才；通过计算机集成制造系统计划示范项目的实施，推动了企业应用信息技术，提高了生产效率和经营管理水平，为探索我国大中型企业发展计算机集成制造系统高技术及其产业化道路提供了经验；建立了计算机集成制造系统工程技术研究中心和一批实验网点与培训中心，为计算机集成制造系统技术的研究、试验、人员培训打下了良好的基础。

计算机集成制造系统是未来制造业的发展方向。其未来的发展趋势在自动化技术方面表现在以下几个方面：

（1）以"数字化"为发展核心。"数字化"不仅是"信息化"发展的核心，而且也是先进制造技术发展的核心。数字化制造就是指制造领域的数字化，它是制造技术、计算机技术、网络技术与管理科学的交叉、融合、发展与应用的结果，也是制造企业、制造系统与生产过程、生产系统不断实现数字化的必然趋势。

（2）以"自动化"技术为发展前提。"自动化"从自动控制、自动调节、自动补偿、自动辨识等发展到自学习、自组织、自维护、自修复等更高的自动化水平；而且今天自动控制的内涵与水平已远非昔比，从控制理论、控制技术、控制系统、控制元件，都有着极大的发展。制造业发展的自动化不但极大地解放了人的体力劳动，而且更为关键的是有效地提高了脑力劳动，解放了人的部分脑力劳动。因此，自动化将是现代集成制造技术发展的前提条件。

（3）"智能化"是 CIMS 未来发展的美好前景。智能化是制造技术的发展趋势。智能化制造模式的基础是智能制造系统。智能制造系统既是智能和技术的集成而形成的应用环境，也是智能制造模式的载体。制造技术的智能化突出了在制造诸环节中，以一种高度柔性与集成的方式，借助计算机模拟的人类专家的智能活动，进行分析、判断、推理、构思和决策，取代或延伸制造环境中人的部分脑力劳动；同时，收集、存储、处理、完善、共享、继承和发展人类专家的制造智能。目前，尽管智能化制造道路还很漫长，但是必将成为未来制造业的主要生产模式之一。

10.4.2　工业过程自动化

工业过程自动化起步较早，比较成熟，经历了就地控制、控制室集中控制和综合控制三个阶段。采用分散型控制系统和计算机对生产进行综合控制管理，已成为工业自动化的主导控制方式。

现代工业包含许多内容，涉及面非常广。但从控制的角度出发，可以把现代工业分为连续型、混合型和离散型三类。在离散型工业中，主要对系统中的位移、速度、加速度等参数进行控制，如数控机床、机器人控制、飞行器控制等都是离散型工业中的典型控制问题。在连续型工业中，主要对系统的温度、压力、流量、液位（料位）、成分和物性等六大参数进行控制。至于混合型，则介于两者之间，往往是两种控制系统均被采用。

习惯上，把连续型工业称之为过程工业（Process Industries）。过程工业包括电力、石油化工、化工、造纸、冶金、制药、轻工等国民经济中举足轻重的许多工业，研究这些工业的控制和管理成为人们十分关注的领域。

人们一般把过程工业生产过程的自动控制称为过程控制，它是过程工业自动化的核心内容。过程控制研究过程工业生产过程的描述、模拟、仿真、设计、控制和管理，旨在进一步改善工艺操作，提高自动化水平，优化生产过程，加强生产管理，最终显著地增加经济效益。

目前，早期的过程控制系统所采用基地式仪表、气动单元组合式仪表、电动单元组合式仪表等工具在过程工业的多数工厂中还在应用，但随着微处理器和工业计算机技术的发展，目前广泛采用可编程单回路、多回路调节器以及分布式计算机控制系统（Distributed Computer Control System，DCS）。现场总线网络控制系统，更是控制技术和计算机技术高度结合的产物。正是由于计算机技术的高速发展，才使得在控制工程中研究和发展起来的许多新型控制理论和方法的应用成为可能，复杂控制系统的解耦控制、时滞补偿控制、预测控制、非线性控制、自适应控制、人工神经网络控制、模糊控制等理论和方法开始在过程控制中发挥越来越重要的作用。

典型的基于计算机控制技术的过程控制系统有直接数字控制系统、分布式计算机控制系统（又称集散控制系统）、两级优化控制系统和现场总线控制系统。直接数字控制（DDC）在许多小型系统中还有一定的应用。大型过程工业的用户普遍采用的分布式计算机控制系统（DCS）是在硬件上将控制回路分散化，而数据显示、实时监督等功能则集中化。两级优化控制系统采用上位机和分布式控制系统或电动单元组合式仪表相结合，构成两级计算机优化控制系统，实现高级过程控制和优化控制。这种过程控制系统在算法上将控制理论研究的新成果，如多变量解耦控制、多变量约束控制、预测控制、推断控制和估计、人工神经网络控制和估计以及各种基于模型的控制和动态或稳态最优化等，应用于工业生产过程并取得成功。现场总线控制系统是近年来快速发展起来的一种数据总线技术，主要解决工业现场的智能化仪器仪表、控制器、执行器等现场设备间的数字通信问题，以及这些现场控制设备和高级控制系统间的信息传递问题。现场总线采用全数字化、双向传输、多变量的通信方式，用一对通信线连接多台数字智能仪表。现场总线改变了传统分布式控制系统的结构模式，把分布式控制系统变革成现场总线控制系统。

与机械制造系统中的计算机集成制造系统（CIMS）类似，计算机集成生产系统（Computer Integrated Production Systems，CIPS）将计划优化、生产调度、经营管理和决策引入计算机控制系统，使市场意识与优化控制相结合，管理与控制相结合，促使计算机控制系统更加完善，将产生更大的经济效益和技术进步。为了强调与计算机集成制造系统的区别，人们常将计算机集成生产系统（CIPS）称为生产过程计算机集成控制系统。生产过程计算机集成控制系统是一种综合自动化系统，由信息、优化、控制和对象模型等组成，具体可分为决策层、管理层、调度层、监控层和控制层五层。分布式控制系统、先进过程控制及计算机网络技术、数据库技术是实现计算机集成生产系统的重要基础。

10.4.3 机器人技术

机器人作为人类 20 世纪最伟大的发明之一，不仅成为先进制造业不可缺少的自动化装备，而且正以惊人的速度向海洋、航空、航天、军事、农业、服务等领域渗透。

机器人主要分为两大类：用于制造环境下的工业机器人，如焊接、装配、喷涂、搬运等的机器人；用于非制造环境下的特种机器人，如水下机器人、农业机器人、微操作机器人、医疗机器人、军用机器人、娱乐机器人等。

机器人是最典型的电子信息技术和经典的机构学结合的产物，按国际机器人联合会定义：用于制造环境的操作型工业机器人，为具有自动控制的、可编程的、多用途的三轴以上的操作机器。高级机器人，近年来国际上泛指具有一定程度感知、思维及作业的机器。这里感知是指装上各种各样传感器，内检测机器能处理各种参数；思维泛指一定信息综合处理能力及局部动作规划及决策；作业泛指各种操作及行走、游泳（水下机器人）及空间飞翔等。按作业环境来划分，机器人又可分为作业于结构环境的及非结构环境的两大类。结构环境指作业环境是固定的，作业动作次序在相当一段时期内也是固定的。工业机器人就是工作于这样一类环境中的，因此一旦编好程序后，即可全自动进行规定好的作业，当环境或作业方式变更时，只需改变相应的程序，如图 10-10 所示为用于汽车生产线上的机器人。非结构环境指作业环境事先是未知的或环境是变化的，作业总任务虽是事先规定的，但如何去执行则要视当时实际环境才能确定。非制造业用机器人，如建筑机器人、核辐射环境下的机器人、水下机器人等，由于这类机器人工作环境复杂，目前大都采用遥控加上局部自治来操纵。

图 10-10　用于汽车生产线上的机器人

日本使用工业机器人近几十年的经验证明，随着社会经济的改变，需要柔性自动化及机器人化生产，特别是使用机器人化生产后可大大提高质量，提高劳动生产率。

机器人的应用最早主要用于汽车工业，作业主要是车身组装点焊及底盘弧焊等工序。1988 年，用于电子电气工业的装配机器人总数第一次超过用于汽车工业的点焊机器人。

我国"十五"攻关计划（1985～1990 年）主要是将工业机器人和水下焊接机器人的研究和开发列入了计划。这一时期，国家计委组织了点焊、弧焊、喷漆、搬运等多种型号的工业机器人攻关，为我国工业机器人的发展奠定了坚实的基础，推动了我国机器人技术的自主研发和初步应用。在"863"计划中，智能机器人作为高技术研究发展计划的一个重要组成部分，得到了广泛的关注和重点支持。"863"计划致力于推动智能机器人在核心技术上的突破，包括高精度传感器、智能控制算法、自主导航与定位、人机交互等关键技术，推动智能机器人模块化、标准化的设计与生产，以提高机器人的可重构性、可维护性和互操作性，降低研发成本，加速产业化进程。

21世纪工业生产大致可分为两种类型：一种是最终产品的生产，一种是主要元部件的生产。由于产品更新的速度快，批量起来越小，所以对生产最终产品的设备的柔性的要求越来越高。一般来说元部件的更新周期长，因此仍适宜于大规模生产，但也需具有一定柔性。以汽车为例，汽车外形日新月异，目前一年一个新式样，但引擎的变化要七八年才有一种新的产品出现；又以电冰箱为例，外形、功能变化繁多，但压缩机变化较慢。对这两类生产，前者将以发展机器人化柔性加工与装配生产线为主，这种生产装配设备易于重组。后者将以可变组合头的组合机床为主，配上机器人的快速实时检测及配装系统组成的高效生产设备。这两类设备都离不开机器人化生产概念，机器人在这些系统中起着重要作用：一是保证产品的一致性，保证质量，做到固定节奏、均衡生产；二是极大程度提高劳动生产率；三是随着技术进步产品越来越精巧，加工装配过程需要超净环境，有些情况下不用机器人已到了无法进行的地步。因此机器人化生产、装配系统是一个重要发展方向。

10.5 自动化专业介绍

10.5.1 自动化专业发展沿革

高等教育自动化专业始于20世纪40年代，美国、西欧和苏联的一些大学率先开设了伺服机构和自动调节的课程。1952年，哈尔滨工业大学在苏联专家帮助下创办"工业企业电气化"专业，此后，一些高等院校的电机工程系也相继设置"工业企业电气化"专业，即现今自动化专业的前身。

自动化专业发展历史中有"工业自动化"专业和"自动控制"专业两条主线。其中，"工业自动化"专业源于"工业企业电气化"专业，从"工业企业电气化"专业名称改为"工业电气化及自动化"，20世纪70年代恢复高考招生时又改为"工业电气自动化"专业。这反映了我国工业从"电气化"一步一步向"自动化"迈进的真实历史与发展趋势，反映了我国自动化专业贴近国家需求、为国家经济建设服务的发展总方向。面向国家工业建设中的自动化而建立，逐步发展成为"偏重应用、偏重强电"的自动化专业。而"自动控制"专业在早期也有称为"自动学与远动学"专业、"自动控制系统"专业，面向国防建设而建立，逐步发展成为"偏重理论、偏重弱电"的自动化专业。1956年后，得益于我国第一个"十二年科学规划"，自动化技术作为六大核心任务写入了规划，自动化事业得到了极大发展，自动控制专业和相关专业也在全国重点院校迅速铺开。1977～1982年，五年间有四十多所学校设立了自动化相关专业。

1993年，第二次本科专业目录修订工作后，国家教委将"工业电气自动化"与"生产过程自动化"两个专业合并成隶属于电工类的"工业自动化"专业。与此同时，"自动控制"专业则被归属到电子信息类。

1998年，为适应国家经济建设对宽口径人才培养的需要，教育部公布了经第三次修订的"普通高等学校本科专业目录"。在该目录中，专业种数由504种调减到249种，"工业自动化"专业与"自动控制"专业正式合并，再加上"液压传动与控制"专业部分、"电气技术"专业部分及"飞行器制导与控制"专业部分组建新的属于电气信息类的"自动化"。至此，自动化专业已经成为一个跨越多个行业的宽口径专业，这既符合世界范围内拓宽专业面、实行"通识"教育的总发展趋势，也符合我国信息化带动工业化、走新兴工业化道路的国情。

2012年，教育部不断优化学科专业结构的要求，修订后的第四次"普通高等学校本科专业目录"中，专业类由原来的73个增至92个，电气信息类拆分为电气类、电子信息类、自动化类、计算机类等多个专业类，自动化专业单独归为自动化类。

2020年，自动化类目录下增补了轨道交通信号与控制、机器人工程、邮政工程、核电技术与控制工程、智能装备与系统、工业智能六个特设专业。如果加上带"自动化"的其他专业，如"电气工程及其自动化""机械设计制造及其自动化""农业设计制造及其自动化"等，自动化专业无疑是极为庞大的专业群。

我国自动化专业的发展史，是新中国高等教育事业发展的一个缩影，也是新中国工业发展的一个缩影，展现了我国由手工转为机械化、电气化，进而进入自动化的历程，以及正在快速推进的数字化与智能化的蓝图。

10.5.2 自动化专业的特点和人才培养

在我国的高等院校中，有的学校设置的是自动化系，有的学校设置的是自动控制系，实际上都是同样属性的系。为了强调信息在自动化或自动控制中的重要作用，有的高等院校将该类专业系名取为信息与控制工程系。

自动化专业一些鲜明的特点，主要有：

（1）学科交叉性强。自动化是一门涉及学科众多、应用广泛的综合性科学技术，离不开计算机科学、电气技术、数学及自动化对象的相关领域知识，且需要与更多学科交叉和融合。为适应自动化内丰富、综合交叉性的专业特点，要求自动化专业的基础和知识面要宽、要扎实。

自动化的研究内容有自动控制和信号处理两个方面，包括理论、方法、应用硬件和软件等。从应用观点来看，研究内容有过程工业自动化、机械制造自动化、电力系统自动化、武器及军事自动化、办公室自动化和家庭自动化等。自动化专业学生知识面广，就业面宽。

（2）方法指导性强。自动化理论与技术以控制论、系统论、信息论为基础，在自动化的产生与发展过程中，出现了许多重要的科学方法与科学思想，不仅对其发展起了极其重要的推动作用，使自动化专业成为最具方法论性质的专业之一，而且对其他技术学科以及自然科学、管理科学乃至哲学的发展都作出了贡献。这些科学方法与科学思想影响了学习自动化的学生，使他们潜移默化地接受方法论的熏陶，思想更开阔、更活跃，也更有深度，有利于培养具有创新能力的人才。

（3）系统性强。自动化专业强调从"系统"的角度来分析、研究和实现各种控制目标。因而，从事自动化的工作者特别需要具备以下能力：① 从工程实际问题中抽象出系统问题的分析与综合能力；② 分析、建模、控制和优化解决系统问题的能力；③ 理解许多其他学科与专业的技术细节的能力，与其他许多不同领域专家有效地沟通的能力；④ 组织管理、系统协调的能力，担当"系统集成者"的能力。有助于培养出具有领导能力的复合型人才。

自动化归属于控制科学与工程的范畴。控制科学与工程的核心问题是信息，包括信息提取、信息传播、信息处理、信息存储和信息利用等。控制和通信存在不可分割的关系，人控制机器，或者计算机控制机器，都是一种双向的信息流的过程。

控制科学与工程作为工学下属的一级学科，下设有控制理论与控制工程、检测技术与自动化装置、系统工程、模式识别与智能系统和飞行器导航、制导与控制等二级学科。它和不同的学科相结合，形成了许多相互联系又相互区别的研究领域，例如飞机控制、导弹控制、卫星控制、船舶控制、车辆控制、交通自动化、通信系统自动化、化工自动化、冶金自动化、电力系统自动化、机械制造自动化、农业自动化、图书馆自动化、办公自动化和家庭自动化等。

综上所述，自动化类专业是一个口径宽、适应面广的专业，具有明显的跨学科特点。自动化类专业的课程除了基础课外，还有三类专业基础课（即电类、计算机类和控制类），主要有专业外语、电路、电磁场与电磁波、数字逻辑电路、超大规模集成电路基础、数字信号处理、程序设计语言、微机原理与接口技术、信号与系统、自动控制原理、检测技术与传感器技术等。另外，还有专业课和专业选修课。专业课程有现代控制理论、非线性控制，计算机控制技术、数字控制技术等；专业选修课包括智能控制技术、分布式控制技术、系统辨识、自适应控制、图像处理与模式辨识、计算机图形学等。

因为专业基础课和专业课的需要，自动化类课程的基础课中高等数学和工程数学比例很大；专业的理论和技术发展迅速，选修课程较为丰富；重视理论教学的同时，为提高动手能力和解决实际问题的能力，课程中有大量的实践环节和计算机实践。

思考题

10.1　何谓自动化？自动化技术主要应用在哪些领域？

10.2　你知道哪些我国古代自动化装置？简述其工作原理。

10.3　简述自动控制系统的组成和类型。

10.4 自动化与自动控制技术有什么区别和联系？

10.5 查阅资料，阐述自动化理论和自动化技术的发展趋势。

10.6 简述我国自动化专业发展历程，从中得到哪些启示？

10.7 为什么自动化专业具有多学科交叉性？

10.8 自动化专业有哪些特点？

参 考 文 献

[1] 万百五. 自动化（专业）概论［M］. 4 版. 武汉：武汉理工大学出版社，2019.

[2] 朱高峰，沈士团. 21 世纪的工程教育［M］. 北京：高等教育出版社，2001.

[3] 沈颂华. 浅析社会对工程技术专业人才需求的多样化与高等学校工科专业人才培养目标的定位［J］. 电气电子教学学报，2004，26（2）：1-4.

[4] ［美］卡约里. 物理学史［M］. 戴念祖，译. 桂林：广西师范大学出版社，2002.

[5] 刘兵，杨舰，戴吾三. 科学技术史二十一讲［M］. 北京：清华大学出版社，2006.

[6] 江晓原. 科学史十五讲［M］. 北京：北京大学出版社，2006.

[7] 青峰. 简明物理学史［M］. 南京：南京大学出版社，2007.

[8] 曹顺仙. 世界文明史［M］. 北京：北京航空航天大学出版社，2006.

[9] 宗占国. 现代科学技术导论［M］. 北京：高等教育出版社，2004.

[10] 马廷钧. 现代物理技术及其应用［M］. 北京：国防工业出版社，2002.

[11] ［英］大卫. 奈特. 现代科学简史［M］. 叶绿青，叶艾莘，陈洁，译. 北京：中信出版集团、电子工业出版社，2018.

[12] ［意］佛朗哥·马洛贝蒂，［英］安东尼·C. 戴维斯. 电路与系统简史［M］. 秦达飞，谢镔，译. 北京：清华大学出版社，2018.

[13] ［英］尼古拉·查尔顿，梅瑞迪斯·麦克阿德. 电路与系统简史［M］. 李一汀，译. 北京：中国友谊出版社，2018.

[14] 李裕能，夏长征. 电路［M］. 武汉：武汉大学出版社，2004.

[15] 胡钋，樊亚东. 电路原理［M］. 北京：高等教育出版社，2011.

[16] ［美］罗奇. 电的科学史［M］. 胡小锐，译. 北京：中信出版集团，2018.

[17] 李莉，窦春菊，徐海东. 火力发电对环境的影响［J］. 山东电力技术，2006，（3）：66-67.

[18] 钱海平. 火力发电技术的发展方向和设计优化［J］. 浙江电力，2006，25（3）：23-26.

[19] 李书恒，郭伟，朱大奎. 潮汐发电技术的现状与前景［J］. 海洋科学，2006，（12）：84-88.

[20] 戎晓洪. 潮汐能发电的前景［J］. 中国能源，2002，（5）：40-41.

[21] 邹树梁. 世界核电发展的历史、现状与新趋势［J］. 南华大学学报（社会科学版），2005，6（6）：38-42.

[22] 王长贵，崔容强，周篁. 新能源发电技术［M］. 北京：中国电力出版社，2003.

[23] 刘吉臻. 中国电力工业发展史［M］. 北京：中国电力出版社，2022.

[24] 胡成春. 让世界更洁净——新能源［M］. 北京：中国电力出版社，2003.

[25] 杨义波，杨雪萍，张燕侠，等. 热力发电厂［M］. 3 版. 北京：中国电力出版社，2022.

[26] 陈虹. 电气学科导论［M］. 北京：机械工业出版社，2006.

[27] 梁曦东，周远翔，曾嵘. 高电压工程［M］. 2 版. 北京：清华大学出版社，2015.

[28] 张纬钹，何金良，高玉明. 过电压防护及绝缘配合［M］. 北京：清华大学出版社，2002.

[29] 吴薛红，濮天伟，廖得利. 防雷与接地技术［M］. 北京：化学工业出版社，2008.

[30] 川濑太郎. 接地技术与接地系统［M］. 冯允平，译. 北京：科学出版社，2001.

[31] 吴广宁. 高电压技术. 北京：机械工业出版社，2007.

[32] 张仁豫，陈昌渔，王昌长. 高电压试验技术［M］. 2 版. 北京：清华大学出版社，2003.

[33] 戈宝军，陶大军，付敏，等.电气工程及其自动化专业导论［M］.北京：机械工业出版社，2021.

[34] 范瑜.电气工程概论［M］.北京：高等教育出版社，2006.

[35] 陈虹.电气学科导论［M］.北京：机械工业出版社，2006.

[36] 浣喜明，姚为正.电力电子技术［M］.2版.北京：高等教育出版社，2004.

[37] 贾正春，马志源.电力电子学［M］.北京：中国电力出版社，2001.

[38] 堀孝正.电力电子学［M］.李世兴，程君实，译.北京：科学出版社，2001.

[39] 金海明，郑安平.电力电子技术［M］.北京：北京邮电大学出版社，2005.

[40] 储钟圻.现代通信新技术［M］.2版.北京：机械工业出版社，2004.

[41] 曹宁，胡弘莽.电网通信技术［M］.北京：中国水利水电出版社，2003.

[42] 殷小贡，刘涤尘.电力系统通信工程［M］.武汉：武汉大学出版社，2000.

[43] 陈富强.中国电力工业简史［M］.北京：中国电力出版社，2022.

[44] 唐建群.刘启华.电磁学与电信技术发展简述［J］.南京工业大学学报（社会科学版），2004，3（2）：73-78.

[45] WillianStallings.数据通信和计算机网络［M］.杜锡吾，译.北京：北京航空学院出版社，2000.

[46] 王令朝.造福人类社会的现代通信技术［J］.现代通信，2001（9）：3-4.

[47] 毕厚杰.现代通信技术的发展趋势［J］.中国工程科学，2000（8）：31-34.

[48] （日）正田英介.通信技术［M］.吉永淳，徐固鼎，薛培鼎，译.北京：科学出版社，2001.

[49] ［美］Z. Dodd.电信技术入门［M］.2版.马震晗，刘永健，译.北京：机械工业出版社，2001.

[50] 王兴亮，达新宇，林家薇，等.数字通信原理与技术［M］.西安：西安电子科技大学出版社，2000.

[51] 周献中，陈春林.自动化导论［M］.3版.北京：科学出版社，2022.

[52] 蒋新松.机器人与工业自动化［M］.石家庄：河北教育出版社，2003.

[53] 项国波.自动化时代［M］.武汉：武汉理工大学出版社，2004.

[54] 吴仲阳.自动控制原理［M］.北京：高等教育出版社，2004.

[55] 施颂椒，陈学中，杜秀华.现代控制理论基础［M］.北京：高等教育出版社，2005.

[56] 王万良.人工智能及其应用［M］.北京：高等教育出版社，2005.

[57] 张化光.智能控制基础理论及应用［M］.北京：机械工业出版社，2005.

[58] 中国科学技术协会.航空科学技术学科发展报告［M］.北京：中国科学技术出版社，2007.

[59] 邵裕森.过程控制系统及仪表［M］.北京：机械工业出版社，2005.

[60] 王细洋.航空概论［M］.北京：航空工业出版社，2004.

[61] 张玉峰.自动化（专业）导论［M］.徐州：中国矿业大学出版社，2022.